污水处理厂施工技术汇编

主　编　张云富

副主编　张武艺　曹振田

东北大学出版社

·沈　阳·

图书在版编目（CIP）数据

污水处理厂施工技术汇编/张云富主编. —沈阳：东北大学出版社，2014.9（2025.7 重印）
ISBN 978-7-5517-0705-3

Ⅰ.①污…　Ⅱ.①张…　Ⅲ.①污水处理厂—工程施工—技术　Ⅳ.①X505

中国版本图书馆 CIP 数据核字（2014）第 160425 号

出 版 者：东北大学出版社
地址：沈阳市和平区文化路 3 号巷 11 号
邮编：110004
电话：024—83687331（市场部）　83680267（社务室）
传真：024—83680180（市场部）　83680265（社务室）
网址：E-mail：neuph@ neupress. com
http：//www. neupress. com
印 刷 者：廊坊市文峰档案印务有限公司
发 行 者：东北大学出版社
幅面尺寸：184mm×260mm
印　　张：14. 75
字　　数：359 千字
出版时间：2014 年 9 月第 1 版
印刷时间：2025 年 7 月第 3 次印刷
责任编辑：石玉玲　刘珏元
责任校对：牛　晓
封面设计：刘江旸
责任出版：唐敏志

ISBN 978-7-5517-0705-3　　　　定　　价：42.00 元

《污水处理厂施工技术汇编》
编审委员会

主　　编：张云富

副 主 编：张武艺　曹振田

编写人员：赵明凯　蒋　勇　苏　力　周　燕　宣世艳
赵连仲　吉攀峰　高　锋　艾欢欢　曹　霆
鄢长胜　杨春杰　马志刚　王旭东　王　煦
王　星　许福利

主　　审：王存贵　余　流　陆海英

前　言

虽然 70.8% 的地球表面被水覆盖，但是淡水资源却极其有限，人类真正能够利用的江河湖泊水，以及地下水中的一部分，仅占地球总水量的 0.26%，而且分布不均。20 世纪 50 年代以后，全球人口急剧增长，工业发展迅速。全球水资源状况日益恶化，“水危机”日趋严重。一方面，人类对水资源的需求以惊人的速度增长；另一方面，日益严重的水污染蚕食着大量可供消费的水资源。

全世界每天约有 200 吨垃圾被倒进河流、湖泊或小溪，每 1 升废水会污染 8 升淡水；所有流经亚洲城市的河流均被污染；美国 40% 的水资源流域被生产食品、金属、化学肥料或杀虫剂的工厂污染；欧洲 55 条河流中仅有 5 条水质差强人意。20 世纪，世界人口增加了 2 倍，而人类用水却增加了 5 倍。世界上许多国家正面临着水资源危机：12 亿人口用水短缺，30 亿人口缺乏用水卫生设施。

从 20 世纪 90 年代开始，全球污水处理表观消费量以年均 6% 的速度增长，而 90 年代的十年间，我国污水处理表观消费量年均增长率达到 17.73%，是世界年均增长率的 2.9 倍。进入 21 世纪，我国污水处理产业高速发展。2000—2004 年，我国污水处理消费量从 188 万吨增长到 447 万吨，增加了 1.3 倍，年平均增长率在 27% 以上。其中，2001 年，我国污水处理表观消费量达到 225 万吨，超过美国，成为世界第一大污水处理消费国。同时，污水处理进口也大幅度增加。1998 年，我国污水处理进口 100 万吨，由此成为世界上最大的污水处理进口国。与 1998 年相比，2004 年污水处理进口增长幅度年均达到 27.14%。到 2005 年，中国污水处理表观消费量已经达到 500 万吨，进口仍保持在每年 300 万吨左右。

我国污水处理产业发展起步较晚，在改革开放之前，我国污水处理的需求主要是以工业和国防尖端使用为主。改革开放以后，国民经济的快速发展和人民生活水平的显著提高拉动了污水处理的需求。进入 20 世纪 90 年代后，我国污水处理产业进入快速发展期，但污水处理需求的增速还远高于世界平均水平。

伴随着污水处理市场的快速发展，我国污水处理产量也结束了长期徘徊的局面，实现了高速增长。我国污水处理产量从 2000 年的 46 万吨增长到 2004 年的 236 万吨，年平均增长率为 47.5%，占国内市场需求的比重也由 2000 年的 24.47% 提高到 2004 年的 52.80%。而同期世界污水处理产量则仅以 6% 左右的速度增长。

从总体上看，我国污水处理正在经历由规模小、水平低、品种单一，严重不能满足需求到具有相当规模和水平、品种质量显著提高与初步满足国民经济发展要求的深刻转变，污水处理需求将逐步实现自给。

中国水资源人均占有量少，空间分布不平衡。随着中国城市化、工业化进程的加快，水资源的需求缺口也日益增大。在这样的背景下，污水处理成为新兴产业，目前与自来水生产、供水、排水、中水回收利用行业处于同等重要的地位。

本书针对污水处理厂的特殊性，从施工技术入手，除编写了钢筋、模板、混凝土等土建工程常见的施工技术外，还加入了超大超薄预应力混凝土施工技术、超高独立式无黏结预应力池壁模板和支撑系统技术、一种特殊螺杆代替悬空集水槽不锈钢埋件技术、异型钢筋混凝土沉井施工技术，以及设备安装和工艺管道安装等施工技术，使读者对污水处理厂工程施工技术有全面系统的了解，方便使用。

限于时间和水平，本书中缺点和不妥之处在所难免，恳请各位同行批评指正，以便我们及时修订。本书的完成离不开社会各界专业人士的鼎力支持，在此表示衷心的感谢！

编　者

2014 年 5 月

目　录

1 污水处理技术

20世纪50年代以后，全球人口急剧增长，工业发展迅速。全球水资源状况迅速恶化，“水危机”日趋严重。一方面，人类对水资源的需求以惊人的速度扩大；另一方面，日益严重的水污染蚕食着大量可供消费的水资源。中国水资源人均占有量少，空间分布不平衡。随着中国城市化、工业化进程的加快，水资源的需求缺口也日益增大，同时，工业废水和生活污水排放量急剧增长，导致部分污水直接被排放到江、河、湖、海等自然水体中，破坏了生态环境。

在这样的背景下，污水处理就成为新兴产业，目前与自来水生产、供水、排水、中水回收利用行业处于同等重要的地位。

该技术研究的目的在于使各参与污水处理厂建设和施工的人员对污水处理的工艺、流程等进行详细的了解和认知。

污水处理工艺按照运行原理、处理流程、处理方法等进行分类，该技术主要研究污水处理厂的处理工艺及处理流程。

1.1 污水处理技术分类

（1）根据不溶态污染物的分离技术分类

① 重力沉降：沉砂池（平流、竖流、旋流、曝气）、沉淀池（平流、竖流、辐流、斜流）。

② 混凝澄清。

③ 浮力浮上法：隔油、气浮。

④ 其他：阻力截留、离心力分离法、磁力分离法。

（2）根据污染物的生物化学转化技术分类

① 活性污泥法：SBR（序批式活性污泥法或间歇式活性污泥法）、AO（厌氧－好氧工艺法）、AAO（厌氧—缺氧—好氧工艺法）、氧化沟等。

② 生物膜法：生物滤池、生物转盘、生物接触氧化池等。

③ 厌氧生物处理法：厌氧消化、水解酸化池、UASB（上流式厌氧污泥反应器）等。

④ 自然条件下的生物处理法：稳定塘、生态系统塘、土地处理法。

（3）根据污染物的化学转化技术分类

① 中和法：酸碱中和。

② 化学沉淀法：氢氧化物沉淀、铁氧体沉淀、其他化学沉淀。

③ 氧化还原法：药剂氧化法、药剂还原法、电化学法。

④ 化学物理消毒法：臭氧、紫外线、二氧化氯、氯气、次氯酸钠。

（4）根据溶解态污染物的物理化学分离技术分类

① 吸附法。

② 离子交换法。

③ 膜分离法：扩散渗析、电渗析、反渗透、超滤、纳滤、微滤。

④ 其他分离方法：吹脱和气提、萃取、蒸发、结晶、冷冻。

（5）根据常见污水处理方法分类

① 物理法：物理或机械的分离过程。如过滤、沉淀、离心分离、上浮等。

② 化学法：加入化学物质，使其与污水中有害物质发生化学反应的转化过程。如中和、氧化、还原、分解、混凝、化学沉淀等。

③ 物理化学法：物理化学的分离过程。如气提、吹脱、吸附、萃取、离子交换、电解电渗析、反渗透等。

④ 生物法：微生物在污水中对有机物进行氧化、分解的新陈代谢过程。如活性污泥、生物滤池、生物转盘、氧化塘、厌气消化等。

（6）根据常用处理废水的化学方法分类

① 混凝。向胶状浑浊液中投加电解质，凝聚水中胶状物质，使之与水分离。混凝剂有硫酸铝、明矾、聚合氯化铝、硫酸亚铁、三氯化铁等。混凝法可处理含油废水、染色废水、煤气站废水、洗毛废水等。

②中和。酸碱中和，使 pH 值达中性。石灰、石灰石、白云石等中和酸性废水，CO_2 中和碱性废水。中和法可处理硫酸厂废水用石灰中和印染废水等。

③ 氧化还原。投加氧化（或还原）剂，将废水中物质氧化（或还原）为无害物质。氧化剂有空气（O_2）、漂白粉、氯气、臭氧等。氧化还原法可处理含酚、氰化物、硫铬、汞、印染以及医院废水等。

④ 电解。在废水中插入电极板，通电后，废水中带电离子变为中性原子。电解法可处理含铬含氰（电镀）废水、毛纺废水。

⑤ 萃取。将不溶于水的溶剂投入废水中，使废水中的溶质溶于此溶剂，然后利用溶剂与水的相对密度差，将溶剂分离出来。萃取剂：醋酸丁酯、苯、N－503 等设备有脉冲筛板塔、离心萃取机等。萃取法可处理含酚废水等。

⑥ 吸附（包含离子交换）。将废水通过固体吸附剂，使废水中溶解的有机或无机物吸附在吸附剂上，通过的废水得到处理吸附剂有活性炭、煤渣、土壤等。吸附的设备有吸附塔、再生装置。吸附法可处理染色、颜料废水，以及吸附酚、汞、铬、氰，还可除色，除味，用于深度处理。

1.2 污水处理运行原理

城市污水处理技术就是利用各种设施设备和工艺技术，将污水中所含的污染物质从水中分离去除，使有害的物质转化为无害的物质和有利的物质，使水体得到净化，并且使资源得到充分利用。

城市污水处理一般分为三级。

一级处理指应用物理处理法去除污水中不能溶解的污染物和寄生虫卵。

二级处理指应用生物处理法将污水中各种复杂的有机物氧化降解为简单的物质。

三级处理指应用化学沉淀法、生物化学法、物理化学法等，去除污水中的磷、氮、难降解的有机物、无机盐等。

至于采取哪级处理比较合理，应该视对最终排出物的处理要求而定。

城市污水处理工艺按照流程和处理程序，可以分为预处理工艺、一级处理工艺、二级处理工艺、深度处理工艺和污泥处理工艺，以及最终的污泥处置。

通常城市污水处理以一级处理为预处理，二级处理为主体，三级处理很少使用。一般工厂排出的污水至少应采取两级处理。由于二级处理排出的污泥有可能造成二次污染，因此，还要进行污泥处理。

现代污水处理技术按照处理程度，可分为一级、二级和三级处理，如图 1.1 所示。

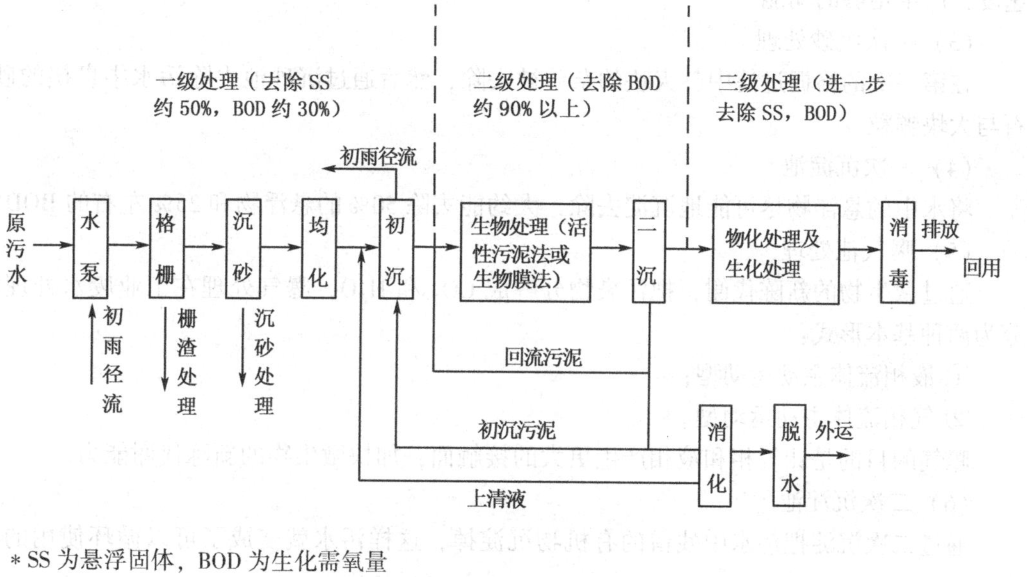

图 1.1　城市污水处理工艺流程

一级处理主要去除污水中呈悬浮状态的固体污染物质，物理处理法大部分只能完成一级处理的要求。经过一级处理的污水一般可去除 30% 左右的 BOD，达不到排放标准。一级处理属于二级处理的预处理。

二级处理主要去除污水中呈胶体和溶解状态的有机污染物质（BOD，COD 物质），去除率可达 90% 以上，使有机污染物达到排放标准。

三级处理进一步处理难降解的有机物、氮和磷等能够导致水体富营养化的可溶性无机物等。主要方法有生物脱氮除磷法、混凝沉淀法、砂滤法、活性炭吸附法、离子交换法和电渗分析法等。

整个过程为通过粗格栅的原污水经过污水提升泵提升后，经过格栅或者砂滤器，之后进入沉砂池，经过砂水分离的污水进入初次沉淀池，以上为一级处理（物理处理），初沉池的出水进入生物处理设备，有活性污泥法和生物膜法（其中活性污泥法的反应器有曝气池、氧化沟等，生物膜法包括生物滤池、生物转盘、生物接触氧化法和生物流化床），生物处理设备的出水进入二次沉淀池，二沉池的出水经过消毒排放或者进入三级处理，一级处理结束，到此为二级处理，三级处理包括生物脱氮除磷法、混凝沉淀法、砂滤法、活性炭吸附法、离子交换法和电渗析法。二沉池的污泥一部分回流至初次沉淀池或者生物处理设备，另一部分进入污泥浓缩池，之后进入污泥消化池，经过脱水和干燥设备后，污泥被最后利用。

污水处理的工艺流程大体分为格栅处理、泵房提升、沉砂处理、一次沉淀池处理、曝气池处理、二次沉淀池处理、泥浆制备。

（1）格栅处理

从工厂排出的原污水必须先经过这一程序，目的是通过格栅的作用，将污水中带有的大块杂质截留下来，防止造成后面管道的堵塞。

（2）泵房提升

为了使污水顺利地通过后续的设备，要求提高水头高度，使水头产生一定的重力加速度，产生足够的动能。

（3）一次沉砂处理

在第一次的格栅过滤中，大块的杂质被去除，然后通过沉砂池去除污水中裹挟的砂、石与大块颗粒。

（4）一次沉淀池

将水中的悬浮物尽可能地沉淀去除，大约能去除50%的悬浮物和25%左右的BOD。

（5）曝气池处理

通过微生物的新陈代谢，把污染物分解成 CO_2 和 H_2O，曝气处理在工业废水处理中分为两种基本形式：

① 液相流体主动运动型；

② 气相流体主动运动型。

曝气的目的是让气相和液相产生更大的接触面，加快微生物的新陈代谢能力。

（6）二次沉淀池

通过二次沉淀把污水中残留的有机物沉淀掉，这样污水就变成了可以循环使用的净水。

（7）泥浆制备

为了不造成二次污染，将从废水中沉淀出来的污泥进行处理。首先采取污泥浓缩、有机物浓缩、重力浓缩等方法，然后进行厌氧中温处理。而对于重金属超标的污泥，经过脱水处理后，要妥善处理，一般需要填埋。

具体污水处理工艺流程如图1.2至图1.12所示。

① 氧化沟。

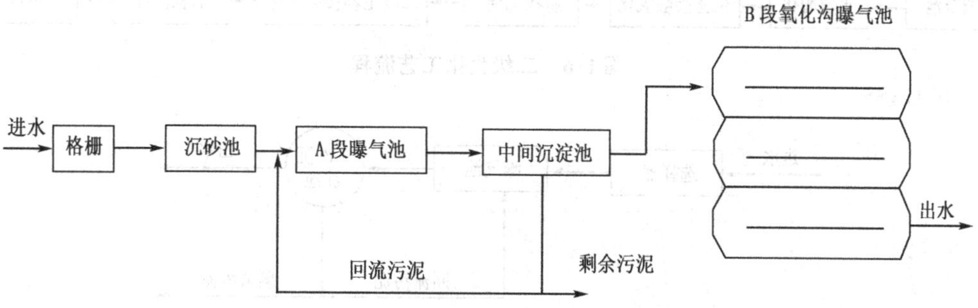

图 1.2　AB（氧化钠）工艺流程

② 活性污泥。

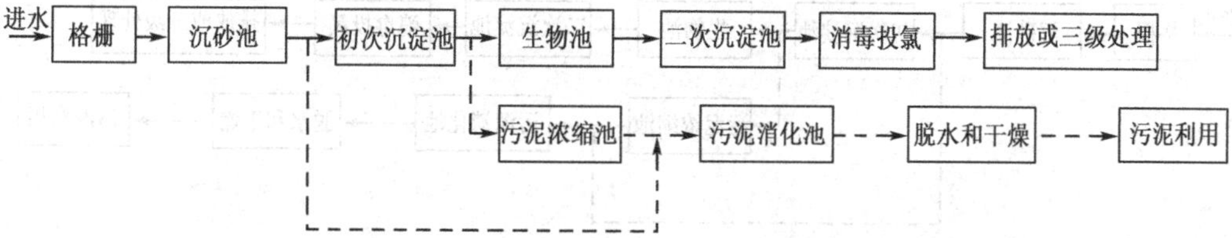

图 1.3　活性污泥工艺流程图

③ AAO 工艺。

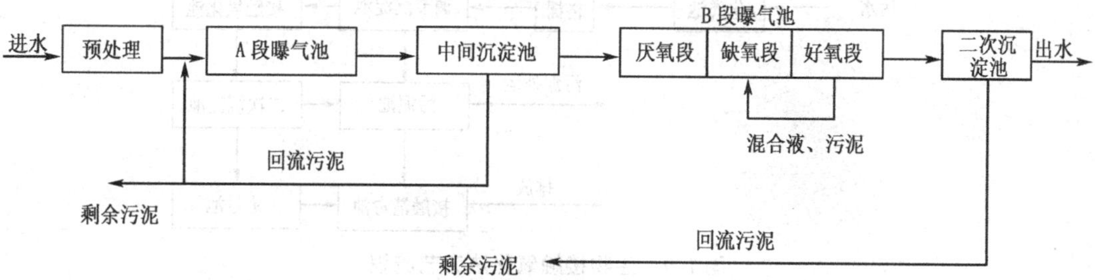

图 1.4　AAO 工艺流程

④ SBR 工艺。

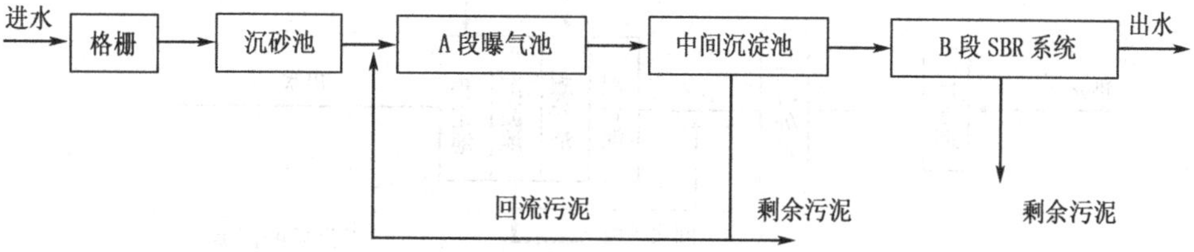

图 1.5　SBR 工艺流程

⑤ 二级生化。

图 1.6　二级生化工艺流程

⑥ CASS。

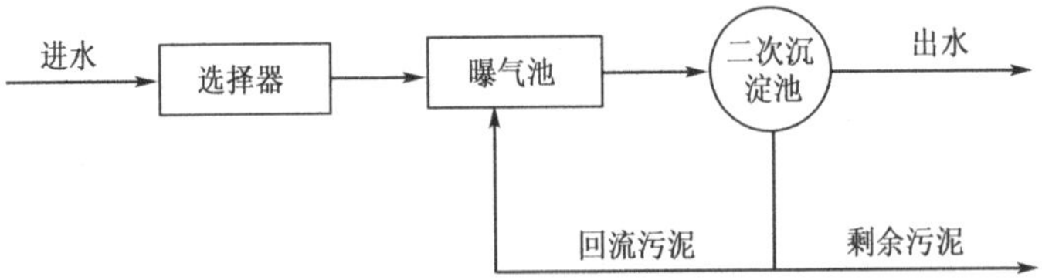

图 1.7　CASS 工艺流程

⑦ 物化生化。

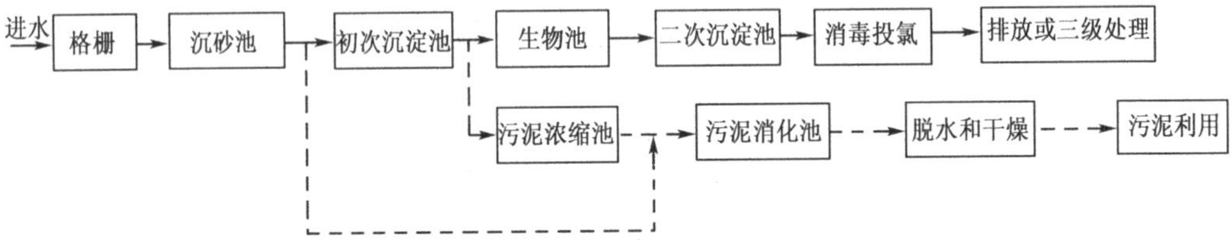

图 1.8　物化生化工艺流程

⑧ 生物接触氧化法。

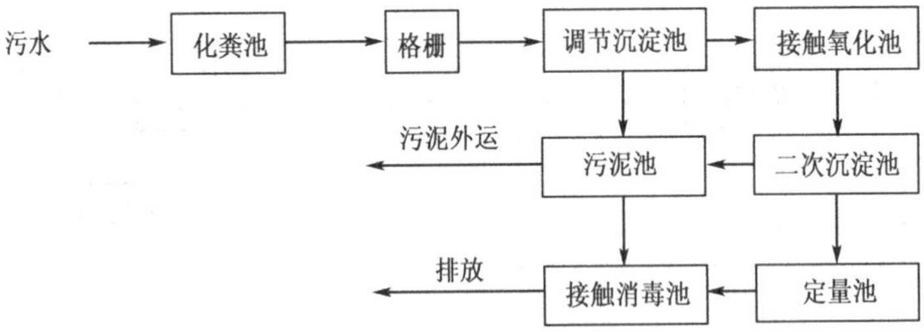

图 1.9　生物接触氧化法工艺流程

⑨ BIOLAK。

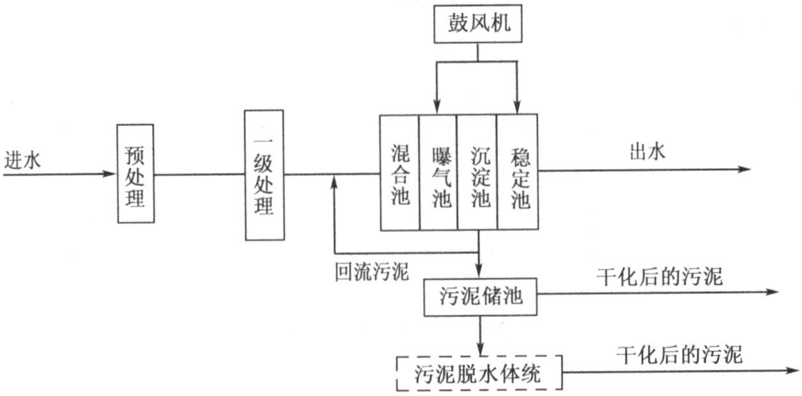

图 1.10　BIOLAK 工艺流程

⑩ BAF。

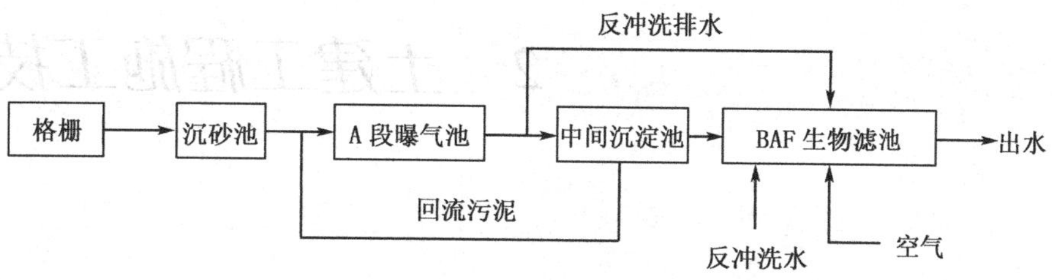

图1.11　BAF工艺流程

⑪ AO工艺。

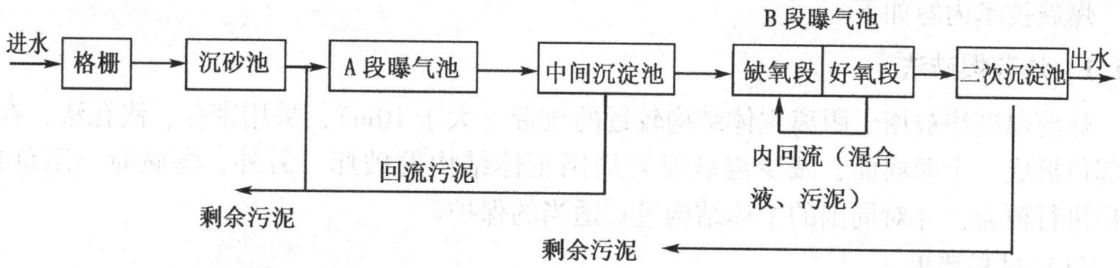

图1.12　AO工艺流程

2 土建工程施工技术

2.1 爆破技术

爆破技术内容如下。

2.1.1 炸药爆破法

炸药爆破法被用于距离主体结构较远的地带（大于10m），采用密孔、浅孔法，在密孔部位形成一个薄弱面，减少爆破时对周围主体结构的破坏。另外，爆破时，用草袋、草垫进行覆盖，并对周围的主体结构进行适当的保护。

（1）材料要求

① 爆破材料。二号铵锑炸药，其质量要求符合现行国家标准。

② 起爆、传爆材料。电线、导爆索及塑料导爆管等，其质量要求符合国家有关规定。

③ 覆盖材料。有草袋、草垫等。

（2）主要机具设备

① 钻孔机具。风动凿岩机、钻针、钻头（Φ38～42mm）。风动凿岩机配套设备为3.0m^3/min移动式柴油空气压缩机。

② 人工打孔工具。大锤、六角形钢钎、冲钎（Φ22～25mm）、吹风管、木炮棍和掏勺等。

③ 测试仪表。爆破电桥、小型欧姆计、伏特计、安培计和万用表等，其输出电流值不得大于30mA。

④ 以上机具将投入4套，并根据现场情况和施工要求适当增加。

（3）作业条件

① 爆破设计和工项已报请公安和有关部门审核批准。

② 爆破施工器材，包括炸药、点火器材及有关仪表、机械、工具、防护材料、照明器材等均已备齐。

③ 爆破影响范围内的地上、地下障碍物，如供电、照明线路、电缆等，已经拆除、迁移或改线。

④ 警戒范围需要设置标志。

⑤ 要求采取安全防护措施。

（4）施工操作工艺

① 施工工艺程序是：放线定位→钻孔→药卷制作和起爆雷管安放→装药→堵塞→连接爆破网路→防护与覆盖→爆破清渣。

② 密孔法是在靠近主体结构的一侧钻一排或两排直径为 50 ~ 80mm 的密孔，孔距为孔径的 2 ~ 4 倍，孔内不装药，密孔的第二排孔为减弱炮孔，孔距为正常装药炮孔的 50% ~ 75%，装药量减少 50% 左右，其余为正常炮孔，如图 2.1 所示。

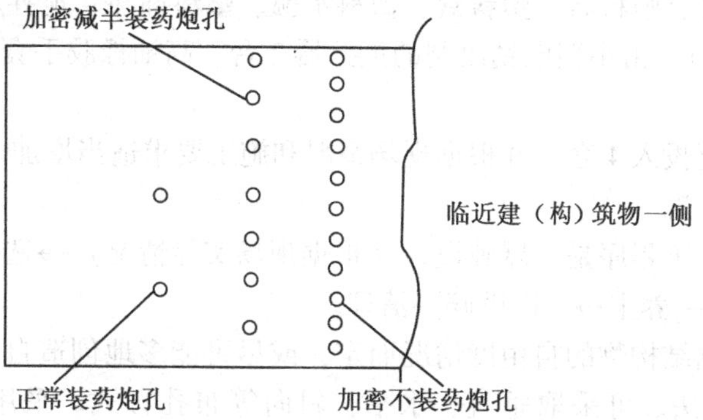

图 2.1 密孔法的布置图

③ 浅孔爆破法。在岩石上钻直径 10mm、深 0.5 ~ 3m 的圆柱形炮孔，装延长药包进行爆破，用药量为 0.2kg/m³，比正常值减少 40% 。

多分段，采用毫秒断电雷管 1 ~ 10 段，以减少冲击和震波。

④ 正确选择炮向，在爆破中间地带开辟一条作业带，然后从两侧向中间爆破。

⑤ 装药形式按照爆破要求进行。当炮孔深度大于最小抵抗线的 1.5 倍时，采用间隔分层装药，分层层数一般不超过 4 层。下层药量应占整个炮孔药量的 60%。洞室竖井装药应先铺一层干砂，底部及四周铺水泥纸袋 2 ~ 3 层，再装药包，使其互相靠紧、空隙最小。

⑥ 炮孔装药后，应进行堵塞。一般用 3∶1 的黏土和砂混合物，加水拌合成适当稠度（手握成团，松手不散），随堵塞随捣实，堵塞长度一般为最小抵抗线的 1.3 ~ 1.5 倍，堵塞时应注意防止将引爆线脚损坏。

⑦ 电力起爆网路连接方式，采用串并联法或并串联法，对安全准爆有可靠的保证。

2.1.2 静态爆破法

静态爆破法被用于距离主体结构较近的地带（10m 范围），打孔间距为 300mm × 300mm。

无声破碎剂静态爆破是将一种含有铝、镁、钙、铁、氧、硅、磷、钛等元素的无机盐粉末状破碎剂，用适量的水调成流动状浆体，直接装入火炮孔中，经水化后，产生巨大的膨胀压力，使岩石胀裂、破碎。

这种静态爆破法的特点是：破碎剂非易燃、易爆危险品，运输、保管、使用安全；爆破无震动、声响、烟尘、飞石等公害；操作简单，不需堵炮孔，不用雷管，不需点炮等操作，不需专业工种。但是，本法也存在能量不足、钻孔较多、破碎效果受气温影响较大、开裂时间不易控制及成本稍高等问题。

（1）材料要求

破碎剂采用北京建筑材料科学研究院生产的 SCA－3 型无声破碎剂。破碎剂在运输、保管及使用前不得受潮。

（2）主要机具设备

① 钻孔机具：风动凿岩机及相适应的空压机、钢钎、钻头、风管、水管、炮棍、吹风管等。

② 搅拌装药机具有塑料筒、塑料盒、塑料水瓢、塑料漏斗、搅拌木棍，搪瓷或玻璃量杯（容积为100mL）。由小型电钻改制的搅拌器2台。高袖橡胶手套、防护眼镜、口罩等数件。

③ 以上机具需要投入4套，并根据现场情况和施工要求适当增加。

（3）施工操作工艺

① 静态爆破的施工程序是：爆破设计（根据现场实际情况）→选择破碎剂及钻孔参数→钻孔→充填灌注→养生→二次破碎→清理。

② 炮孔布置根据结构物的自由度情况而定，或尽可能多地创造自由面，对不同自由面采取不同的布孔方法。可采取垂直、水平、斜向等布孔方式。采用SCA型无声破碎剂，钻孔参数可参考表2.1。

表2.1　静态破碎剂布孔参考表

被破碎物体	钻孔参数				SCA使用量/（kg/m^3）
	孔径 d/mm	孔距 a/cm	抵抗线 W/cm	孔深 L	
软质岩破碎	40～50	40～60	30～50	H	8～10
中、硬质岩破碎	40～65	40～60	30～50	$1.05H$	10～15
软、硬质岩石切割	35～40	20～40	100～200	H	5～15

注：H 为物体计划破碎高度。

③ 应严格按照规定的炮孔位置、方向、角度、深度施钻。炮孔全部钻完后，需要用吹风管将炮孔吹净，并用水换或废棉纱、废纸等堵于孔口待装药。

炮孔的布置可根据现场实际情况而定，现场建（构）筑物周围的作业面均为两个临空面，所以采用梅花形布孔，钻孔尽量选用垂直炮孔，对于难以钻垂直孔的部位，可钻斜孔或水平与垂直孔相结合，尽可能开创更多的临空面，如图2.2所示。

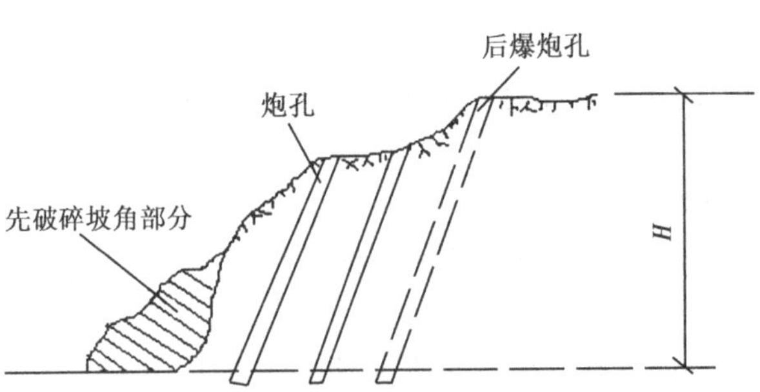

图2.2　两个临空面炮孔布置

④ 拌制：采用SCA破碎剂，水灰比为0.30～0.35，即每袋（重5kg）破碎剂加水1.5～1.75kg拌制时，先将定量破碎剂倒入塑料容器内，然后缓缓加入定量水，用机械或手工拌成具有流动性的均匀浆体备用。要求拌匀，拌和时间最多不超过3min。

⑤ 在垂直孔、斜孔装药时，应将搅拌好的药浆用瓢和漏斗迅速装入孔内，并用炮棍

捣实。如果药量过多，应分组同时装药，在 10min 以内将拌好的药浆及时装入孔内。在水平孔装药时，将药浆装入与炮孔直径相适应的塑料袋内，然后用炮棍逐个送入炮孔。装药量为孔深的 90%。

⑥ 将药浆灌满垂直炮孔时，可以不必堵塞。斜孔和水平孔可用快干水泥砂浆或用水灰比为 0.25 的干硬性无声破碎剂药浆堵塞，但均应用炮棍捣密实。

⑦ 装药堵塞 1h 后，即在岩石上浇水。冬季需要采取保温措施，并浇以温水，加速其水化反应，增大裂缝。经 24h 后，即可拆除。

(4) 注意事项

① 要按照实际的施工环境温度选择合适的破碎剂型号，不得错用或随意互换使用。

② 装运破碎剂不得用有约束的容器，以免雨水侵入，发生喷出、炸裂或发出响声。

③ 破碎剂要存放于干燥且通风良好的场所，严防受潮变质，在不受潮的情况下，保存期限为 1 年。存放数量多时，要先放先用，后放后用。超过期限、受潮或前次未用完而已打开包装的破碎剂，使用前要检查是否失效。检查的方法是：用适量的 SCA 破碎剂和水，按比例调配好后装入玻璃瓶内，在与 SCA 型号相当的温度下，经过一定的时间，瓶胀裂者为有效，否则不能使用。

④ 破碎剂要随配随用，一次不宜拌制过多；搅拌完成的浆体应该尽快装入炮孔内，并应在 10min 内使用，时间过长，将明显降低流动度和破碎效果。如流动度丧失，则不可继续加水拌和使用。冬季施工时应用热水拌合。

⑤ 装填炮孔前应检查炮孔干湿程度，对吸水性强的干燥炮孔，应先以净水湿润孔壁，然后装填，以免大量吸收浆体中水分，影响水化作用和降低破碎效果。

⑥ 认真执行《民爆条例》，按章作业。

⑦ 装药必须用木棒把炸药轻轻压入炮孔，严禁冲捣和使用铁件；堵塞炮泥时，不得去触碰雷管。

⑧ 炮孔深超过 4m 时，需要用两个雷管起爆。

⑨ 遇到暴风雨或打雷闪电天气时，禁止装药、安装电雷管和连接电线等操作，同时应迅速将雷管的脚线、电源线的两端分别绝缘。所有工作人员应立即撤离装药地点，隐蔽于安全区。

⑩ 放炮前必须划出警戒范围，立好标志，并设专人警戒。浅孔爆破法除在爆破部位覆盖草袋、草垫外，人员安全距离不小于 200m。

⑪ 严格执行爆破口令，如果爆破时遇瞎炮，应由原装炮人员当班处理，原装炮员不在现场时，应将装炮的详细情况交代给处理人员。如果炮孔外的电线、导火索或导爆管经检查完好，可以重新起爆；如果炮孔较深，可用木制或竹制工具将堵塞物轻轻掏出，另装入雷管或起爆药卷重新起爆；严禁拉动导火索或雷管脚线，以及掏动炸药内的雷管；可以在清除部分堵塞物后，向炮孔内灌水，使炸药溶解或用压力水冲洗，重新装药爆破。

⑫ 起爆后若发生拒爆，应立即将主线从电源解开，并将主线短路。

⑬ 静态爆破搅拌装药人员必须戴橡胶手套和口罩。搅拌时，如反应激烈或升温过快，应立即停止向孔内装药。装填炮孔时，操作人员要戴防护眼镜。

⑭ 静态爆破装药后，应留有专人看护现场。在产生裂缝前，不准直视孔口，防止发生喷出现象时伤害眼睛。操作过程中，如药浆溅到皮肤上或眼睛中，应立即用水冲洗，

以防腐蚀烧伤。工作完毕，应及时洗手和脸，以防碱性刺激皮肤。

⑮ 严格按照公安机关的要求保管爆破物品，不得遗失或移送他人。

2.2 深基坑支护施工技术

2.2.1 技术内容

支护为一种支挡结构物，在深基坑（槽）、管沟开挖不放坡时，用来维持天然地基土的平衡状态，保证施工安全和顺利进行，减少基坑开挖土方量，加快工程进度，同时，在施工期间，不危害邻近建筑物、道路和地下设施的正常使用，避免拆迁或加固。

2.2.1.1 作业条件

（1）完成场地平整和周围临时排水设施，部分基坑（槽）已挖到支撑或支护深度。

（2）对原有建筑物、道路地下设施采取有效防护和加固措施。

（3）已编制详细的土方开挖方案，并已取得支护结构设计单位认可。

（4）有地下水的土层开挖基坑（槽）或管沟时，应先做好降低地下水位工作。

（5）应按图纸要求进行测量放线，设置定位桩、龙门桩和水平桩，放出支护位置线。在邻近建筑物理设沉降观测点，以便支护期间对建筑物沉降变形进行定期观测。

2.2.1.2 施工操作工艺

（1）对宽度不大、深5m以内的浅基坑（槽）、管沟，一般宜设置简单支撑，其形式根据开挖深度、土质条件、地下水位、施工时间长短、施工季节和当地气象条件、施工方法与相邻建（构）筑物情况进行选择，表2.2可供参考。

表2.2 基坑（槽）、管沟支撑（护）的选用

支撑名称	支撑方法	适用条件
隔断式水平支撑	两侧挡土板水平放置，用工具式或木横撑借木楔顶紧，挖一层上支顶一层（图2.3-a）	适于能保持立壁的干土或天然湿度的黏土类土，地下水很少，深度在2m以内
断续式水平支撑	挡土板水平放置，中间留出间隔，并在两侧同时对称立竖楞木，再用工具式或木横撑上、下项紧（图2.3-b）	适于能保持直立壁的干土或天然湿度的黏土类土，地下水很少，深度在3m以内
连续式水平支撑	挡土板水平连续放置，不留间隙，然后两侧同时对称立竖楞木，上下各项一根撑木，端头加木（图2.3-c）	适于较松散的干土或天然湿度的黏土类土，地下水很少，深度为3～5m
连续式或间断式垂直支撑	挡土板垂直放置，连续或留适当间隙，然后每侧上、下各水平顶一根杨木，再用横撑项紧（图2.4-d）	适于土质较松散或湿度很高的全，地下水较少，深度不限

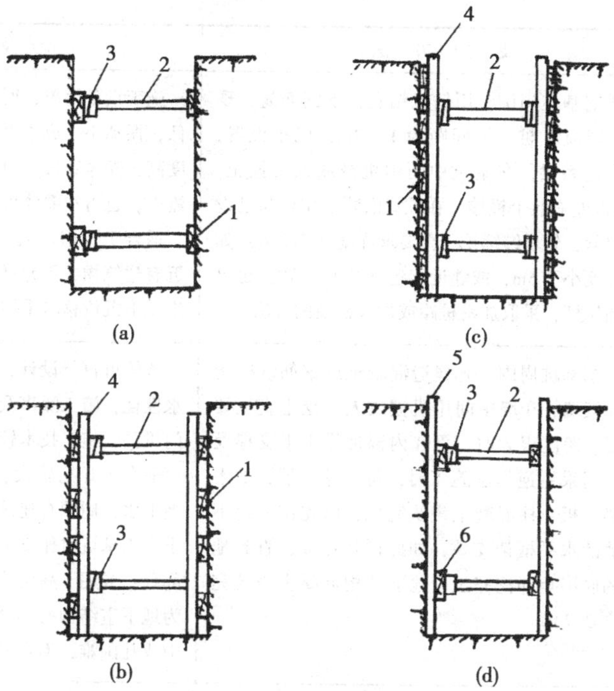

图 2.3　基坑槽（管沟）支撑

（a）隔断式水平支撑；（b）断续式水平支撑；（c）连续式水平支撑；（d）连续式垂直支撑

1—水平挡土板；2—横撑木；3—木楔；4—竖楞木；5—垂直挡土板；6—横楞木

（2）宽度较大、深5m以上的深基坑且地质条件较复杂时，必须选择有效的支护型式，一般应由施工单位会同设计、建设单位共同制订可靠的支护方案，表2.3所示为几种常用深基坑支护形式，可供参考。

表 2.3　深基坑支护（撑）的选用

支护名称	支　护　方　法	特点及适用条件
型钢桩横挡板支护	沿挡土位置预先打入钢轨、工字钢或H型钢，间距为1.2~1.5m，然后边挖方，边将3~6cm厚的挡土板塞进型钢桩之间挡土，并在横向挡板与型钢桩之间打入楔子，使横板与土体紧密接触（图2.4）	施工成本低，沉桩易，噪声低，振动小，是最常见的一种简单经济的支护方法；但不能止水，易导致周边地基产生下沉（凹）。适用于地下水位较低，深度不很大的一般黏性土或砂土层中
钢板桩支护	在开塔基坑的周围打钢板桩或钢筋混凝土板桩，桩断面有U形、Z形、H形以及冷轧薄板型钢等。板桩入土深度及悬臂长度应经计算确定。当基础坑宽度、深度很大，可另在基坑内加设钢结构支撑体系（图2.5）	桩材料强度高，截面种类多，可灵活地选用，打桩较方便，止水性好，可多次周转使用；但施工成本高，需用柴油打桩机或振动打桩机施工，噪声和振动较大，一般宜用静力压桩施工。适用于一般地下水不旺、深度和宽度不很大的黏性土、砂土层中。当加设支撑时，可在饱和软弱土中开挖较大、较深基坑时应用

续表 2.3

支护名称	支 护 方 法	特点及适用条件
挡土灌注桩支护	在开挖基坑周围，用钻机钻孔，下钢筋笼，现场灌注混凝土桩，桩间距为 1～2m，成排设置，上部设连系梁，在基坑中间用机械或人工挖土，下挖1m左右装上横撑，在桩背面装上拉杆与已设锚桩拉紧，然后继续挖土至要求深度（图2.6）如基坑深度小于6m，或邻近有建（构）筑物，也可不设铺拉杆，采取加密桩距或加大桩径的方法	施工设备简单，所需作业场地不大，噪声低，振动小，成本低，桩刚度较大，抗弯强度高，安全感好；但止水性差，为防止水土流失，也可在灌注桩间加粉喷桩 适合于开挖较大（大于6m）基坑以及邻近有建筑物，不允许放坡，不允许附近地基出现下沉位移时采用
地下连续墙支护	在开挖基坑周围，先建造混凝土或钢筋混凝土地下连续墙，在墙中间用机械或人工挖土直至要求深度。跨度很大时，可在内部加设水平支撑及支柱。当采用逆作法施工时，每下挖一层，把下一层梁、板、柱混凝土浇筑完成，以此作为地下连续墙的水平框架支撑，如此循环作业，直到地下室的底层全部挖完土，地下结构混凝土浇筑完成（图2.7）	墙体可自行设计，刚度大，整体性好，止水性佳，施工噪声及振动较小；但施工需专门机具，施工技术较为复杂，费用较高 适合于开挖较大、较深（大于10m），有地下水，周围有建筑物、道路的黏土类、砂土类土基坑时作支护，并作为地下结构的一部分；或用于高层建筑的逆作法施工；或作为地下室结构的部分外墙，但在坚实砂砾石中成孔困难，不宜采用
土层锚杆支护	系沿开挖基坑（或边坡）每 2～4m 设置一层向下稍倾斜的土层锚杆（图 2.8-a）。锚杆设置是用专门的锚杆钻机钻孔，安放钢筋锚杆，用水泥压力灌浆，达到强度后，安上横撑，借螺帽拉紧或施加预应力固定在坑壁上，每挖一层，装设一层锚杆，直到挖土至要求深度。土层锚杆也可与挡土灌注桩和地下连续墙支护结合使用（图 2.8-b、c），可减小桩、墙截面	可用于任何平面形状和场地高低差较大的部位，支护材料较省，简化支撑设置，改善施工条件，加快施工进度；但需具备锚杆成孔灌浆设备 适合于较硬土层，或破碎岩五中开挖较大、较深基坑，邻近有建筑物必须保证边坡稳定时采用。与挡土桩、连续墙结合支护，可用于较大、较深（大于10m）的大型基坑支护

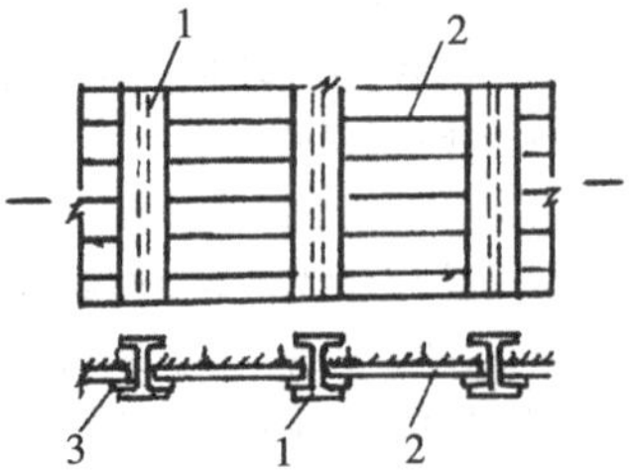

图 2.4 型钢极横挡板支护

1—型钢桩；2—挡土板；3—木楔

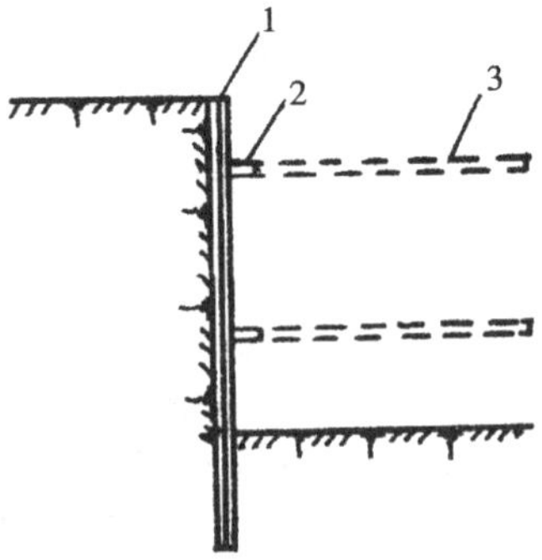

图 2.5 钢板桩支护

1—钢板桩；2—横撑；3—水平支撑

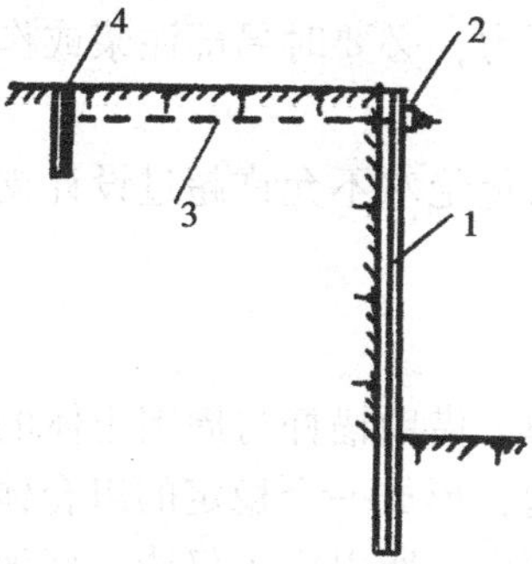

图 2.6 挡土灌注桩支护

1—现场钻孔灌注桩；2—钢模撑；3—钢拉杆；4—铺桩

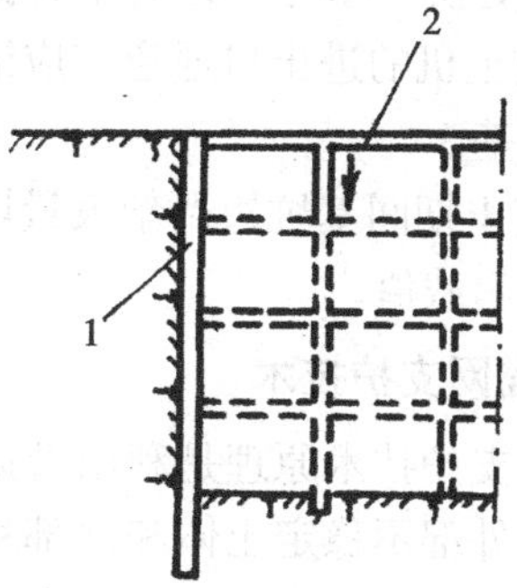

图 2.7 地下连续墙支护

1—地下连续墙；2—地下室梁板

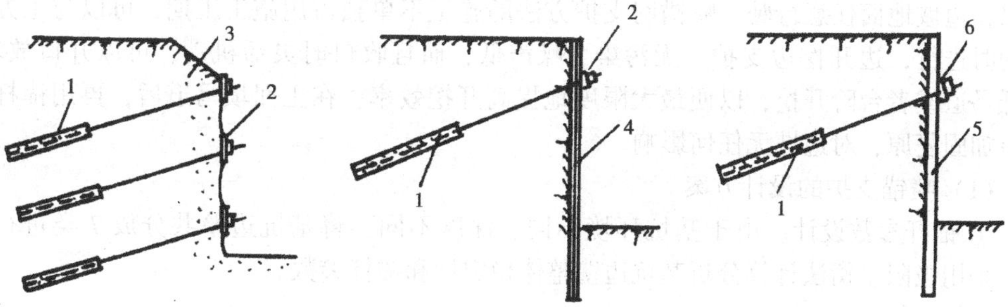

(a) (b) (c)

图 2.8 土层锚杆支护及土层锚杆与挡土灌注桩、地下连续墙结合支护

（a）土层锚杆支护；（b）挡土灌注桩与土层锚杆结合支护；（c）地下连续墙与土层锚杆结合支护

1—土层铺杆；2—钢横撑；3—土层或破碎岩层；4—现场钻孔灌注桩；

5—地下连续墙；6—铺头垫座

（3）应严格遵循先撑后挖的原则，即挖至每层支撑标高，待支撑加设并起作用后再继续挖下层。不得在基坑（槽）、管沟全部挖好后，再设置支护，以免使基坑（槽）壁失稳。土方开挖宜由上而下分层、分段、对称进行，使支护结构受力均匀。要控制相邻段的土方开挖高差不大于 1.0m，防止因土方高差过大，产生推力，使工程桩位移或变形。

（4）基坑（槽）沟壁开挖宽度应比基础、管道每边增加工作面宽度再每边加 100 ~ 150mm 支护（撑）结构需要的尺寸。挖土时，土壁要平直，挡土板要紧贴上面，并用木楔或横撑木须紧挡板。在支护角部要增设加强支撑。

（5）土方开挖前应先进行基坑降水，降水深度宜控制在坑底以下 500 ~ 1000mm，严格防止降水影响到支护结构外面，造成基坑周围地面产生沉降。

（6）采用钢（木）板桩、挡土灌注桩、地下连续墙支护，应事先进行打设或施工，然后再分层进行基坑土方开挖，分层设模撑、土层锚杆，其施工操作工艺分别参见“3 地基与基础工程”中有关部分。

（7）拆除支护（撑）时，应按照基坑（槽）、管沟土方回填顺序，从下而上逐步进行。施工中更换支撑时，必须先安装新的再拆除旧的。

（8）挖土机的进出口通道，应铺设路基箱扩散压力，必要时局部注浆或作水泥土搅拌桩加固地基。

（9）挖土期间基坑边严禁大量堆载，地面载荷数量绝对不允许超过设计支护结构时采用的地面超载值。

2.2.2 喷锚网支护技术

喷锚网支护技术原理是利用沿途介质的自承能力，借助锚杆与周围土体的摩擦力和黏聚力，将外部不稳定土体和深部稳定土体联在一起，形成一个稳定的组合体。锚杆端部互相连接的喷射混凝土面板，由于紧密嵌固于土体中，所以它不仅能很好地调节锚杆相互之间的应力分布，而且可以有效的起到防水作用。一是防止水冲刷边坡给基础施工带来不便，二是可以有效地防止地下水的渗漏，避免周围地面沉降，影响建筑物安全。喷锚网由于采用水平压力灌浆技术，大大加强了地面的承载能力。重型施工机械、车辆可以在边坡地面任意行驶。喷锚网支护方法的施工不单独占用施工工期，可以与土方开挖同时进行，边开挖边支护，无污染、噪声低，而且收口时灵活机动，可以开口放坡、降低马道或者台阶开挖，以便最大限度地提高开挖效率，在土回填马道后，再用锚杆将出口加固复原，对边坡无任何影响。

（1）喷锚支护的设计方案

① 锚杆参数设计。由于基坑环境不同、深度不同，将基坑边壁共分成 7 类进行支护，采用极限平衡法计算分析基坑边壁整体稳定性和锚杆参数。

计算条件：

- 锚杆支护后的基坑边壁滑移面为数条螺旋曲线；
- 考虑土体为变形体，锚杆同时受到抗拉和抗剪作用；
- 荷载为土体自重、地面建材堆载 15kN/m，30t 混凝土罐车等对基坑边壁产生的侧向压力，不考虑地下静水压力作用；
- 计算极限平衡条件下所需总锚固力和总不平衡力矩；
- 分析局部稳定性、施工过程稳定性和整体稳定性。

② 网喷混凝土护面设计。网喷混凝土护面的作用主要是限制锚杆之间土体的变形，将土体侧压力有效地传递给锚杆，并调整相邻锚杆的受力状态。根据全长注浆锚杆的受力分析，锚头和面层受力较小，面层的厚高不必太厚。

各类支护网喷混凝土护面参数如下。

- Ⅰ～Ⅲ类支护。网筋 $\Phi6@200\times200$，喷层厚度Ⅰ与Ⅱ类为 8.0cm，Ⅲ类为 6.0cm，强度为 C20。
- Ⅳ～Ⅵ类支护。钢筋 $\Phi6@200\times200$，喷层厚度为 6.0cm，强度为 C20。
- Ⅶ类支护。网筋 $\Phi6@250\times250$，喷层厚度为 5.0cm，强度为 C20。
- 喷射混凝土配合比为：水泥:砂:石:水 =1:2:2:0.4

③ 注浆设计。

- 因为注浆砂浆体的强度远比土体强度高，因此土层锚杆设计中砂浆体强度不是控制参数。
- 锚杆注浆全部采用孔底加压注浆，注浆压力为 0.5MPa，松散地层注浆压力为 1.0

~1.5MPa。

- 注浆配合比：水泥∶砂∶水＝1∶0.5∶0.45，并加入三乙醇胺等。

(2) 具体施工措施

土方喷锚支护的施工流程为：制锚→开挖基坑→钻孔送锚→注浆→修坡编网筋→喷射混凝土→开挖下层土。

① 制锚的具体要求为：

- 锚杆体：Φ22 和钢管 Φ48；
- 锚长允许误差为－20cm；
- 锚杆体每隔 3～4m 做对中架；
- 锚杆体（钢筋）搭焊长度不小于 $5d$，双面焊。

② 开挖。喷锚网支护的特点是边开挖边支护。为保证基坑边壁在开挖工程中土体应力场和应变场不产生过大变化，所以，对土方开挖有严格要求，挖土必须分层分段开挖。

③ 钻孔。用洛阳铲和空气冲击钻成孔。技术质量要求为：

- 孔径大于 14cm；
- 孔深允许误差为－20cm；
- 打设角一般为 3°～8°；
- 孔位于障碍物时允许变动。

④ 注浆。一般为底部注浆，技术质量要求如下。

- 配比为：水泥∶砂∶水＝1∶0.5∶0.45，并加入 0.3‰的三乙醇胺；
- 注浆压力大于 0.5MPa；
- 普通水泥 425#、中细砂。

⑤ 修坡面。注浆后进行修坡面，使坡面平整。严格控制坡面到地下室墙体间的距离。

⑥ 编网及焊接技术质量要求为：

- 网筋 Φ6@200×200，Φ6 为 Ⅰ 级钢；
- 网筋搭焊长度不小于 10cm，多于 3 个焊点；
- 锚头“井”字形，25cm×25cm，焊接充满空隙。

⑦ 喷射混凝土护面。技术质量要求如下。

- 材料：普通 425#水泥、中砂、碎石或豆石（粒径小于 15cm）；
- 配合比：水泥∶砂∶石∶水＝1∶2∶2∶0.4，冬季加入 3% 速凝剂（水泥重量比）；
- 配料的搅拌，上料后水砂石经过喷浆机和输送料管混合，即可达到均拌的目的；
- 混凝土强度 C20；
- 喷射前坡面作喷射厚度标记，喷射混凝土面层厚度为 8mm，6mm，5mm 三种。
- 喷射混凝土面层每天浇水养护 2～3 次，养护 7 天。

⑧ 开挖下层。开挖下层土方时间与上层喷射混凝土强度、注浆强度、地质条件、边壁位移量有关，一般上层混凝土面层喷射 24～36h 后，才可以进行下层开挖。

(3) 施工监测

锚喷网支护监测是支护设计中的重要组成部分。通过监测可以随时掌握基坑周边环境的变化及支护土体的稳定状态、安全程度和支护效果，为设计和施工提供信息。通过信息反馈体系，可以及时修改支护参数，改善施工工艺，预防事故发生，主要监测的项目有：监测基坑边壁的位移，绘制位移时程曲线，分析变形速率和位移量，确定其对边坡稳定、对地面建筑物和地下管线的影响程度。监测点位置待开挖3m（两排锚杆）后确定监测结果。

2.2.3 基坑土钉墙支护技术

（1）技术内容

进场准备（三通一平）→原材料进场→测量放线→混凝土试配→基坑土方开挖第一层（控制标高）→土钉施工（成孔、注浆、补浆）→修坡→安装钢筋网片→喷射混凝土→喷面修整→下一循环→……→下一循环至基坑底面。

（2）工艺流程

基坑土钉墙支护技术工艺流程如图2.9所示。

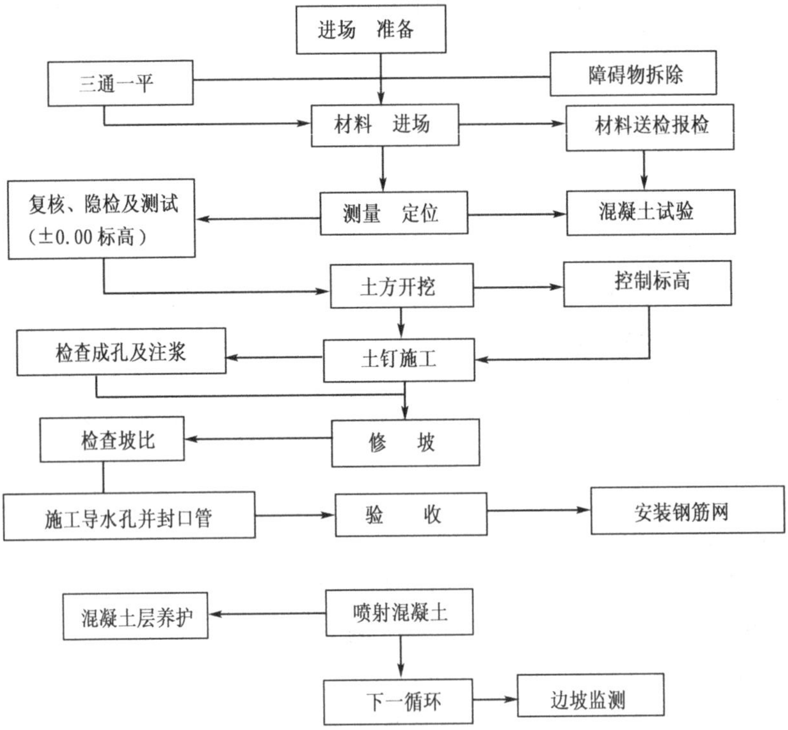

图2.9 基坑土钉墙支护工艺流程图

（3）施工准备

① 场地平整，并搭设临时办公用房和工人住房。

② 查明施工范围内一切地下管线，并随时监测。

③ 临时供水管道铺设：施工用水水源由建设单位意见设置，采用Φ100焊缝钢管。

④ 施工临时供电：根据投入机械设备用电功率，需150kW/d供电率，铺设电缆时沿供水管走线。

⑤ 临时施工道路：主路沿结构平面呈回行环绕。

⑥ 现场加工钢筋土钉，施工前保证有30个备用，以确保正常施工。

⑦ 对进场各类材料进行必要的检验。

（4）土钉墙施工技术要求

① 土钉锚杆施工要求。

• 对准孔位，用洛阳铲挖至设计深度；

• 检查锚孔施工质量；

• 放入锚杆体；

• 压入水灰比 0.6 的水泥浆，压力为 1.5kg/cm^2，并两次补浆，直至返出清水泥浆，补浆时间不得超过 2h；

• 工作面开挖后应及时施工土钉、喷护，时间不超过 48h，禁止长时间未施工土钉及喷护，以免造成较大边坡位移而产生滑坡；

• 施工过程中做好土钉成孔记录。

② 锚喷施工要求。

• 喷射前进行人工修坡，要求顺直，无凹凸现象；

• 钢筋网片绑扎符合设计要求；

• 土方开挖、土钉挡土墙施工作业应分段分片依次进行，每段长度不大于 25m；

• 土钉应与钢筋网、加强筋焊接牢固，喷射时钢筋不得晃动，开始喷射时，应减小喷头至锚喷面的距离，并调整喷射角度，保证钢筋与壁面之间混凝土的密实性；

• C15 豆石混凝土配比：水泥: 砂: 石 = 1: 2: 2；

• 水泥型号为 Po325，应有出厂合格证，砂为中、细砂，含水率控制在 5% ~7%，豆（碎）石粒径小于 15mm，不能使用含有活性二氧化硅的石料；

• 如需加速凝剂时（依据施工进度及气湿定，掺量由试验确定），初凝不应大于 15min，终凝不应大于 45min；

• 钢筋、水泥应有出厂合格证。

（5）施工措施

① 在上部杂填土段，局部地段因地下障碍物影响，可能出现土钉难以成孔，可采取垂向、水平向调整土钉位置予以解决。

② 当上层土钉难以达到设计长度时，一方面应做好施工记录，另一方面，相应加长下段土钉或同层位加密土钉方法。

③ 土钉墙施工当基坑深度大于 4m 后，必须保证施工的及时性，以免边坡出现较大位移，并加强边坡的位移监测工作。

④ 当基坑出现位移较大时，应及时回填土方至上二层土钉所处的层位，同时对上部重新进行加固。

⑤ 当基坑较深时，施工中应严格控制土钉挡土墙工作面的长度，每施工段小于 25m。

⑥ 每分步土钉墙完成后，必须确保有 24h 以上的强度增长期，当强度达到 70% 以上时，才能进行下一步土钉墙施工，严禁连续开挖施工下一步土钉。

⑦ 每层喷护每 25m 用 50mm 塑料管留置排水孔。

（6）基坑土方开挖与支护施工顺序

① 第一层土方将基坑开挖至 2m 时，施工第一层土钉墙。

② 第一层土钉墙施工完后，挖至下一个土钉施工平台，施工第二层土钉，以此类推，至最后一层土钉墙。

③ 为加快土方施工进度，施工中采用预留平台式进行掏心式开挖，即沿基坑边线预留 15m 的宽度，中心部位土方一次开挖至 6.5m。第三步挖至基坑底面。

④ 边坡地段开挖时，预留 0.05m 厚土层进行人工清坡，确保边坡面平整，避免开挖扰动边坡土体。

⑤ 土方施工应及时为支护结构提供工作面。在施工过程中，应合理调配设备，尽量减少开挖步数，为施工提供便利条件。

(7) 技术要求

① 土方开挖要严格按照施工要求配合土钉墙施工进行，用水准仪控制标高，严禁超挖，边坡预留 50mm 土层，采用人工修坡。

② 在开挖前标高及开挖线应经甲方验收，在施工中应控制标高，严禁在最后一步超挖。

③ 挖掘机严禁触碰锚头及坡面，以确保支护结构安全。

④ 为了加快施工速度，中心部位土方开挖可不随土方开挖步距进行开挖，但必须在未施工锚杆坑段留设不小于 5m 的工作台。同时，要尽量为土钉施工创造工作面。

(8) 基坑支护结构监测方案

为了确保基坑边坡安全，应采用信息化施工技术。在施工过程中，通过不断采集基坑边坡位信息，以便及时发现问题，采取相应的措施，确保基坑边坡安全。监测方案如下。

① 观测依据：建筑规程施工测量规程中的有关规定。

② 人员及仪器设备：由专职测量人员进行位移观测，采用 J6 型经纬仪。

③ 点位埋设：设测点布置在土钉挡土墙顶面。测点间距为 15 ~ 20m，点位用水泥钉固定。观测基准点宜选在距基较远且相对稳定的地点。测站点用水泥桩固定，桩顶设小钉，以保证仪器对中的精度，桩附近设立醒目的标志，防止桩位破坏。

④ 观测方法：可采取直线法进行观测。在基坑开挖之前进行一次观测，作为基准数据，将以后的观测结果和首次观测相比较，求出桩位移。

⑤ 观测时间：在基坑开挖过程中，每天进行一次观测。在雨后第二天加强一次观测，基坑开挖结束达到稳定后，方可停止监测。

2.3 CFG 桩技术

2.3.1 技术内容

① 确定施工机具和配套设备。

② 材料供应计划，标明所用材料的规格、技术要求和数量。

③ 试成孔应不少于 2 个，以复核地质资料和设计、工艺是否适宜，核定选用的技术参数。

④ 按照施工平面图放好桩位。

⑤ 确定施打顺序。施打顺序和土性、桩距有关。软土中桩距较大，可采用隔桩跳打，饱和的松散粉土中施工，如果桩距较少，不采用桩跳打方案；满堂布桩，无论桩距大小，均不宜从四周转圈向内推进施工。

⑥ 复核测量基线、水准点及桩位、CFG 桩的轴线定位点。

2.3.2　特点和适用范围

CFG 桩为桩体中掺加适量石屑、粉煤灰和水泥加水拌和，制成一种黏结强度较高的桩体，与桩间土和褥垫层一起构成 CFG 桩复合地基。桩间土与基础之间必须设置一定厚度的褥垫层，即褥垫层是高黏结强度桩复合地基的一部分。

CFG 桩属于高黏结强度桩，与素砼桩的区别仅在于桩体材料的构成不同，在其受力和变形特性方面没有本质区别。复合地基性状和设计计算，对其他高黏结强度桩复合地基同样适用。CFG 桩既可适用于条形基础、独立基础，也可用于筏基和箱形基础。就土性而言，CFG 桩可用于填土、饱和及非饱和黏性土，既可用于挤密效果好的土质，也可用于挤密效果差的土质。

2.3.3　材　料

CFG 桩的骨干材料为碎石。石屑为中等粒径骨料，当桩体强度小于 5MPa 时，石屑的掺入可使桩体级配良好，对桩体强度起到重要作用，相同碎石和水泥掺量，掺入石屑可比不掺石屑强度增加 50% 左右。

其他材料为粉煤灰、水泥及水，其中粉煤灰可使桩体具有明显的后期强度。

2.3.4　施工设备

施工设备有螺旋钻机、混凝土输送泵、搅拌机。

2.3.5　施工工艺

桩机就位后，调整钻机与地面垂直，确保垂直度偏差不大于 1%。

① 质量要求。

- 桩长允许差不大于 10cm。
- 桩径允许差不大于 2cm。
- 垂直度允许差不大于 1%。
- 桩位允许偏差为：

满堂红布桩的基础径不大于 $D/2$；

条基：垂直轴线方向不大于 $D/4$，单排布桩不得大于 6cm；

顺轴线方向不大于 $D/3$，单排布桩不得大于 $D/4$。

- CFG 桩施工完毕，对桩进行低应变桩身完整性检测和单桩承载力检测，桩身完整性随机抽取桩数的 10%，静载抽取若干根即可。桩的承载力必须达到桩的极限承载力。

② CFG 桩施工完毕，待桩基达到一定强度（一般为 3 ~ 7d）后，可进行开槽。

③ 土方开挖时不可对设计桩顶标高以下的桩体产主损害，尽量避免扰动桩间土。

④ 剔除桩头时，应先找出桩顶标高位置，用钢钎等工具沿桩周向桩心逐次剔除多余的桩头，直到设计桩顶标高，并把桩顶找平，不可用重锤或重物横向击打桩体，桩头剔至设计标高处，桩顶表面不可出现斜平面。

⑤ 如果在基槽开挖和剔除桩头时，造成桩体断至桩顶设计标高以下，那么必须采取

补救措施，可用C20豆石混凝土接桩至设计桩顶标高，在接桩过程中，注意保护桩间土。

2.4 振冲碎石桩技术

2.4.1 技术内容

2.4.1.1 施工工艺流程

振冲碎石桩的施工工艺流程如图2.10所示。

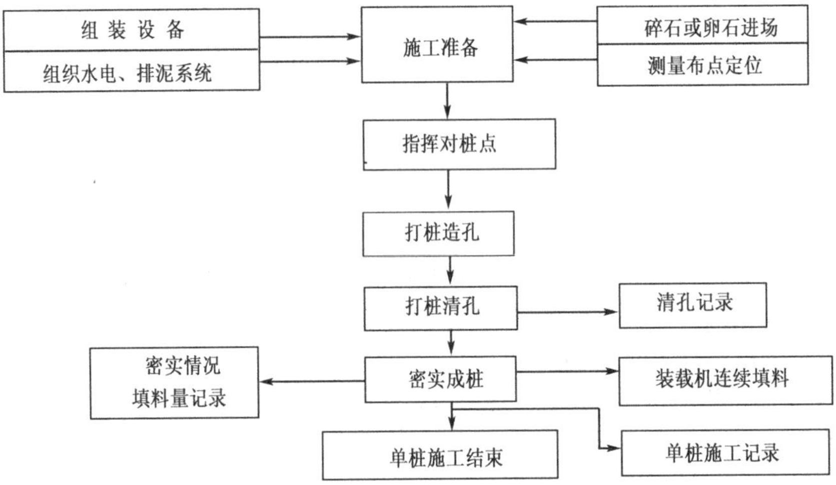

图2.10 振冲碎石桩技术工艺流程

2.4.1.2 施工工艺参数

根据设计提供的地基处理方案，在开始施工前，要进行成桩试验。试桩参数如下。

① ZCQ－75型振冲器；

② 造孔水压为0.6MPa，制桩水压为0.4MPa；

③ 造孔速度为1.0～1.5m/min，现场确定清孔次数；

④ 造孔直孔底时留振30s；

⑤ 振冲器制桩密实电流控制值为70～80A；

⑥ 制桩采用连续填料法，密实间距为0.5m，留振时间为10s。

2.4.1.3 施工步骤

(1) 放 点

根据设计图纸及控制点资料，由专业测量人员现场测放桩位点，标明桩号；桩位点经过专职质检员及监理工程师检验合格后，才能进行施工。

(2) 造 孔

移动振冲器，使其出水口对准桩位，启动水泵、振冲器，缓慢地下降振冲器，达到设计要求深度。记录员记录造孔深度。

(3) 清 孔

缓缓提升振冲器至孔口，再下降至设计深度，进行第一次清孔。

(4) 制　桩

将振冲器提升0.5m，并孔口倒入石料，当电流达到密实电流控制值时提升，密实间距为0.5m，反复多次，直至孔口形成一个碎石桩体。

(5) 移机对点，开始下一根桩施工

在碎石桩的整个施工过程中，所产生的泥浆由事先挖好的排泥沟流入集井后，用污泥泵抽入排泥围堰中，再集中外运处理。

2.4.2　技术保证措施

① 由项目技术负责人和施工队长具体负责制定施工技术要求与施工工艺，并按照规定监督、检查施工队的施工质量。

② 对建设方及监理提出的意见认真研究并及时解决。建议建设方派人对机组施工跟踪监督检查。

③ 影响振冲加固地基质量的四大要素是加密电流、留振时间、加密段长度和填料量，根据地基土质条件详细规定如下。

• 上述技术参数施工时，按照设计人员签发的施工通知单执行，施工人员无权更改，若出现异常情况，应及时通知设计人员，由设计人员处理。

• 造孔应符合下列规定：

第一，振冲器对准桩位，偏差应小于200mm；

第二，造孔过程中振冲器应处于悬垂状态，孔位如发生偏移，则应及时纠正；

第三，造孔水压控制在0.3～0.6MPa，造孔速度宜控制在0.5～2.0m/min；

第四，造孔深度应达到设计深度以上0.3m。

• 桩体加密应符合下列规定：

第一，加密电流、留振时间、加密段长度、填料量应达到设计规定的技术参数；

第二，加密电流、留振时间应采用自动控制系统控制，不得采用人工控制；

第三，加密段长应控制在200～500mm；

第四，加密时从孔底开始，逐段向上，中间不得漏振；

第五，加密时水压一般控制在0.2～0.4MPa。

• 制桩顺序采用排打法。

第一，填料方式采用强迫填料方式。

第二，每根桩造孔时每贯入1～2m，应记录一次电流、水压、时间；加密时每1～2m分段记录电流、水压、时间、填料量。

第三，施工中发现串桩时，应根据串桩位置、深度及时处理，处理深度要超过串桩深度。

第四，每施工约100根桩进行一次施工质量自检。自检内容包括：执行施工技术要求和施工工艺情况、桩位偏差、加密段长度、加密电流、留振时间、填料量及存在问题等。

第五，施工记录必须按照规定进行，要求项目齐全、文字清楚，不得任意涂改，每天施工结束，及时将施工记录交施工队长检查，集中归档。

2.5 桩间土修整技术

2.5.1 技术内容

（1）作业条件

① 长螺旋钻孔灌压混凝土桩强度已达到破桩头，以及清理桩间土的规定要求；

② 由基坑内向外运输桩间土的坡道已经修理完毕；

③ 各种作业机械已经准备就位，随时可以进行施工。

（2）施工方案

构筑物桩间土的清理主要考虑使用小型反铲挖掘机和微型运输汽车配合人工作业。

① 施工开始，小型反铲挖掘机由中心位置开始清土，机械清土主要考虑由桩基础施工时随钻杆所带出的土，以及土方施工时为了保证成桩质量所预留的土，到基础垫层底的 200mm 范围内，由人工负责清理。

② 用机械进行清土时，桩头混凝土已经具有很大强度，但考虑到对桩基础的保护，反铲挖掘机行驶时，尽量选择两排桩中间的空隙，然后机械随行走随挖土垫路，确保桩头不受损坏。机械垫路的高度一定要超过桩顶（含锚入底板的钢筋）高度。

③ 小型反铲机进入现场后，从池中心向外挖土，将土挖至池外后，用小型运输汽车运出场外。

④ 机械清土的同时，必须配合人工进行工作，为了保证桩的质量，离桩边不大于 200mm 位置内，必须由人工负责清理。

2.5.2 技术保证措施

① 为了确保施工质量，现场必须设置专职测量人员，对整个清土过程进行控制，保证土方清理标高的精确，为之后进行的垫层施工奠定良好的基础。

② 在清理桩间土的过程中，发现有未达到质量要求的桩，严格按照桩基础施工方案进行处理，以保证施工进度和质量。

③ 挖掘必须按照规定路线行走，在行进过程中，避免造成对桩头的破坏。

④ 当有运输机械陷车时，应用钢丝绳缓缓拖出，不得用推土机、挖掘机等机械直接推出。

⑤ 禁止无关人员进入机械施工区域。挖掘机工作回转半径范围内不得站人或进行其他作业。

⑥ 挖掘机操作和汽车装土行驶要听从现场指挥，所有车辆必须严格按照规定的行驶路线行驶，防止出现事故。

⑦ 夜间作业，机上及工作地点必须有充足的照明设施，在危险地段应设置明显的警示标志和护栏。

⑧ 雨期施工，运输机械和行驶道路应采取防滑措施，以保证行车安全。

2.6　卵石夹砂褥垫层施工技术

2.6.1　技术准备内容

（1）材　料

卵石夹砂，其中卵石含量为30% ~50%，最大粒径小于50mm，含泥量小于5%，不得含有草根、树皮等杂物。

（2）机械设备

反铲式挖掘机、自卸运输车、滚筒式碾压机、推土机、平板夯、手推车、Φ25 塑料水管、铁锹等。

2.6.2　清除基槽（坑）内不良质土层

采用一台反铲式挖掘机对基槽（坑）内的浮土、杂土、多余土方进行清理收集并装入自卸运输车中，倒运至规定位置，机械不易清理的部位采用人工进行清理，必须保证基槽（坑）底标高满足设计要求。

基槽（坑）内不得出现积水。

2.6.3　卵石夹砂回填铺设

① 待基槽（坑）内清理及验收工作完毕后，进行卵石夹砂回填。

② 回填时，采用铲车将其铺平，保证其褥垫层松动时标高比设计要求标高高 50mm 左右。

③ 回填时，将卵石夹砂中的杂草、泥块、大块卵石等清出场地。

④ 褥垫层边缘采用45°大放脚。

2.6.4　卵石夹砂碾压密实

（1）施工准备

① 现场临时道路畅通，施工路线已经确定。

② 部分材料已经进场，在不影响施工的前提下，余下材料陆续进场。

③ 施工人员、机械设备基本到位，可以满足施工要求。

④ 现场的水电已经接通。

（2）施工工艺及注意事项

布设褥垫层碾压路线→第一次碾压→第二次碾压→第三次碾压→边角处及局部采用平板夯进行夯实→褥垫层密实度试验→验收。

① 压路机碾压过程中，碾压宽度需有大于或等于 300mm 的重叠部分。

② 碾压时，根据现场实际情况，适当进行洒水，以保证其密实度。

③ 氧化沟边角处或局部碾压不到位的，采用平板夯进行夯实。

④ 在碾压过程中，褥垫层出现下沉过度的，应及时在此部位进一步回填混砂。

⑤ 待一、二、三区褥垫层碾压完毕后，采用机械撤除坡道，然后采用人工配合平板夯进行分层夯实。

⑥ 边碾压，边测量，确保褥垫层标高满足设计和规范要求。

2.6.5 验收及卵石夹砂褥垫层密实度试验

① 待褥垫层碾压或夯实完毕后，自验合格后，应及时通知监理工程师进行褥垫层质量及标高复测验收。

② 待验收合格后，应及时通知实验室和监理工程师到现场抽取试样，作卵石夹砂褥垫层密实度试验。

2.7 钢筋施工技术

2.7.1 钢筋加工技术内容

① 钢筋加工制作在场区内加工场完成，钢筋加工场地按照实际需要布置。

② 进场钢筋应按照级别、种类和直径分类架空堆放，不得直接放置在地上，以免锈蚀和油污，进场钢筋应有出厂质量合格证明，并且应该及时抽样进行复检，复检合格后，可以进行加工。

③ 钢筋加工应首先按照图纸设计要求进行翻样，然后经相关部门核认后开始加工。

④ 加工的半成品钢筋应按照型号、品种和规格尺寸等挂牌堆放。

Ⅰ级钢筋末端需要做180°弯钩，其圆弧曲线直径不小于钢筋直径的2.5倍，平直部分长度不小于钢筋直径的3倍；Ⅱ级钢筋末端须作90°或135°弯折时，弯曲直径不宜小于钢筋直径的4倍，平直部分长度应按照设计要求确定。箍筋的末端应作135°弯钩，弯钩端头平直长度不小于钢筋直径的10倍。

⑤ 钢筋加工的允许偏差如表2.4所示。

表2.4 钢筋加工允许偏差

项　　目	允许偏差/mm
受力钢筋顺长度方向全长的净尺寸	±10
弯起钢筋的弯折位置	±20
箍筋内净尺寸	±5

⑥ 钢筋代换应经监理和设计院同意。

2.7.2 钢筋安装

① 钢筋绑扎时，为防止钢筋倾斜和确保钢筋骨架尺寸，沿墙体纵向每隔10m设置1或2道竖向钢筋骨架，同时内外网片设剪刀撑，钢筋骨架用与墙体主筋相同型号的钢筋焊接而成。

② 预埋管线、铁件应牢固。预留孔洞位置应精确，其标高、位置等尺寸均应准确，不得遗漏和移位。大于300mm的预留洞口处应按照要求设置加强筋。

③ 水池工程具有一定的特殊性，所以在钢筋施工过程中，要杜绝漏筋现象，垫好钢筋保护层垫块，池壁筋按照间距1.2m呈梅花形设置，侧面垫块应与钢筋绑牢，不应遗漏。钢筋保护层厚度底板、池壁、中心筒和梁柱等为35mm，底板下皮40mm，集水槽、走道板为25mm，基础底板垫块采用大理石垫块，池壁侧向垫块采用塑料卡式垫块。

④ 池壁钢筋绑扎程序为：竖向钢筋绑扎→水平筋绑扎→预埋铁件、管线设置→钢筋隐蔽验收。

⑤ 走道板钢筋深入支座的锚固长度应满足设计规范要求。

⑥ 底板马凳做法：使用二级20mm钢筋制作，具体尺寸如图2.11所示。

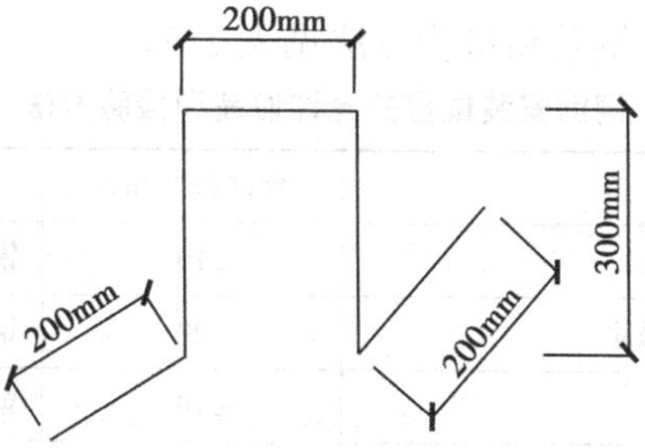

图2.11　底板马凳样式图

注：马凳下筋与底板钢筋使用铁丝绑扎连接在一起，马凳下的底板钢筋必须垫垫块来保证钢筋的稳固，马凳距离均确定为600mm×600mm。

⑦ 池壁钢筋的固定。

- 纵向梯子筋。形式如图2.12所示。

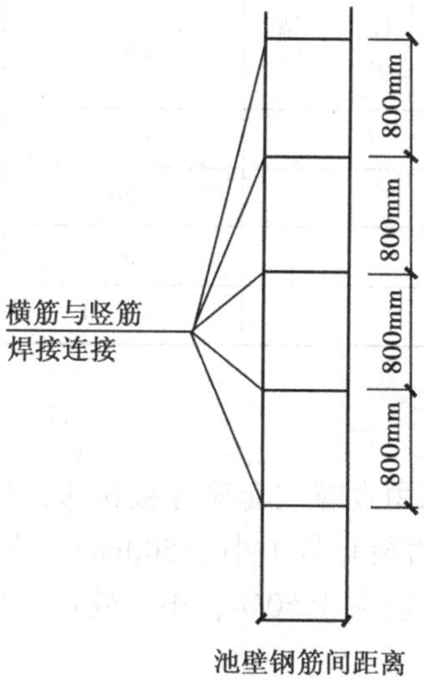

图2.12　梯子筋形式

注：墙体钢筋间距控制采用纵向梯子筋，梯子筋间距为3000mm，焊接梯子筋的钢筋直径要求大于设计纵向钢筋一个规格，梯子筋中的横筋要求按照800mm间距设置一道。

- 池壁剪刀撑。剪刀撑钢筋型号与池壁钢筋同规格，池壁钢筋的内侧两边设置剪刀撑，剪刀撑与主筋之间用铁丝绑扎，剪刀撑与地面之间呈45°角。
- 池壁拉结筋。现场采用$\Phi 8$钢筋作为拉结钢筋，间距为600mm×600mm，呈梅花状布置，如图2.13所示。

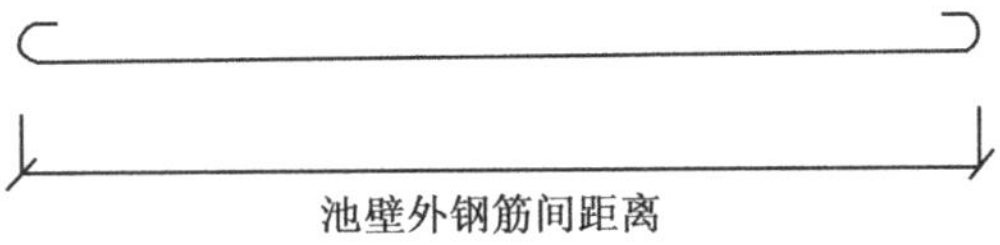

图 2.13 池壁拉结筋

⑧ 钢筋安装位置的允许偏差和检验方法见表 2.5。

表 2.5 钢筋安装位置的允许偏差和检验方法

项目			允许偏差/mm	检验方法
绑扎钢筋网	长、宽		±10	钢尺检查
	网眼尺寸		±20	钢尺量连续三挡，取最大值
绑扎钢筋骨架	长		±10	钢尺检查
	宽、高		±5	钢尺检查
受力钢筋	间距		±10	钢尺量两端、中间各一点，
	排距		±5	取最大值
	保护层厚度	基础	±10	钢尺检查
		柱、梁	±5	钢尺检查
		板、墙、壳	±3	钢尺检查
绑扎箍筋、横向钢筋间距			±20	钢尺量连续三挡，取最大值
钢筋弯起点位置			20	钢尺检查
预埋件	中心线位置		5	钢尺检查
	水平高差		+3，0	钢尺检查

2.7.3 钢筋的连接

（1）底板钢筋

直径大于 18mm 的钢筋均采用直螺纹套筒连接接头，机械连接接头连接区段长度为 35*d*（*d* 为纵向受力钢筋的较大直径）且不小于 500mm，位于同一连接区段内纵向受拉钢筋的机械连接接头面积百分率不应大于 50%，小于或等于 18mm 的钢筋采用搭接连接。

（2）池壁钢筋

① 水平钢筋。搭接连接。

② 竖直钢筋。拟一次施工到顶，钢筋不留接头。

③ 其他钢筋。采用搭接连接。

（3）直螺纹套筒连接施工工艺

① 钢筋直螺纹连接的原理是将两根待接钢筋断部加工成直螺纹，旋入带有直螺纹的套筒中，从而将两端的钢筋连接起来。

② 钢筋直螺纹接头有以下特点。

• 钢筋的机械连接主要是通过螺纹或钢筋表面与连接套筒之间的机械咬合来传递拉力或压力，这种连接方式不受钢筋化学成分、可焊性或气候等条件的影响，接头强度高、质量稳定。

• 钢筋直螺纹接头能保持木材原有的力学性能，连接速度快，就位对中方便，能较好地解决钢筋排列拥挤的问题，特别适合在钢筋密集、钢筋较粗的情况下使用，而且工艺简单、安全可靠，可全天候施工，工效高，方便组织和管理，而且其接头比锥螺纹强度更高、安装更方便。

③ 钢筋直螺纹接头的制作工艺。

• 钢筋直螺纹接头的加工设备包括锯机、套丝机和磨削成型机。

• 其主要制作工艺流程是用锯机将钢筋端部锯成垂直面；将此钢筋端部放入套丝机，按照标准尺寸加工成直螺纹接头，如图 2.14 所示。

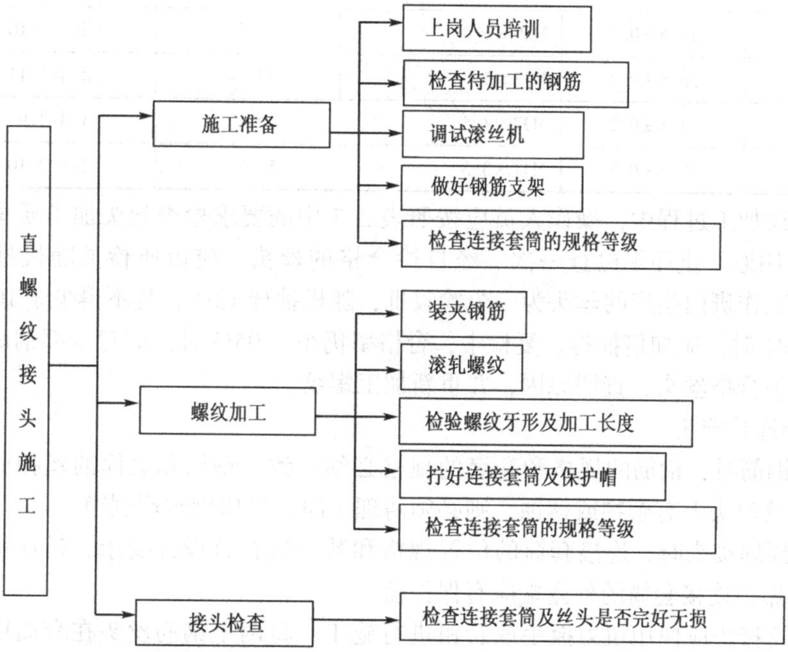

图 2.14 钢筋等强度滚压直螺纹接头施工工艺图

④ 接头的性能和类型。

• 接头的性能。为充分发挥钢筋母材的强度，连接套筒的设计强度不小于母材抗拉强度，即合格钢筋接头的抗拉试验结果为破坏部位位于母材上。

• 接头类型。直螺纹接头可根据不同的应用场合分为六种，如表 2.6 所示。

表 2.6 直螺纹接头的应用场合

序号	形　式	使用场合
1	标准型	正常情况下连接钢筋
2	加长型	用于转动钢筋困难的场合，通过转动套筒连接钢筋
3	扩口型	用于钢筋较难对中的场合
4	导径型	用于连接不同直径的钢筋
5	正反丝扣型	用于两端钢筋均不能转动要求调节轴向长度的场合
6	加锁母型	钢筋完全不能转动，通过套筒连接钢筋，用锁母锁定套筒

此法螺纹精度高，接头质量稳定，施工速度快。滚轧直螺纹滚丝头加工尺寸应符合

表 2.7 的规定。丝头加工长度为标准型套筒长度的 1/2，其公差为 +2P（P 为螺距）。

表 2.7 剥肋丝头加工尺寸

规　格	剥肋直径/mm	螺纹尺寸/（mm×mm）	丝头长度/mm	完整丝扣圈数/圈
16	15.1 ±0.2	M16.5×2	22.5	不小于 8
18	16.9 ±0.2	M19×2.5	27.5	不小于 7
20	18.8 ±0.2	M21×2.5	30	不小于 8
22	20.8 ±0.2	M23×2.5	32.5	不小于 9
25	23.7 ±0.2	M26×3	35	不小于 9
28	26.6 ±0.2	M29×3	40	不小于 10
32	30.5 ±0.2	M33×3	45	不小于 11
36	34.5 ±0.2	M37×3.5	49	不小于 9
40	38.1 ±0.2	M41×3.5	52.5	不小于 10

在直螺纹加工过程中，操作人员应按照表 2.7 中的要求检查丝头加工质量，每加工 10 个丝头，用通、止环规检查一次。经自检合格的丝头，应由质检员随机抽样进行检验，以一个工作班内生产的丝头为一个验收批，随机抽样 10%，且不得少于 10 个。当合格率小于 95% 时，应加倍抽检。复检中，合格率仍小于 95% 时，应对全部钢筋丝头进行检验，切去不合格丝头，查明原因，并重新加工螺纹。

⑤ 现场连接施工。

• 连接钢筋时，钢筋的规格和套筒的规格必须一致，钢筋和套筒的丝扣应干净完好无损，若螺纹丝头上有杂物或锈蚀，则必须清理干净，可用钢丝刷刷净。

• 采用预埋接头时，连接套筒的位置规格和数量应符合设计要求，带连接套筒的钢筋应固定牢靠，连接套筒的外露端应有保护盖。

• 直螺纹接头应使用扭力扳手或管钳进行施工，将两个钢筋丝头在套筒中间位置顶紧，接头拧紧力矩应符合表 2.8 的规定，扭力扳手的精度为 ±5%。

表 2.8 直螺纹钢筋接头拧紧力矩值

钢筋直径/mm	16~18	20~22	25	28	32	36~40
拧紧力矩/（N·m）	100	200	250	280	320	350

• 经扭紧后的滚压直螺纹接头应作出标记，单边外露丝扣长度不应超过 ±2P。

⑥ 接头质量检验。

• 钢筋连接作业开始前及施工过程中，应对每批进场钢筋进行接头连接工艺检验。工艺检验应符合下列要求：

第一，每种规格钢筋的接头试件不应少于 3 根；

第二，接头试件的钢筋母材应进行抗拉强度试验；

第三，3 根接头试件的抗拉强度均不应小于该级别钢筋抗拉强度的标准值，同时还应不小于 0.9 倍钢筋母材的实际抗拉强度。

• 现场检验应进行拧紧力矩检验和单向拉伸强度试验。对接头有特殊要求的结构，应当在设计图纸中另行注明相应的检验项目。

• 用扭力扳手按照表 2.6 中规定的接头拧紧力矩值抽检接头的力矩质量。抽检数量为：梁、柱按照接头数的15%，且每个构件的接头抽检不少于1个，每批抽检3个接头。抽检的接头应全部合格；如有一个接头不合格，则该验收批接头应逐个检查并拧紧。

• 直螺纹接头的单向拉伸强度试验按照验收批进行。同一施工条件下采用同一批材料的同等级、同形式、同规格接头，以500个作为一个验收批进行检验。

在现场连续检验10个验收批，其全部单向拉伸试验一次抽样合格时，验收批接头数量可扩大为1000个。

• 对每一验收批，应在工程结构中随机抽取3个试件作单向拉伸试验。当3个试件的抗拉强度均不小于A级接头的强度要求时，该验收批为合格。如有1个试件的抗拉强度不符合要求，则应加倍取样复检。

• 直螺纹接头的单向拉伸试验破坏形式有三种：钢筋母材拉断、套筒拉断、钢筋从套筒中滑脱，只要满足强度要求，任何破坏形式均可判断为合理。

⑦ 施工注意事项。

• 钢筋在套丝前必须对钢筋规格及外观质量进行检查，如发现有端头弯曲，必须先进行调直处理，若钢筋边肋超差，则将边肋砸扁后，方可施工；

• 对已经加工成形的钢筋丝扣要有连接套的保护，不得损坏丝扣，丝扣上不得沾有水泥砂浆等污物；

• 钢筋必须合格，提供的螺纹连接套的规格和质量必须符合要求；

• 直螺纹外露丝扣不得超过2个完整扣，否则应重新拧紧或进行加固处理；

• 接头强度必须经取样检测合格后，才可以使用于结构；

• 钢筋的接头位置、规格、同一区段内的接头面积百分率必须符合设计与规范要求。

2.8 模板施工技术

2.8.1 大模板的安装

① 弹出模板就位安装线及控制线。墙轴线位移偏差控制在3mm范围内。

② 做好找平层，以保证混凝土墙高度一致，墙体标高偏差控制在±5mm范围内。

③ 安装模板的根部需垫抹沙浆1~1.5cm，防止墙体发生烂根、露筋、蜂窝、麻面现象，并派专人仔细补漏，杜绝漏浆。

④ 预应力池壁模板安装顺序是：内模安装—池壁钢筋绑扎—预应力筋铺设—对拉螺栓安装—外模安装—背钢管—垂直吊正—下道工序。模板安装允许偏差见表2.7。

⑤ 安装对拉螺栓与校正模板同步进行。墙的宽度尺寸偏差控制在-2mm范围内。每层模板立面垂直度偏差控制在3mm范围内。对拉螺栓必须紧固牢靠，防止出现松动而造成涨模。对拉螺栓用Φ14mm圆钢制作，两端套丝，中间用-50mm×50mm×3mm厚钢板作止水板，具体做法如图2.15所示。

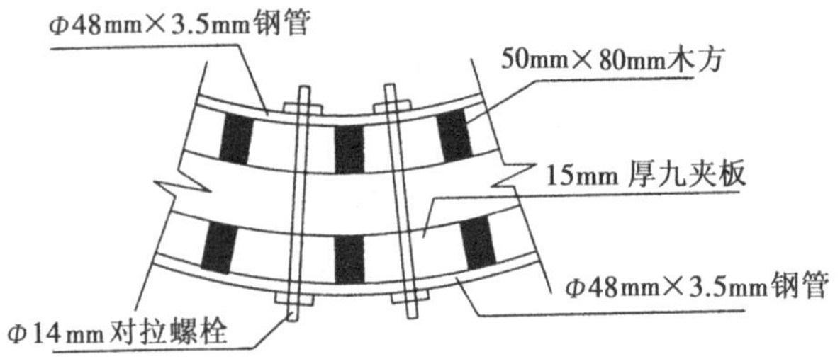

(a) 池壁模板支设图

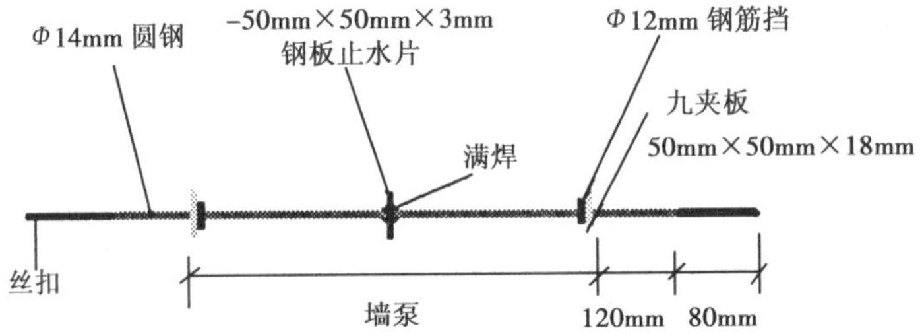

(b) 对拉螺栓图

图 2.15 大模板安装图

表 2.9 整体现浇混凝土模板安装允许偏差

项目		允许偏差
轴线位置	底板	10
	池壁、柱、梁	5
高 程		±5
平面尺寸（混凝土底板和池体的长、宽或直径）	$L \leqslant 20m$	±10
	$20 < L \leqslant 50m$	$\pm L/2000$
	$50 < L \leqslant 250m$	±25
混凝土结构截面尺寸	池壁、柱梁、顶板	±3
	洞、槽、沟净空，变形缝宽度	±5
垂直度（池壁、柱）	$H \leqslant 5m$	5
	$5 < H \leqslant 20m$	$H/1000$
表面平整度（用 2m 直尺检查）		5
中心位置	预埋件、预埋管	3
	预留洞	5
相邻两表面高低差		2

注：① L 为混凝土底板和池体的长、宽或直径；
② H 为池壁、柱的高度。

2.8.2 模板的拆除

模板拆除后，首先将对拉螺栓垫块剔除，其次将对拉螺栓钢筋切除，再次涂黏结剂，最后用环氧砂浆密封。拆模后，严格清理模板，重新调节至理想定型尺寸，以便下次周转。在运转过程中，应避免砸撞现象。

2.8.3　超高独立式无粘结预应力池壁模架施工技术

（1）技术内容

本工艺的工艺原理主要是，通过采用不同的施工措施满足无黏结预应力池壁须在不同阶段相对独立的要求；通过采用钢管定位系统来确保池壁模板的平整度、垂直度及位置准确度；通过对池壁内外侧模板承受主要侧向压力进行详细计算，以确定如何进行池壁模板及支撑系统的搭设，主要原理如下。

① 在底板与池壁交接处铺设4层0.18～0.20mm滑动塑料板作为滑动层，将底板与池壁完全分离，无任何连接，使得池壁与底板之间事先形成相对独立；在池壁混凝土浇筑完至池壁预应力筋二次张拉完的这段期间内，须将约束池壁的对拉螺栓及其他约束构件松弛或拆除，以保证池壁预应力筋张拉顺利进行，使池壁相对独立。

② 采用单侧钢管定位系统，将定位钢管与模板体系和支撑系统连接成一个整体，确保池壁模板的平整度、垂直度及位置准确度。

③ 池壁内外两侧钢管支撑系统均胶圈封闭，并与模板体系连接牢固，池壁模板根部和顶部采用三角架钢管支撑体系，起到斜顶与斜拉作用，避免了池壁在混凝土浇筑时出现移位、倾斜等。

（2）施工工艺流程

施工工艺流程图如图2.16所示。

（3）工艺操作要点

① 壁根处理及测量放线。

• 池壁根部事先采用15mm厚水泥砂浆（与底板混凝土中水泥与砂子配比相同）进行抹压收光找平，保证其平整度。

• 根据设计及施工要求，在底板上放出池壁内外侧控制线及钢管支撑系统中立杆位置线，要求线位准确、清晰。

• 壁根处铺设4层0.18～0.20mm厚聚乙烯塑料滑动板作为滑动层，滑动层须每边宽出池壁50mm，错缝搭接，搭接宽度为100mm，将底板与池壁事先完全隔离，如图2.17所示。

② 池壁模板定位系统。

• 池壁内侧双排钢管脚手架：

第一，立杆纵向间距为1500mm，横向间距为1500mm，大横杆间距（步距）为1800mm，距地面200mm高处设置一道扫地杆；

第二，严格按照《建筑施工扣件式钢管脚手架安全技术规范》（JGL130—2001）要求进行钢管脚手架搭设；

第三，池壁内侧双排钢管脚手架要求胶圈封闭，形成一个整体，使得架体不会来回晃动或移动。

• 定位钢管安装：

第一，沿池壁高度方向设置三道定位通长钢管，第一道定位钢管位于距地面100mm处，第二道定位钢管位于1/2池壁处，第三道定位钢管距池壁顶部500mm处，三道定位钢管均与钢管脚手架之间采用小横杆连接；

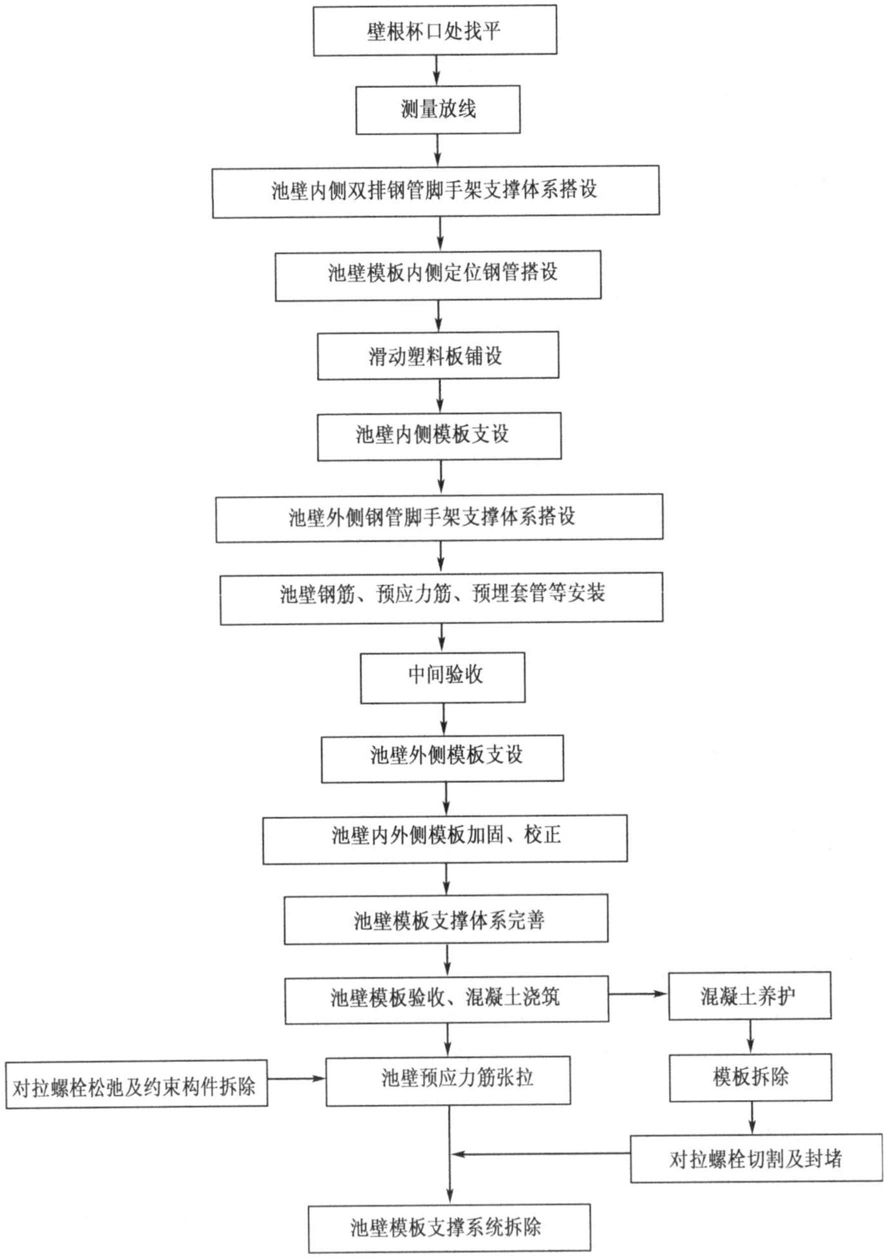

图 2.16 总体施工工艺流程

第二，定位钢管中心距池壁内边缘的距离

$$L = \text{模板厚度} + \text{木方厚度} + \text{钢管外径}/2$$

例如，模板厚度为 15mm，木方厚度为 80mm，钢管直径为 48mm，那么

$$L = 15 + 80 + 24 = 119\text{mm}$$

第三，根据计算值将定位钢管固定在小横杆上，采用吊锤吊垂直线进行校正定位钢管垂直度，三道定位钢管须同心垂直，采用经纬仪检验定位钢管的平整度，三道定位钢管须在同一平面内；

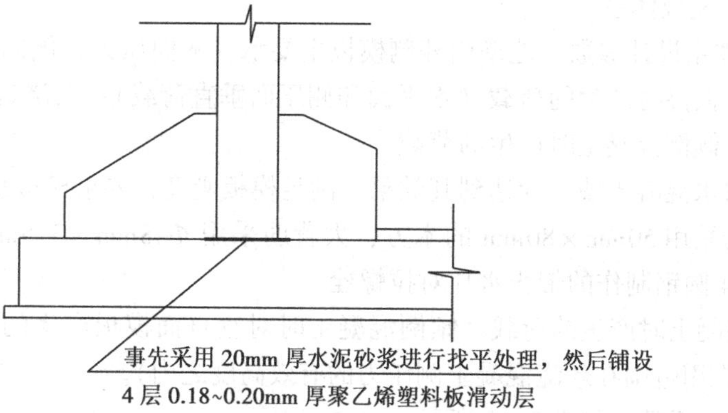

图 2.17　底板与池壁根部处理示意图

第四，当池体为圆形或池壁转角处为圆弧形时，其定位钢管须由大型加工厂按照要求加工成圆弧状，以满足要求；

第五，定位钢管安装完毕后，须按照先固定木方再固定模板、水平钢管、竖向钢管及对拉螺栓等的顺序，逐一进行模板体系支设；

第六，具体做法如图 2.18 所示。

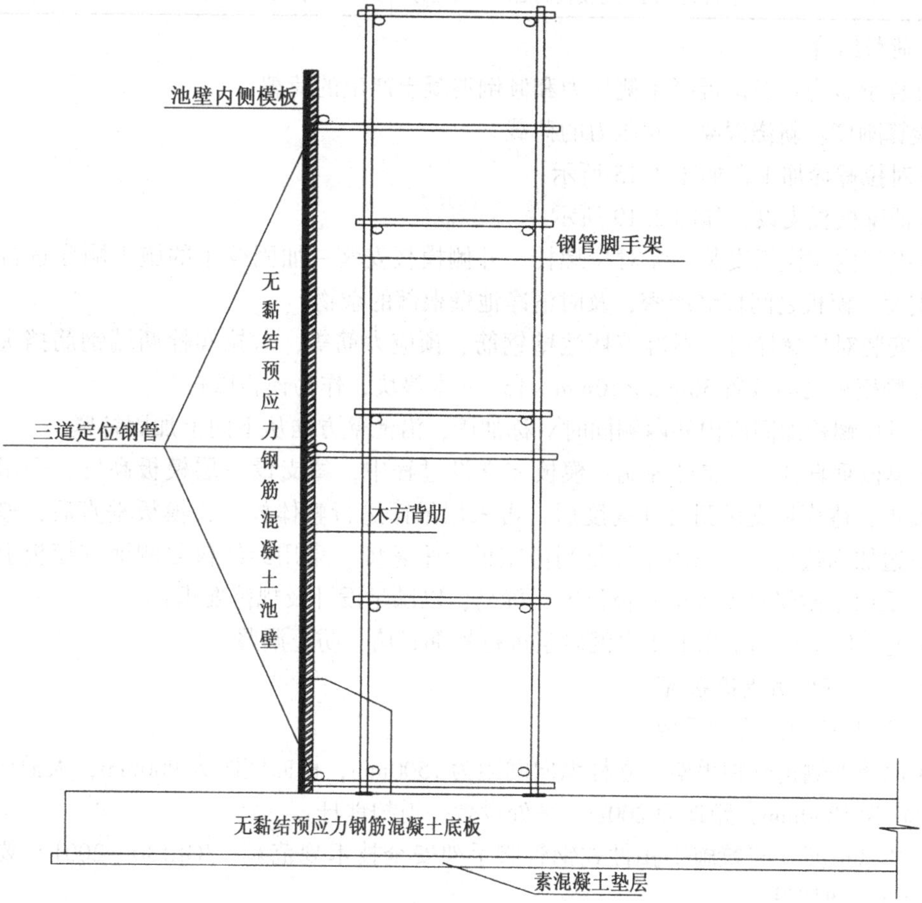

图 2.18　池壁模板定位系统示意图

（4）池壁模板体系

① 模板体系设计参数。池壁内外侧模板主要承受侧向压力，侧向压力主要考虑如下因素：混凝土振捣时产生的荷载（水平面和侧压面垂直荷载）；新浇筑混凝土对模板侧面产生的压力；倾倒混凝土时产生的荷载。

池壁为清水混凝土墙，为达到其效果，满足模板刚度，要求模板采用 $\sigma=15$mm 厚的九夹板，主肋采用 50mm×80mm 的木方，大背肋采用 Φ48mm×3.5mm 的钢管，内外墙模板设置 Φ14 圆钢制作的带止水片对拉螺栓。

• 倾倒混凝土时产生的荷载。倾倒混凝土时对垂直面模板产生的水平荷载标准值为 4.0kN/m^2（作用范围在新浇混凝土侧压力的有效高度之内）。

• 荷载分项系数，如表 2.10 所示。

表 2.10　　荷载分项系数表

项目	项目		
	荷载名称	荷载类型	γ_i/（kN/m^2）
1	倾倒混凝土时产生的荷载	活荷载	1.4
2	混凝土振捣时产生的荷载		
3	新浇筑混凝土对模板侧面产生的压力	恒荷载	1.2

• 荷载组合。

计算承载力：新浇混凝土侧压力和倾倒混凝土产生的荷载；

验算刚度：新浇混凝土侧压力的荷载。

• 对拉螺栓加工，如图 2.15 所示；

• 池壁模板支设，如图 2.19 所示；

• 按照内侧模板安装—穿对拉螺栓—外侧模板安装—加固校正的施工顺序进行池壁模板支设，模板之间接缝严密，及时清净池壁根部的杂物；

• 安装对拉螺栓时，不得破坏池壁钢筋、预应力筋等，对拉螺栓两端钢筋挡头与池壁内外侧模板之间放置 50mm×50mm×15mm 木垫块，作为模板限位片；

• 对拉螺栓加固应内外两侧同时对称加固，沿池壁方向从下向上加固拧紧；

• 模板垂直度、平整度控制：模板在支设过程中，每支设一层模板高度，采用吊锤进行校正，待模板支设到设计高度后，再采用吊锤进行整体校正，模板垂直后，整体加固，且边加固边校正，采用靠尺复测池壁模板平整度，采用经纬仪复测池壁模板上口水平度，采用全站仪复测池壁模板位置、标高，以满足设计及规范要求；

• 池壁模板根部采用 1∶2 水泥砂浆进行根部封堵，防止漏浆。

（5）池壁模板支撑系统

① 池壁外侧钢管脚手架。

• 池壁外侧钢管脚手架：立杆纵向间距为 1500mm，横向间距为 900mm，大横杆间距（步距）为 1800mm，距地面 200mm 高处设置一道扫地杆；

• 严格按照《建筑施工扣件式钢管脚手架安全技术规范》（JGL130—2001）要求进行钢管脚手架搭设；

• 池壁外侧钢管脚手架要求胶圈封闭，形成一个整体，使架体不晃动或移动。

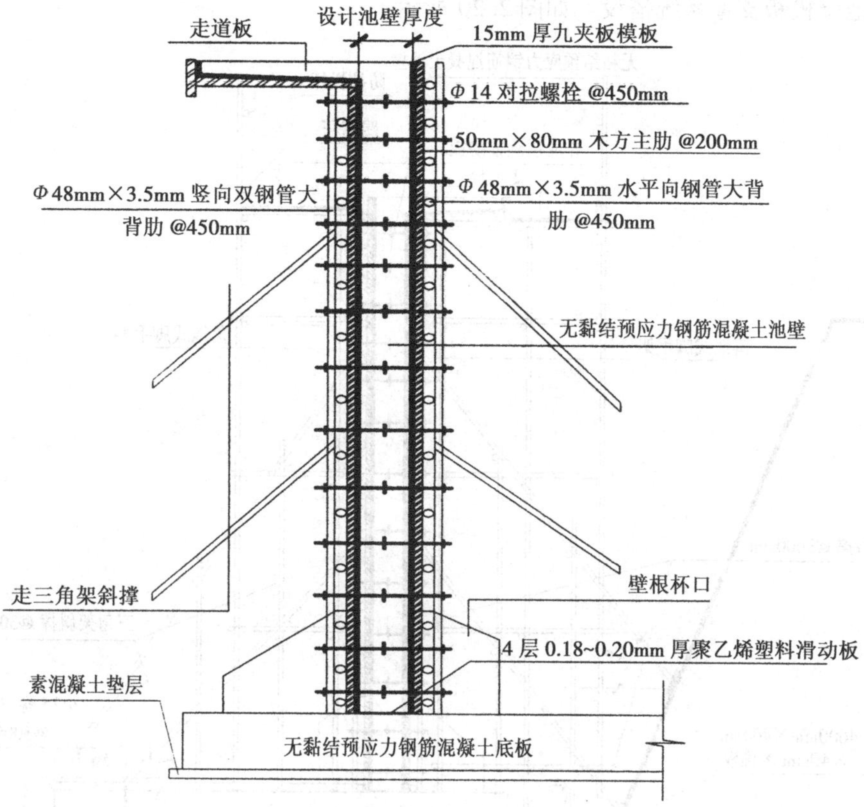

图 2.19 池壁模板体系示意图

② 三角架支撑。

• 为了避免池壁模板体系出现移位或倾斜，池壁内外两侧均设置两道三角架斜撑，上、下斜撑均作为模板体系的支撑构件，第一道三角架斜撑位于池壁 1/3 处，第二道三角架斜撑位于池壁 2/3 处；

• 池壁内侧三角架斜撑作用在与底板上预埋地锚连接的水平钢管上，外侧三角架斜撑作用在基坑边坡上（端部铺设木跳板作为支撑面，从而加大作用点面积）；

• 三角架斜撑与地面形成的 α，β 角易控制在 45°~60°之间；

• 三角架斜撑钢管、水平钢管分别与模板体系中竖向大背肋钢管之间采用扣件连接，形成固定三角体系，上、下两道三角架斜撑须保持在同一平面内，其间距为 3000mm；

• 因为三角架斜撑杆件较长，所以要求沿斜撑斜杆斜长方向均匀设置两道通长的水平钢管和竖向钢管，并采用扣件连接，形成一个整体。

③ 池壁模板体系和支撑系统须连接成一个整体，保证池壁模板和支撑系统的刚度与稳定性。

④ 严格按照要求进行脚手架、安全防护及施工马道等的搭设和拆除，必须保证脚手架的整体性、安全性和可靠性，且定期对其进行安全检查。

⑤ 操作平台：施工操作平台应按照要求满铺木跳板，木跳板与脚手架杆件之间采用 12#铁线进行绑扎连接，并按照要求对木跳板进行搭接，保证其安全可靠，并满足施工要求。

⑥ 池壁模板支撑系统搭设，如图 2.20 所示。

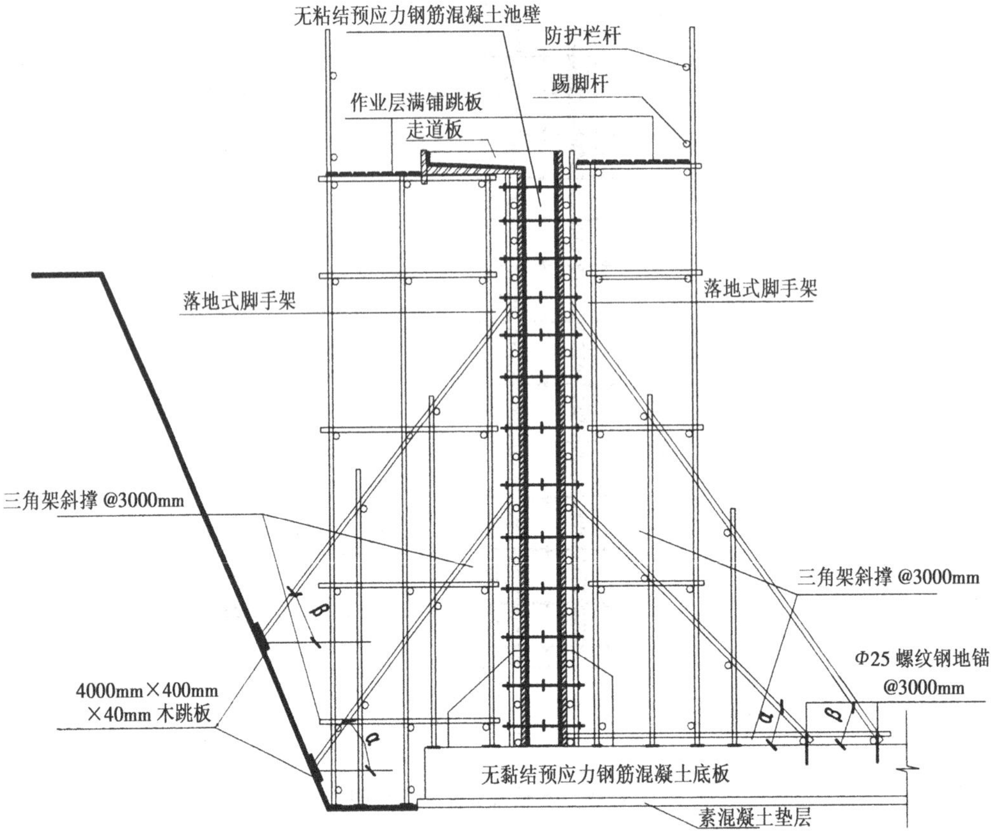

图 2.20 池壁模板支撑系统示意图

（6）预埋管道处理

池壁和回流渠上的穿墙管道加设止水环，并应将其牢固地固定在模板上或焊在主筋上，同时加强该处局部模板的支撑，以保证其标高及位置的正确。

（7）模板拆除

混凝土浇筑完成，达到一定强度后，即可拆除模板，以加快模板的周转，但是拆模时间不可过早，防止混凝土结构损坏、变形或混凝土表面出现裂缝。

① 池壁预应力筋第一次张拉之前，及时松弛对拉螺栓及拆除相关的约束构件，使得池壁相对独立。

② 对非预应力结构构件不承重的侧面模板，应在混凝土强度能保证其表面及棱角不因拆模而受损后，方可拆除，一般须达到 2.5MPa 的抗压强度。

③ 对于池壁内外侧模板，不论任何季节，拆模时间都应保持在 7d 以上，而且须在确定池壁表面不会因拆模而导致表面出现裂缝后，才能够拆除模板。

④ 对于承重模板，如走道板等，拆模时，混凝土须达到 75% 以上的强度。

⑤ 池壁模板拆除后，首先将对拉螺栓垫垫块剔除，其次将对拉螺栓钢筋切除，再次涂黏结剂，最后用环氧砂浆密封。

2.9 混凝土施工技术

2.9.1 混凝土施工技术内容

根据混凝土配合比、抗渗性能要求，制订砂、石料和水泥购买计划，选择材料商，落实货源。提供原材合格证或符合相关标准的试验报告。要求河砂级配良好，含泥量小于0.8%，有害物质含量控制在规范允许的范围之内。要求碎石级配良好，最大粒径不超过25mm，无潜在碱活性，含泥量小于0.5%，满足强度、坚固性要求。搅拌用水采用经检验合格的地下水或自来水。混凝土搅拌时，控制计量精度，严格按照混凝土的工艺要求控制混凝土的品质。为保证混凝土的可泵性，选择适宜的外加剂，增加混凝土的和易性。

混凝土配合比设计由试验室完成，并经过试拌和调整，最终确定混凝土的施工配合比。收到混凝土配合比单后，报监理单位审批，其同意后，方可现场使用。为了抵抗夏季高温对混凝土施工带来的负面影响，通过延长混凝土初凝时间、加减水剂、适当加大混凝土坍落度、加快施工速度等方式来避免混凝土浇筑时冷缝的出现。

2.9.2 施工操作工艺

① 搅拌机搅拌时的投料顺序为：先投石子，再装水泥，最后投砂子、加水和外加剂；如果需掺加粉煤灰掺合料时，应与水泥一并加入。严格控制用水量，搅拌时间一般不少于90s。要求搅拌均匀、颜色一致。

② 泵送混凝土前，首先将储料斗内清水从管道泵出，用以湿润和清洁管道，然后将同一标号的水泥砂浆滑润管道后，即可开始泵送混凝土。

③ 混凝土搅拌运输车第一次装料时，应多加2袋水泥。装运混凝土后，筒体应保持慢速转动；卸料前，筒体应加快速转20～30s后，方可卸料。

④ 泵车开始压送混凝土时速度宜慢，待混凝土送出管子端部时，速度可逐渐加快，并转入用正常速度进行泵送。泵送要连续进行，不应停顿，遇到运转不正常时，可放慢泵送速度。若混凝土供应不及时，需降低泵送速度。泵送暂时中断供料时，应每隔5～10min，利用泵机进行抽吸往复推动2～3次，以防堵管。如果混凝土因故间歇30min以上，应排净管路内存留的混凝土，防止堵塞。

⑤ 泵车铺管向下倾斜输送混凝土时，若倾斜度为4°～7°，应在斜管的下端设置相当于5H（H为落差）长度的水平配管；若倾斜度大于7°，还应该在下斜管的上端设置排气活塞，以便放气。

⑥ 混凝土自搅拌机中卸出后，应及时用运输泵送到浇灌地点。在运输过程中，要防止混凝土离析、水泥浆流失、塌落度降低和出现初凝等现象。如果运抵浇灌地点产生离析现象，应在浇筑前进行二次拌合。混凝土从搅拌机中制出后到浇筑完毕的延续时间不得大于60min。泵送混凝土时，必须保证混凝土系连续浇筑，如出现故障，停歇时间超过45min或混凝土产生离析现象，应立即用压力水冲洗管内残留的混凝土。

⑦ 浇筑混凝土时，应经常观察模板、钢筋、预留孔洞、预埋铁件和插筋等有无移动、变形或堵塞情况，若发现问题，应立即停止浇筑，并应在已浇筑的混凝土凝结前修理良好。

⑧ 泵送将结束时，应计算好混凝土需要量，以便决定拌制混凝土量，避免剩余混凝土过多。

⑨ 混凝土泵送完毕后，应进行混凝土泵、布料杆和管路清洗。管道清理可以采用空气压缩机推动清洗球清洗。方法是先安装好专用清洗管，再启动空压机，渐渐加压。清洗过程中，应随时敲击输送管，了解混凝土是否接近排空。管道拆卸后，按照不同规格分类堆放备用。

⑩ 混凝土浇筑完后，应在12h以内加以适当护盖，正常气温条件下，每天浇水不少于3次，同时不少于14d。

⑪ 模板拆除后，首先将对拉螺栓垫块剔除，其次将对拉螺栓钢筋切除，再次涂黏结剂，最后用环氧砂浆密封。

⑫ 应力端口的封堵可首先用1:2水泥砂浆（内掺5%防水剂）填至端口20mm处，然后涂黏结剂，最后用环氧砂浆密封。

2.9.3 质量标准

① 混凝土所用的水泥、水、砂、石子、外加剂等必须符合施工规范及有关规定，并有出厂合格证及试验报告。

② 混凝土的配合比、原材料计量、搅拌、养护必须符合施工规范的规定。

③ 混凝土强度的试块取样、制作、养护和试验应符合《混凝土强度检验评定标准》的规定。

④ 混凝土的坍落度值为16~20cm，各罐拌合物的坍落度应均匀。

⑤ 混凝土应振捣密实，不得有蜂窝、孔洞、露筋、缝隙、夹层等现象；检查构件数量及方法应符合《建筑工程质量检验评定标准》的要求。

2.9.4 混凝土试块留置

① 垫层：留置2组标准养护抗压试块；

② 底板：留置8组标准养护抗压试块、2组抗渗试块；

③ 底板加强带：留置1组标准养护抗压试块；

④ 池壁：留置3组标准养护抗压试块、6组同条件抗压试块、1组抗渗试块；

⑤ 出水渠、进水渠底板及池壁：留置2组标准养护抗压试块；

⑥ 抗冻试块：底板2组、池壁2组、其他1组，共留置5组试块。

2.10 脚手架施工技术

2.10.1 现场准备

① 检查施工机具是否也准备就绪，确保施工过程中的正常使用；

② 作好夜间施工和雨天施工的准备；

③ 测量放线完毕、现场平整。

2.10.2 脚手架搭设

（1）脚手架搭设顺序

① 总体施工顺序如下。

• 外池壁：内脚手架搭设—内侧池壁、NT 模板—内侧池壁钢筋—NT 钢筋—外侧池壁钢筋—预应力钢绞线安装—外侧脚手架—外侧池壁模板—走道板模板—走道板钢筋—模板加固—细部加固及检查验收；

• 中隔墙：一侧脚手架搭设——侧中隔墙模板——侧管道槽底模板——侧中隔墙、管道槽底板钢筋—另一侧中隔墙钢筋—预应力钢绞线安装—另一侧脚手架—另一侧中隔墙模板—另一侧管道槽底模板—另一侧管道槽底板钢筋—管道槽外侧模板—管道槽墙体钢筋—管道槽内侧模板—模板加固—细部加固及检查验收；

• 导流墙：一侧脚手架搭设——侧导流墙模板——侧 XTL、NT、管道槽底板模板—一侧导流墙、XTL、NT、管道槽底板钢筋—另一侧导流墙钢筋—另一侧脚手架—另一侧导流墙模板—另一侧 XTL、NT、管道槽底模板—另一侧 XTL、NT、管道槽底板钢筋—管道槽外侧模板—管道槽墙体钢筋—管道槽内侧模板—走道板模板—走道板钢筋—模板加固—细部加固及检查验收。

② 脚手架搭设顺序。基底平整—测量放线—垫板或木跳板—立杆—大横杆—小横杆—剪刀撑—脚手板。

（2）脚手架搭设总体要求

双排落地脚手架的立杆纵向间距为 1500mm，横向间距为 900mm，大横杆间距（步距）为 1800mm，大横杆之间设置一道水平杆，距上下大横杆为 900mm，地面 200mm 高处设置一根扫地杆，立杆之间应错开连接，采用对接扣件；大横杆之间应错开连接，采用旋转扣件连接；外侧立杆设置剪刀撑。

（3）测量放线

① 搭设脚手架之前，应根据脚手架搭设示意图及立杆纵向、横向间距地面或底板上放出立杆中心线。

② 定期对脚手架立杆垂直度、横杆水平度进行检查，发现偏移时，应进行纠正。

（4）脚手架搭设

① 严格按照在地面上弹出的立杆位置线安装立杆，随着在距地面或底板 200mm 处，设一道扫地杆，使其形成一个整体，必须保证立杆、扫地杆横平竖直。

② 及时按照步距为1.80m安装横杆，横杆与立杆之间采用直角扣件固定，必须保证横杆水平（同一层的横杆在同一水平面上），横杆与立杆之间必须卡牢。

③ 脚手架每排设置防护栏杆、踢脚杆。防护栏杆设置高度为0.9m，防护栏杆搭接应当严密，不得留有间隙，踢脚杆设置高度为15cm。

④ 施工操作层沿纵向满铺脚手板，作到严密、牢固、平稳，间隙不得超过50mm。架子上不准留单块脚手板。脚手板间的不平处允许用木块垫实并绑牢，不许垫砖块等易碎物体，跳板绑在大横杆和小横杆上，每块绑扎点不得小于3点。

脚手板在纵向的接头可对接铺设和搭接铺设2种，如图2.21所示。

接铺设的脚手架板，在每块脚手架板两端下面均要有小横杆，杆离板端的两块脚手板端部之间，距离应不大于150mm，小横杆应放正、绑牢。搭接铺设的脚手板，要求两块脚手板端头的搭接长度应不小于200mm，接头处必须在小横杆上，脚手板与小横杆之间必须绑牢。

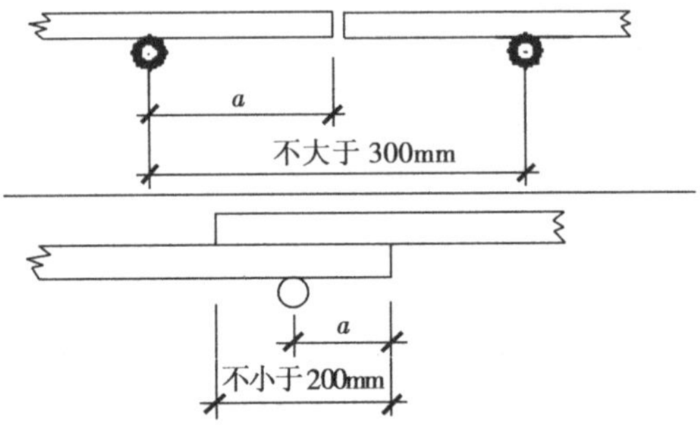

图2.21　脚手板搭接方式

脚手板设置在三根横向水平杆上，并在两端8cm处用直径14号镀锌钢丝箍绕2～3圈固定。

⑤ 立杆。每根立杆下必须设置跳板或垫板，立杆接头除顶层顶步外，其余各接头必须采用对接扣件连接，立杆与大横杆采用直角扣件连接。接头交错布置，两个相邻立柱接头避免出现在同步同跨内，并且在高度方向至少错开50cm；各接头中心距主节点的距离不大于步距的1/3。

立杆在顶部搭接时，搭接长度不小于1m，必须等间距用3个旋转扣件固定，端部扣件盖板边缘至搭接纵向水平杆杆端的距离不小于100mm。

⑥ 大横杆。大横杆置于小横杆之下、立柱杆的内侧，用直角扣件与立杆扣紧，且同一步大横杆四周要交圈。

大横杆采用旋转扣件连接，搭接长度不小于1m，必须等间距用3个旋转扣件固定，其接头交错布置，两根相邻大横杆的接头不宜在同步同跨内；不同步或不同跨两个相邻接头在水平方向错开的距离不应小于500mm，各接头中心至最近主节点的距离不宜大于纵距的1/3（本工程不大于400mm）。

⑦ 小横杆。每一立杆与大横杆相交处（主节点）都必须设置一根小横杆，并采用直角扣件扣紧在大横杆上，该杆轴线偏离主节点不大于15cm，小横杆间距与立杆纵距相同。作业层上非主节点处的小横杆宜根据支撑脚手板的需要等间距设置，最大间距不应大于纵距的1/2。

小横杆伸出外排大横杆边缘的距离不小于10cm，伸出里排大横杆距离结构外边缘15cm。上下层小横杆在立杆处错开布置，同层的相邻小横杆在立杆处相向布置。

⑧ 架体须超过施工操作层1.8m左右，中间须加防护栏杆。

⑨ 上下脚手架的梯道、坡道、栈桥、斜梯、爬梯等均应设置扶手、栏杆或其他安全

防（围）护措施，并清除通道中的障碍，确保人员上下的安全。

（5）剪刀撑搭设

① 每道剪刀撑跨越立杆的根数宜按照表 2.11 确定。每道剪刀撑宽度不应小于 4 跨，且不应小于 6m，斜杆与地面的倾角宜在 45°~60°之间。

表 2.11　剪刀撑跨越立杆的最多根数

剪刀撑斜杆与地面的倾角/（°）	45	50	60
剪刀撑跨越立杆的最多根数/根	7	6	5

② 各道剪刀撑应由底至顶连续设置，上下及纵向应连续设置，并与立杆和横向水平杆扣牢。剪刀撑搭接长度为 100cm，用 3 个扣件连接。

③ 剪刀撑斜杆应用旋转扣件固定在与之相交的横向水平杆的伸出端或立杆上，旋转扣件中心线至主节点的距离不宜大于 150mm。

2.10.3　安全防护设置

（1）门洞口

① 双排脚手架门洞宜采用上升斜杆、平行弦杆桁架结构形式，斜杆与地面的倾角 α 为 45°~60°。门洞桁架的形式宜按照下列要求确定：

• 当步距（h）小于纵距（l_a）时，应采用 A 型。

• 当步距大于纵距时，应采用 B 型，并应符合下列规定：

第一，当 $h=1.8$m 时，纵距不应大于 1.5mm；

第二，当 $h=2.0$m 时，纵距不应大于 1.2mm。

双排脚手架门洞桁架的构造应符合下列规定。

• 双排脚手架门洞处的空间桁架除下弦平面外，应在其余 5 个平面内的图示节间设置一根斜腹杆。

• 斜腹杆宜采用旋转扣件固定在与之相交的横向水平杆的伸出墙上，旋转扣件中心线至主节点的距离不宜大于 150mm。当斜腹杆在 1 跨内跨越 2 个步距时，宜在相交的纵向水平杆处增设一根横向水平杆，将斜腹杆固定在其伸出端上。

• 斜腹杆宜采用通长杆件，当必须接长使用时，宜采用对接扣件连接，也可采用搭接，搭接构造应符合相关规定。

• 立杆接长除顶层顶步可采用搭接外，其余各层各步接头必须采用对接扣件连接。对接、搭接应符合下列规定。

第一，立杆上的对接扣件应交错布置：两根相邻立杆的接头不应设置在同步内，同步内隔一根立杆的两个相隔接头在高度方向错开的距离不宜小于 500mm；各接头中心至主节点的距离不宜大于步距的 1/3。

第二，搭接长度不应小于 1m，应采用不少于 2 个旋转扣件固定，端部扣件盖板的边缘至杆端距离不应小于 100mm。

② 门洞桁架下的两侧立杆应为双管立杆，副立杆高度应高于门洞口 1~2 步。

③ 门洞桁架中伸出上下弦杆的杆件端头均应增设一个防滑扣件，该扣件宜紧靠主节点处的扣件。

根据规范要求，本工程选用图 2. 22 中 B 型，其余搭设要求同规范。

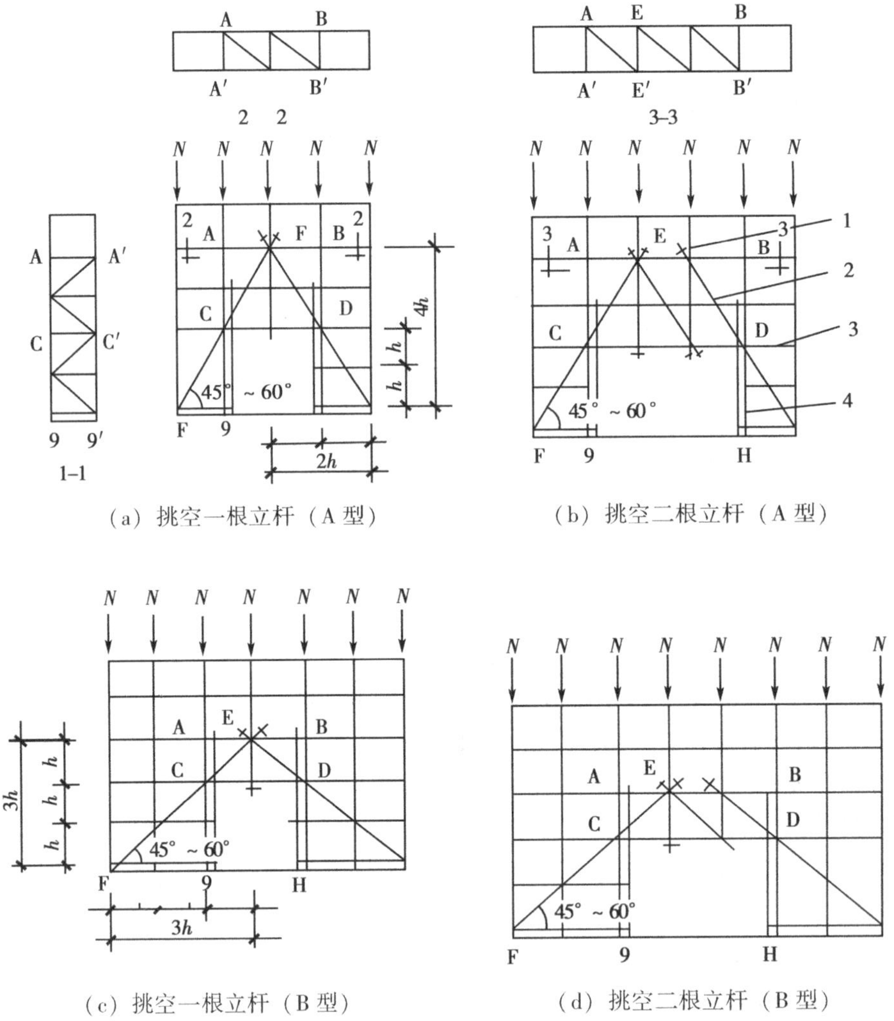

图 2. 22　门洞处上升斜杆、平行弦杆桁架

1 —防滑扣件；2 —增设的横向水平杆；3 —副立杆；4 —主立杆

（2）洞口边护栏的设置

凡洞口边长在 25 ~ 50cm 的，用盖板固定；洞口边长在 50 ~ 150cm 的，采用焊钢筋网，上方盖板固定；洞口边长在 150cm 以上的，采用四周绑扎两道防护栏杆，上杆距地面 1. 2m，下杆距地面 0. 6m，下方距地面 0. 2m 处设扫地杆，栏杆用密目网封闭维护，洞口平面用密目网封盖。护栏必须采用水平杆与邻近独立柱以钢管抱箍相连。

（3）基坑边护栏的设置

护栏搭设在距基坑边线平行距离在 300mm 的位置上，护栏脚手架采用 Φ48mm 钢管，立杆采用 1. 6m 长短钢管，间距为 1. 5m，每根钢管均深入基坑边坡内 400mm 以上。水平杆采用 6m 长钢管，钢管均采用搭接连接，水平杆设置高度为 1. 2m，下层设置与水平杆平行的踢脚杆，踢脚杆设置高度为 15cm，外侧采用绑扎密目网封闭。防护栏每 12m 设一根深入基坑边坡上部的联系杆，联系杆长度不小于 3m，且 2 点以上固定于深入基坑超过

400mm 的立杆上，立杆露出地面在 100mm 以上。基坑护栏下用普通砖以 1∶2 水泥砂浆砌 3 皮，并抹灰。砖垛上顶踢脚杆，与踢脚杆形成封闭维护体系，防止雨水流入基坑或冲刷护壁。

（4）外围护网的设置

外脚手架外围护网均采用立网，进行全封闭围护，围护网采用密目网。架体搭设高度满挂绿色密目式安全网；10 层处设水平挑网，挑网挑出建筑物 4m，且与建筑物水平方向呈 15°，挑网采用斜支撑，支在九层楼板上。

（5）结构临边防护措施

在结构临边处设置封闭式防护栏杆，使用材料采用 Φ48mm×3.5mm 钢管。其高度不低于 1.2m，立杆间距不大于 1.5m，竖向每隔 0.6m 设一道通长大横杆，每隔一根立杆设一道三脚架。

沿钢管长度方向刷黄黑间隔的油漆、挂醒目的标志牌；护身栏杆满挂密目安全网，白天设警示牌、夜间设红色标志灯。

（6）安全技术措施

① 必须有完善的安全防护措施；

② 脚手架操作人员必须有上岗证，持证上岗；

③ 脚手架搭设必须由专人指挥，统一协调；

④ 上架操作人员必须戴好安全帽，系好安全带，严禁酒后上岗；

⑤ 严禁在脚手架上堆放模板、木材等材料，以确保脚手架畅通及防止超载；

⑥ 靠近电源搭设脚手架，必须切断电源线，将电线迁移，脚手架上如要塔设临时线路，必须用绝缘材料保护，由专业电工操作；

⑦ 当天完工后，应仔细检查四周情况，发现留有隐患部位，应及时进行修复，方可撤离岗位。

2.10.4　脚手架使用

脚手架的使用应遵守以下规定。

① 作业层每 1m^2 架面上实用的施工荷载（人员、材料和机具重量）不得超过规定值或施工设计值，施工荷载（作业层上人员、器具、材料的重量）的标准值，结构脚手架采取 3kN/m^2。

② 在架面上设置的材料应码放整齐稳固，不影响施工操作和人员通行。严禁上架人员在架面上奔跑、退行。

③ 作业人员在架上的最大作业高度应以可进行正常操作为度，禁止在架板上加垫器物或单块脚手板，以增加操作高度。

④ 在作业中，禁止随意拆除脚手架的基本构架杆件、整体性杆件、连接紧固件和连墙件。确因操作要求需要临时拆除时，必须经主管人员同意，采取相应的弥补措施，并在作业完毕后，及时予以恢复。

⑤ 工人在架上作业时，应注意保护自身安全和他人的安全，避免发生碰撞、落物，严禁在架上戏闹或坐在栏杆上及其他不安全处休息。

⑥ 人员上下脚手架必须走设安全防护的出入通（梯）道，严禁攀援脚手架上下。

⑦ 每班工人上架作业时，应先行检查有无影响安全作业的问题存在，在排除和解决后，方许开始作业。在作业中，发现有不安全的情况和迹象时，应立即停止作业并进行检查，问题解决以后，才能恢复正常作业；发现有异常或危险情况时，应立即通知所有架上人员撤离。

⑧ 在每步架的作业完成之后，必须将架上剩余材料物品移至上（下）步架或室内；每日收工前应清理架面，将架面上的材料物品堆放整齐，垃圾清运出去；在作业期间，应及时清理落入安全网内的材料和物品。在任何情况下，严禁自架上向下抛掷材料物品或倾倒垃圾。

2.10.5 脚手架拆除

（1）拆除顺序

脚手板—防护栏杆—挡脚杆—剪刀撑—小横杆—大横杆—立杆。

（2）拆除注意事项

① 遵循由上至下原则，后支的先拆，先支的后拆，严禁上下同时进行。

② 应逐步拆除脚手架，严禁两步同时拆除。拆除大横杆、剪刀撑，应先拆中间扣，再拆两边扣。

③ 拆除至地面的所有杆件、扣件等物件，应按照类堆放整理外运。

④ 严禁将钢管直接向下抛。

⑤ 安排专人负责脚手架的拆除。

⑥ 拆除现场必须设警戒标志，警戒区内严禁非操作人员通行和地面人员施工。

⑦ 如遇强风、雨、雪等特殊天气条件，不应进行脚手架拆除。

（3）拆除安全要求

① 严禁将钢管直接向下抛。

② 安排专人负责脚手架的拆除。拆除现场必须设警戒标志，警戒区内严禁非操作人员通行和地面人员施工。

③ 应逐步拆除脚手架，严禁两步同时拆除。不允许分立面拆除或上、下两步同时拆除（踏步式），认真做到一步一清、一杆一清。

④ 所有杆件与扣件在拆除时均应分离，不允许杆件上附着扣件输送至地面，或两杆同时拆下输送至地面。

⑤ 如遇强风、雨、雪等特殊天气条件，不应进行脚手架拆除，夜间施工必须有足够的照明。

2.10.6 质量保证

（1）构配件允许偏差

构配件允许偏差情况见表 2. 12。

表 2.12 **构配件偏差值**

序号	项目	允许偏差 Δ/mm	示意图	检查工具
1	普通钢管尺寸 外径 48mm 壁厚 3.5mm	 -0.5 -0.5		游标卡尺
2	钢管两端面切斜偏差	1.70	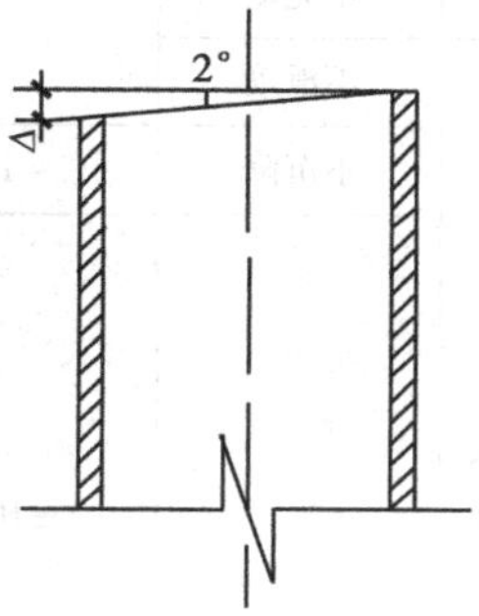	塞尺、拐角尺
3	钢管外表面锈蚀深度	不大于 0.50	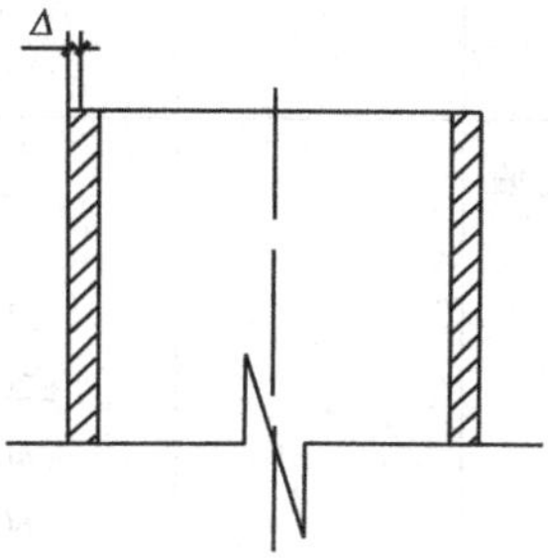	游标卡尺
4	钢管弯曲：各种杆件钢管的端部弯曲 $l \leq 1.5m$	不大于 5	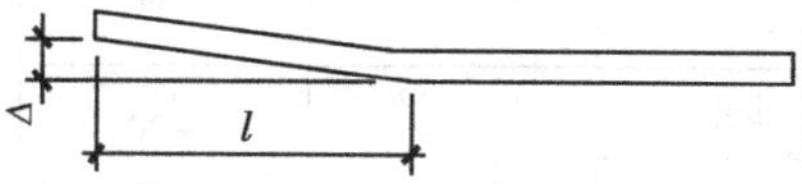	
	立杆钢管弯曲 $3m \leq l \leq 4m$ $4m \leq l \leq 6.5m$	 不大于 12 不大于 20	钢板尺 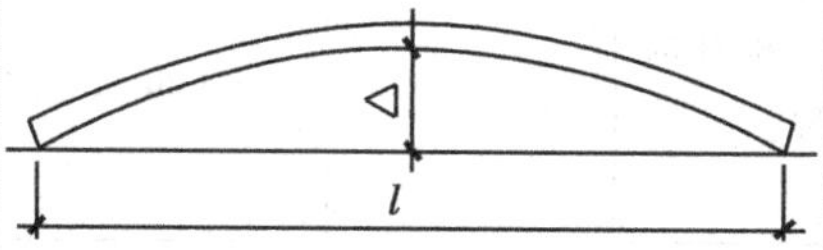	
	水平杆、斜杆的钢管弯曲 $l \leq 6.5m$	不大于 30		

（2）脚手架搭设允许偏差和检验方法

脚手架搭设允许偏差和检验方法见表 2.13。

表 2.13 **脚手架搭设允许偏差和检验方法**

<table>
<tr><th>序号</th><th colspan="2">项　　目</th><th>技术要求</th><th>允许偏差 Δ/mm</th><th>示意图</th><th>检查方法与工具</th></tr>
<tr><td rowspan="5">1</td><td rowspan="5">地基基础</td><td>表面</td><td>坚实平整</td><td rowspan="4"></td><td rowspan="5"></td><td rowspan="5">观察</td></tr>
<tr><td>排水</td><td>不积水</td></tr>
<tr><td>垫板</td><td>不晃动</td></tr>
<tr><td rowspan="2">底座</td><td>不滑动</td></tr>
<tr><td>不沉降</td><td>-10</td></tr>
<tr><td rowspan="2">2</td><td></td><td>最后验收垂直度 20 ~ 80m</td><td></td><td>±100</td><td>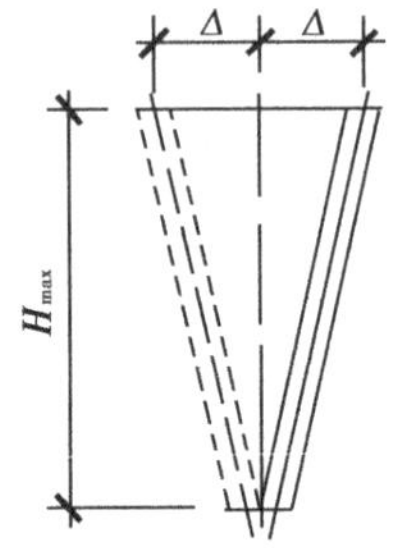</td><td rowspan="2">用经纬仪或吊线或卷尺</td></tr>
<tr><td colspan="2">搭设中检查偏差的高度
$H=2$m
$H=10$m
$H=20$m
$H=30$m
$H=40$m
$H=48$m</td><td></td><td>±7
±20
±40
±60
±80
±96</td><td></td></tr>
<tr><td rowspan="3">3</td><td rowspan="3">间距</td><td>步距</td><td rowspan="3"></td><td>±20</td><td rowspan="3"></td><td rowspan="3">钢板尺</td></tr>
<tr><td>纵距</td><td>±50</td></tr>
<tr><td>横距</td><td>±20</td></tr>
<tr><td rowspan="2">4</td><td rowspan="2">纵向水平杆高差</td><td>一根杆的两端</td><td rowspan="2"></td><td>±20</td><td>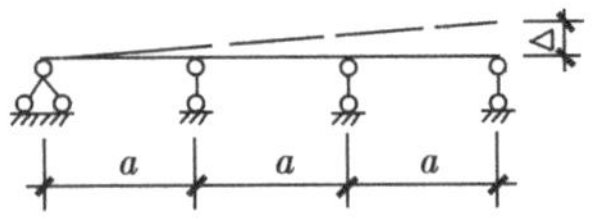</td><td rowspan="2">水平仪或水平尺</td></tr>
<tr><td>同跨内两根纵向水平杆高差</td><td>±10</td><td>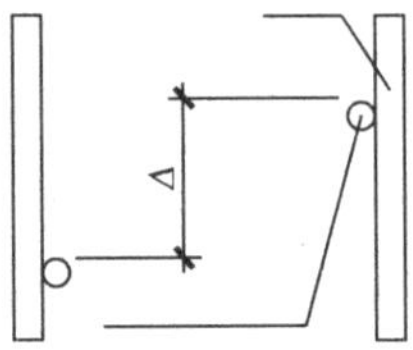</td></tr>
</table>

续表 2.13

序号	项　目		技术要求	允许偏差 Δ/mm	示意图	检查方法与工具
5	双排脚手架横向水平杆外伸长度		外伸 500mm	-50	无	钢板尺
6	扣件安装	主节点处各扣件中心点相互距离	$a \leqslant 150$mm		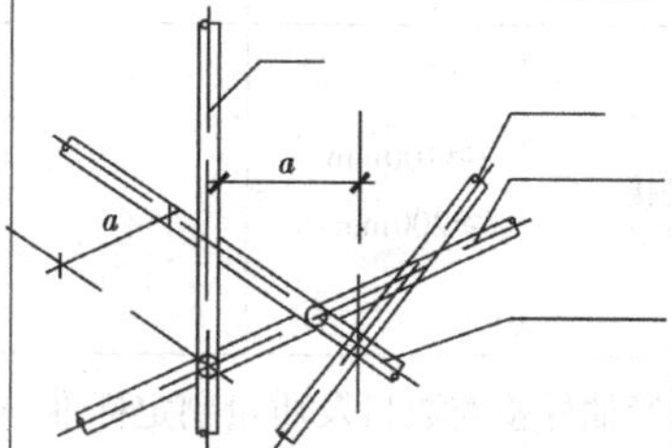	钢板尺
		同步立杆上两个相隔对节扣件的高差	$a \geqslant 500$mm		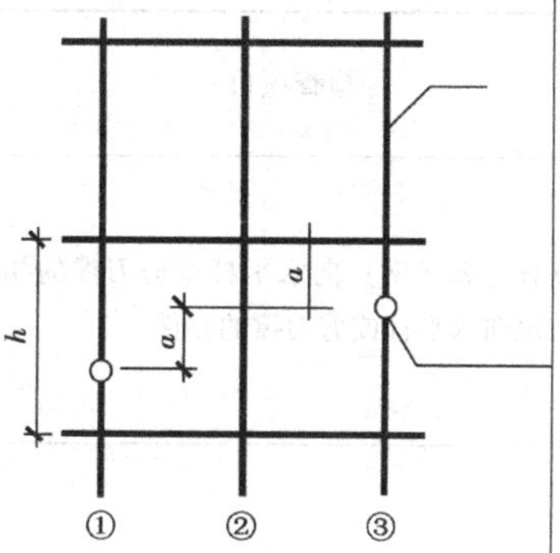	钢卷尺
		立杆上的对接扣件至主节点的距离	$a \leqslant h/3$			
		纵向水平杆上的对接扣件至主节点的距离	$a \leqslant l_3/3$		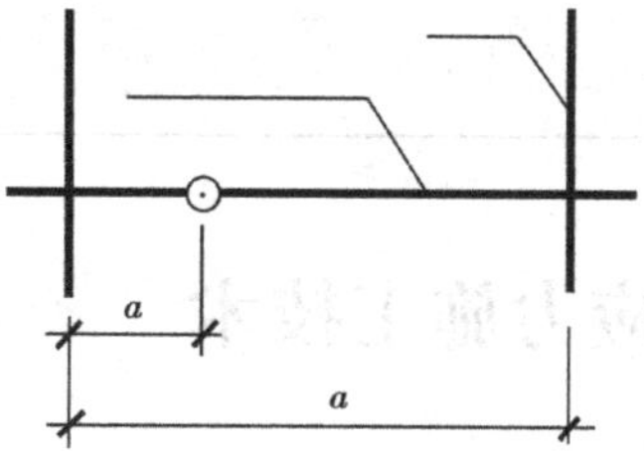	钢卷尺
		扣件螺栓拧紧扭力矩	40～65N·m			钢卷尺
7	剪刀撑斜杆与地面的倾角		45°～60°			角尺

续表 2.13

序号	项目		技术要求	允许偏差 Δ/mm	示意图	检查方法与工具
8	脚手扳外伸长度	对接	a = 130 ~ 150mm l≤300mm		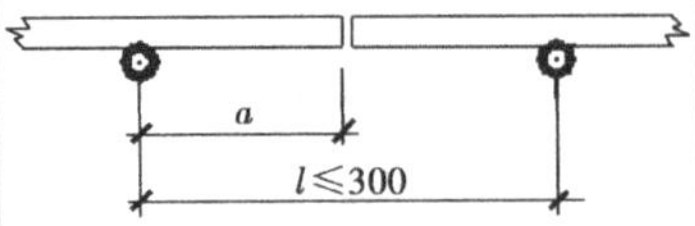	卷尺
		搭接	a≥100mm l≥200mm		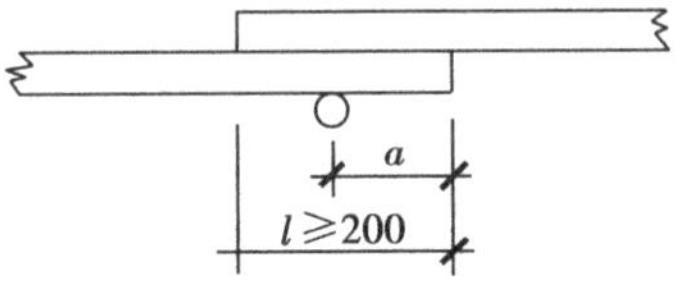	

注：扣件拧紧抽样检查数目及质量判定标准如表 2.14 所示。

表 2.14　扣件拧紧抽样数目、判定标准

项次	检查项目	安装扣件数量/个	抽检数量/个	允许的不合格数/次
1	连接立杆与纵（横）向水平杆或剪刀撑的扣件；接长立杆、纵向水平杆或剪刀撑的扣件	1201 ~ 3200	50	5
2	连接横向水平杆与纵向水平杆的扣件（非主节点）	1201 ~ 3200	50	10

2.11 预应力施工技术

2.11.1 施工前材料准备工作

（1）预应力钢绞线

工程所用的预应力钢绞线的性能应符合《无黏结预应力钢绞线》JG161—2004，带有专用防腐涂料和外包层的无粘结预应力筋质量要求应符合《钢绞线、钢丝束无粘结预应力筋》JG 3006—93 及《无黏结预应力筋专用防腐润滑油脂》JG 3007—93 标准的规定。

（2）锚具系统

无黏结预应力筋－锚具组装件的锚固性能应符合下列要求：无粘结预应力筋采用Ⅰ类锚具。锚具的静载锚固性能应同时符合下列要求

$$\eta_a \geq 0.95,\ \varepsilon_{apu} \geq 2.0\%。$$

工程采用Ⅰ类锚具，无粘结预应力筋采用单锚体系。张拉端为 L & L15－1 型夹片

锚，固定端为 L & L15P－1 型挤压锚。

(3) 材料验收

① 根据图纸要求，采用15.24－1860－Ⅱ标准生产的高强度低松弛钢绞线由生产厂家出具产品合格证，并经检测中心进行材料复验，出具破坏力和延伸率复试的证明。

② 所有的符合Ⅰ类锚具要求的锚具组装件按照规范要求验收，除出厂质量保证书外，由检测中心进行静载实验并出具复验报告。检验结果应符合 GB/T 14370—93 规范关于Ⅰ类锚具的要求。

(4) 无黏结筋下料和制束

工程预应力筋下料在预应力筋和锚具复检合格后方可进行，下料和制束在现场进行。下料时按照以下要求进行。

① 下料场地。由于无黏结预应力筋用量较大，为减少预应力筋破皮现象，确保工程质量，现场需提供110m×3m 下料场地，场地要求平整、无积水且封闭。

② 堆放场地。在水池附近提供10m×10m 预应力筋堆放场地，场地要求平整、无积水且封闭。

③ 下料长度应综合考虑其曲率、锚固端保护层厚度、张拉伸长值及混凝土压缩变形等因素，并应根据不同的张拉方式和锚固形式预留张拉长度。

④ 用砂轮锯进行逐根切割时，检查无黏结筋外包层的完好程度，对破损处用塑料黏胶带包扎，以保证混凝土不直接接触钢绞线。

⑤ 逐根对钢绞线进行编号，长度相同为统一编号。

⑥ 对有固定端的钢绞线进行挤压头的制作。

⑦ 应按照编号成束绑扎，每2m 用铁丝绑扎一道，扎丝头扣向束里。

⑧ 钢绞线顺直无旁弯，切口无松散，如遇死弯，必须切掉。

⑨ 每束钢绞线应按照规格编号成盘，并按照长度和使用部位分类堆放、运输与使用。

(5) 预应力筋及锚具的运输、存放

按照施工进度的要求及时将预应力钢绞线、锚具和其他配件运到工地。在铺放前，将预应力筋堆放在干燥平整的地方，下面要有垫木，上面要有防雨设施，锚具、配件要存放在指定的工具房内。注意：在运输和吊装过程中，尤其要注意保护无黏结筋包裹层。如有破损，必须及时用塑料黏胶带包扎。

2.11.2 施工顺序

① 底板。预应力筋进场验收—非预应力筋底层绑扎—架立筋位置固定—预应力筋绑扎—非预应力筋上层绑扎—张拉端封堵—浇筑混凝土—预应力筋张拉—割外露筋—锚具防腐及封堵。

② 墙壁。预应力筋进场验收—非预应力筋绑扎—预留孔洞加强筋绑扎—预应力筋绑扎—支侧模及侧模钻孔—浇筑混凝土—预应力筋张拉—割外露筋—锚具防腐及封堵。

2.11.3 预应力筋铺设

无黏结预应力筋采用 $d=15.24$mm（7Φ5）钢绞线（低松弛）$f_{ptk}=1860$MPa。外保护层为高密度聚乙烯封皮且厚度不小于1.2mm。钢绞线力学性能指标、化学成分符合国标

GB5224—95。无黏结预应力筋运到现场后，应及时检查其外观、规格、尺寸、数量及其配件，应逐根检查。经检查无误后，方可分类堆放。严禁弯折，对局部轻微破损的外包层，可用外包防水聚乙烯胶带进行缠绕修补，其缠绕搭接宽度为胶带宽度的1/2，长度应超过破损长度30mm，严重破损的应报废。预应力筋的张拉端采用木模，木模要按照施工图规定的预应力筋的位置和编号钻孔，孔径不小于22mm，而且张拉端的承压板固定在离端部模板100mm处，且应保持张拉作用线与承压板相垂直。

2.11.4 混凝土浇筑

预应力混凝土不得使用任何带有膨胀成分的外加剂，所有外加剂中不能含有氯和氯盐，而且所使用的外加剂不能使混凝土后期强度降低，否则将影响预应力水池的结构安全。另外，混凝土浇筑过程中，严禁踏压、撞碰预应力筋、支撑架和端部预埋部件，而且特殊部位（张拉端、固定端）必须振捣密实。

2.11.5 无粘结预应力筋的张拉

① 张拉时以应力控制为主，伸长值作为校核，运用双控的方法对张拉控制应力进行控制。当混凝土强度达到设计要求时，方可进行预应力筋的张拉（混凝土强度应有试块试验报告单）。预应力筋的张拉过程中做好记录。

② 张拉顺序。

参照工程设计及实际特点。

③ 张拉锚具及设备。张拉设备及机具必须配套。张拉前张拉设备到试验室进行检定。压力表精度不应低于1.5级，张拉设备及机具由专人管理和使用并定期维护，设备标定期限不得超过6个月。当张拉设备出现异常现象时或千斤顶检修后，重新校验。

④ 允许偏差。张拉时采用伸长值进行校核，误差允许在－6%～6%范围内。预应力在张拉端锚具的内缩量不应大于5mm。

2.11.6 质量控制

为了保证预应力工程的施工质量，一方面严格按照规范、规程和预应力施工方案进行施工；另一方面加强质量管理和监督，严把质量关，对不符合施工要求的工序进行彻底整改，不留任何工程隐患。因此，采取责任到人，谁施工谁负责，实行质量奖惩制度，并由现场经理和项目主任工程师进行总体监督，每道工序都要严格控制。具体质量控制如图2.23所示。

2.11.7 质量保证措施。

① 工地配备专职质量检查员，负责对施工过程中的全面跟踪检查。

② 严格按照施工程序组织施工，不得工序倒置，当进度与质量发生矛盾时，要绝对服从质量。

③ 每个分项都要进行明确和详细的技术交底，按照工艺卡标准组织施工。检查上道工序是否符合要求，并作好记录，施工中随时检查施工措施执行情况，记好施工日志，按时进行施工质量检查，掌握施工情况。

④ 每一个分项工程完工后，班组要进行自检，并作好自检记录，自检记录交技术人员存档。

⑤ 进行工序检查，上道工序不合格，下道工序不施工，实行班组施工挂牌留名制

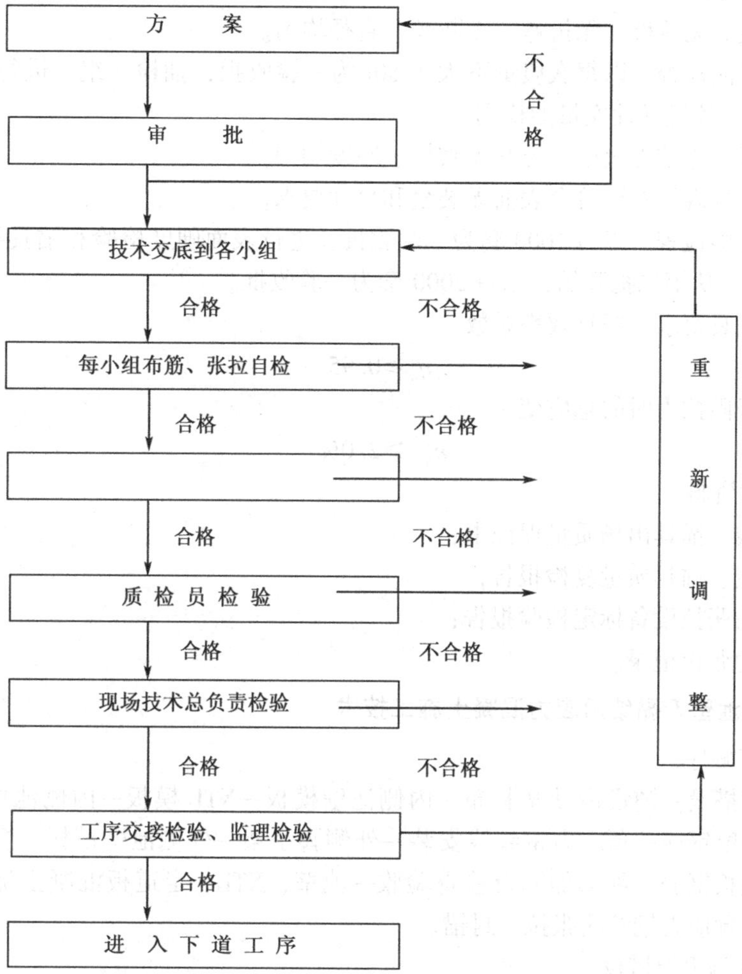

图 2.23　质量控制框图

度，便于追查质量事故。技术人员和责任工程师组织工序进行检查，责任工程师、技术人员和班长均要签字，交接检材料由技术人员保管并存档。

⑥ 严格执行质量“三检制”，对质量问题要“三不放过”。

⑦ 技术资料应与工程形象同步，现场技术负责人负责技术资料的管理。

⑧ 各种材料（钢绞线、锚具等）的检验报告合格后，方可进行预应力施工。

2.11.8　材料及检验

（1）材料选用

① 预应力钢绞线。$f_{ptk}=1860\text{MPa}$，$d=15.24\text{mm}$，符合《无黏结预应力钢绞线》JG 161—2004 标准的规定。

② 无黏结外包层。符合《无黏结预应力筋专用防腐润滑脂》JG 3007—93 标准的规定。

③ 预应力锚具。夹片式Ⅰ类锚具符合《预应力筋用锚具、夹具和连接器应用技术规程》GB/T 14370—2000 的规定。

（2）材料检查

① 钢绞线。无锈坑、无折弯、无断丝、直径均匀。

② 力学性能检查。以每次质量不大于60t为一验收批，抽检一组，进行力学性能试验，同时作好钢绞线弹性模量的检测。

③ 钢绞线无黏结外包层。外观无破损、厚度均匀。

④ 锚具。外观检查要符合表面无裂缝和尺寸要求。

⑤ 物理性能检查。以每1000套为一验收批，进行表面硬度检验和锚具组装件试验。如第一批合格，从第二批开始，以每2000套为一验收批。

⑥ Ⅰ类锚具要求。锚具效率系数

$$\eta_a \geqslant 0.95$$

⑦ 实测极限拉力时的总应变

$$\varepsilon_{apu} \geqslant 2.0\%$$

（3）技术资料

① 钢绞线、锚具出场质量保证书；

② 钢绞线、锚具质量复检报告；

③ 预应力张拉设备标定检验报告；

④ 预应力张拉记录。

2.11.9 环形池壁无黏结预应力混凝土施工技术

（1）施工顺序

内脚手架搭设—铺设滑动塑料布—内侧池壁模板—XTL模板—内侧池壁钢筋—XTL钢筋—外侧池壁钢筋—预应力钢绞线安装—外侧脚手架—外侧池壁模板—模板加固—走道板模—走道板钢筋—细部加固及检查验收—池壁、XTL、走道板混凝土浇筑—混凝土养护—拆模—预应力钢绞线张拉—封锚。

（2）池壁脚手架搭设

① 内双排落地脚手架。立杆纵向间距以角度为4°开始排（以外侧脚手架为准），横向间距为1200mm，大横杆间距（步距）为1800mm，大横杆之间设置一道水平杆，距上下大横杆为900mm，距地面200mm高处设置一根扫地杆，立杆之间应错开连接，采用对接扣件，大横杆之间应错开连接，采用旋转扣件连接，外侧立杆设置剪刀撑，如图2.24所示。

② 外双排落地脚手架。立杆纵向间距以角度为4°开始排（以内侧脚手架为准），横向间距为1500mm，大横杆间距（步距）为1800mm，大横杆之间设置一道水平杆，距上下大横杆为900mm，距地面200mm高处设置一根扫地杆，立杆之间应错开连接，采用对接扣件，大横杆之间应错开连接，采用旋转扣件连接，外侧立杆设置剪刀撑，如图2.25所示，剖面示意图见图2.26。

（3）铺设滑动塑料布

池壁施工之前，根据池壁的定位放线，在底板上池壁下部位铺设3层1.0mm厚塑料布，每边超出池壁宽度不小于50mm，塑料布应厚度均匀、光滑，用以增大池壁与底板间的滑动能力。

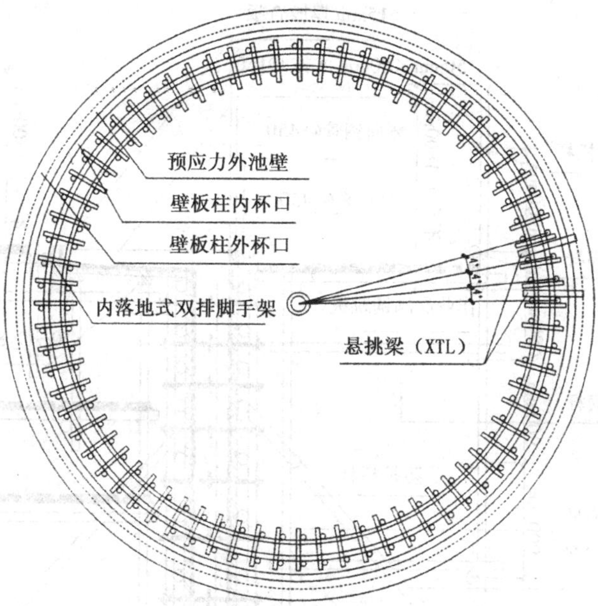

图 2.24　环形池壁内脚手架搭设示意图

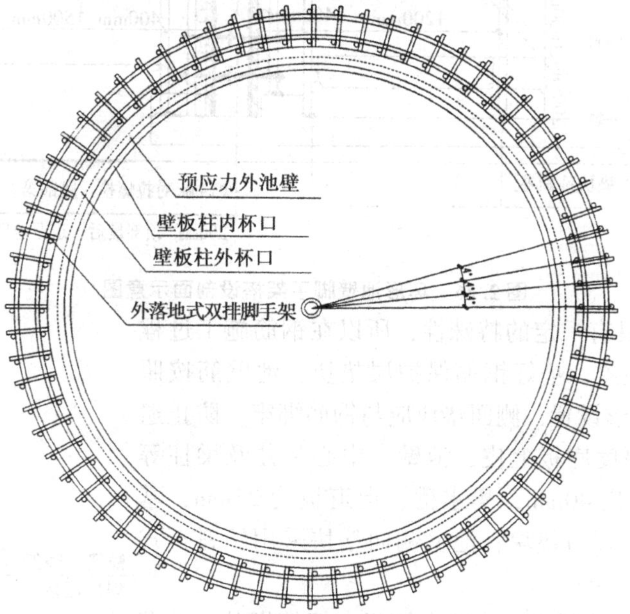

图 2.25　环形池壁外脚手架搭设示意图

（4）普通钢筋绑扎

① 钢筋绑扎时，为防止钢筋倾斜和确保钢筋骨架尺寸，沿墙体纵向每隔 10m 设置 1 ~2 道竖向钢筋骨架，同时内外网片设剪刀撑，钢筋骨架用与墙体主筋相同型号钢筋焊接而成。

② 预埋管线、铁件应固定牢固。预留孔洞位置应准确，其标高、位置等尺寸均应准确，不得遗漏和移位。大于 300mm 的预留洞口处应按照要求设置加强筋，具体做法参照设计要求。

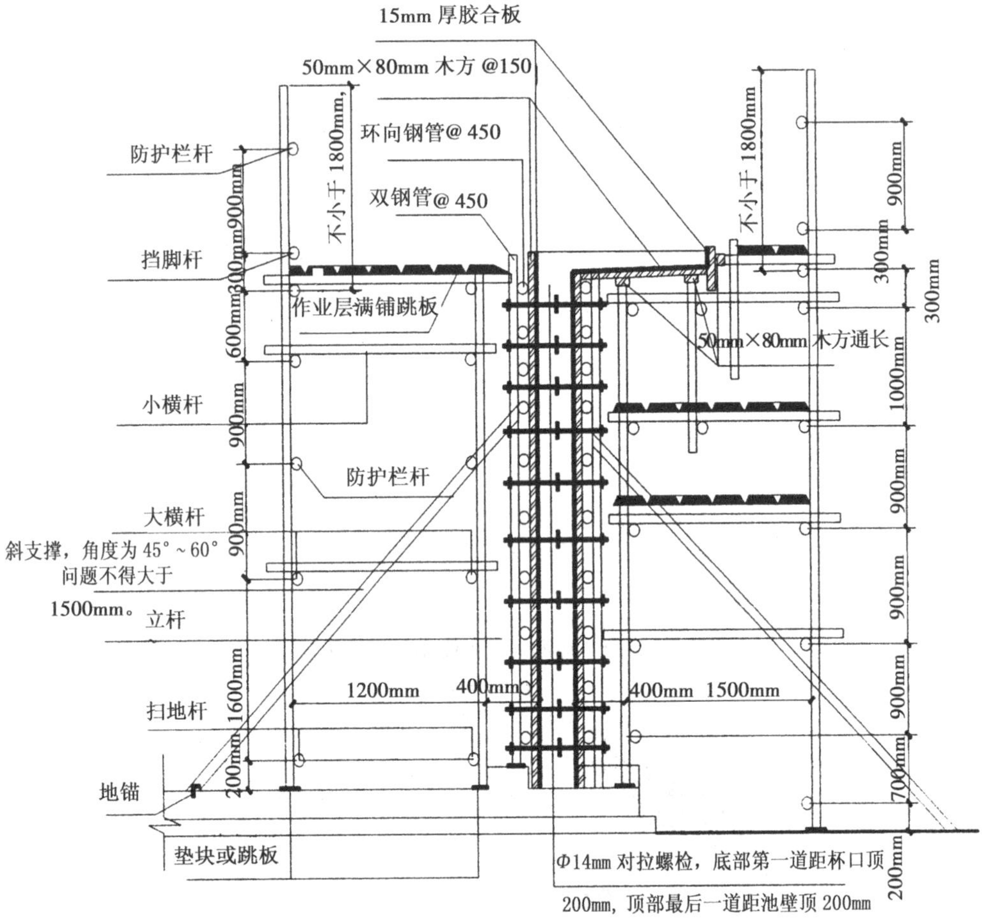

图 2.26 环形池壁脚手架搭设剖面示意图

③ 水池工程具有一定的特殊性，所以在钢筋施工过程中，要杜绝漏筋现象，垫好钢筋保护层垫块，池壁筋按照间距 0.6m 呈梅花形设置，侧面垫块应与钢筋绑牢，防止遗漏。钢筋保护层厚度底板上皮、池壁、中心竖井及梁柱等为 35mm，底板下皮 40mm，集水槽、走道板为 25mm，基础底板垫块采用大理石垫块，池壁侧向垫块采用塑料卡式垫块。

④ 池壁钢筋绑扎程序。池壁内侧竖向钢筋绑扎—池壁内侧水平筋绑扎—池壁外侧竖向筋绑扎—池壁外侧水平筋绑扎—预应力钢筋铺设—预埋铁件、管线设置—钢筋隐蔽验收。

⑤ 走道板钢筋深入支座的锚固长度应满足设计规范要求。

⑥ 池壁钢筋的固定。采用竖向梯子筋，形式如图 2.27 所示。墙体钢筋间距控制采用纵向“梯子筋”形式，梯子

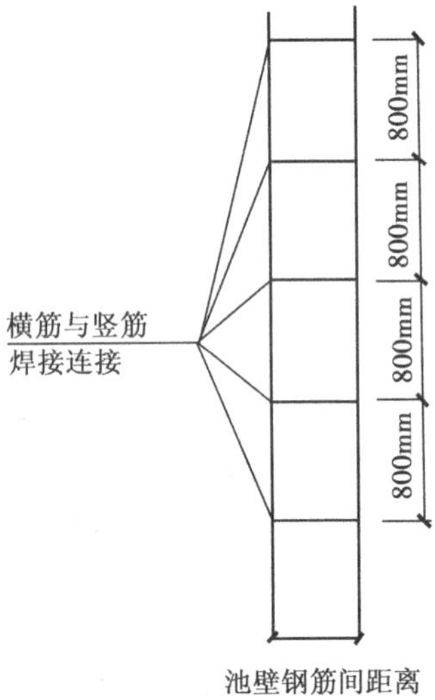

图 2.27 梯子筋形式

筋间距为2m，焊接梯子筋的钢筋直径要求大于设计纵向钢筋一个规格，梯子筋中的横筋要求按照800mm间距设置一道。

(5) 预应力材料进场检查、复验

① 预应力钢绞线，如图2.28所示。

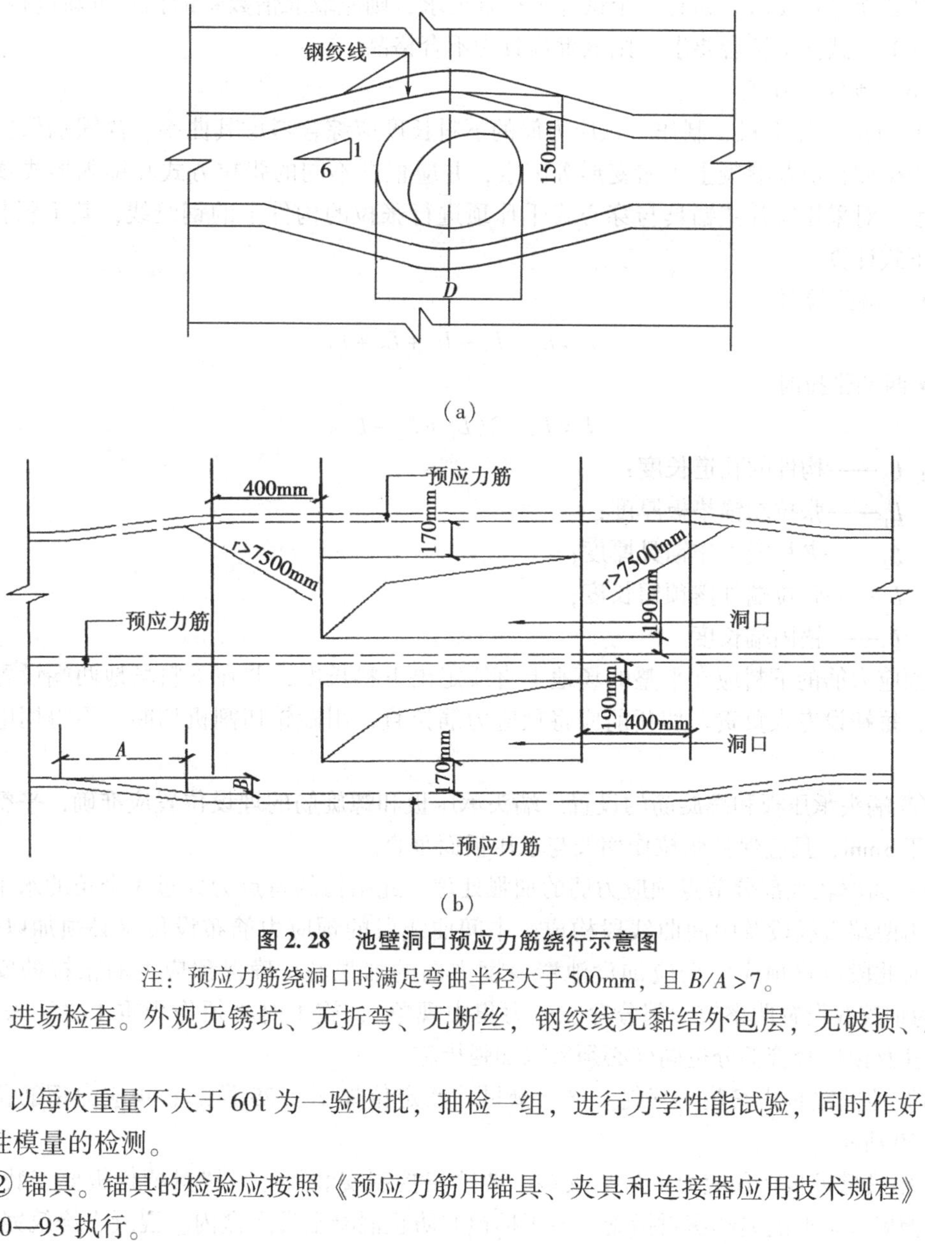

图2.28 池壁洞口预应力筋绕行示意图

注：预应力筋绕洞口时满足弯曲半径大于500mm，且$B/A>7$。

• 进场检查。外观无锈坑、无折弯、无断丝，钢绞线无黏结外包层，无破损、厚度均匀。

• 以每次重量不大于60t为一验收批，抽检一组，进行力学性能试验，同时作好钢绞线弹性模量的检测。

② 锚具。锚具的检验应按照《预应力筋用锚具、夹具和连接器应用技术规程》GB/T14370—93执行。

• 外观检查。从每批中抽取10%的锚具，但不少于10套，检查其外观与尺寸，如有1套表面有裂纹或超过产品标准及设计图纸规定尺寸的允许偏差，则另取双倍数量的锚具重新进行检查；如仍有1套不符合要求，则应逐套检查，检查合格后，方可使用。

• 硬度检验。按照每批抽取5%的锚具作硬度试验，每个零件测试3点，其硬度应在设计要求的范围内。若有1个零件不合格，则另取双倍数量的零件重新试验；若仍有1

个零件不合格，则应逐个检验，合格者方可使用。

• 静载锚固性能试验。在通过外观检查和硬度检验的锚具中抽取 6 套样品，与符合试验要求的预应力筋组装成 3 个预应力筋 – 锚具组装件，由国家或省级质量技术监督部门授权的专业质量检测机构进行静载锚固性能试验。试验结果应单独评定，每个组装件试件都必须符合要求。如有 1 个试件不符合要求，则应取双倍数量的锚具重新进行试验；如仍有 1 个试件不符合要求，则该批锚具为不合格品。

（6）预应力施工

① 预应力筋下料、制作。预应力筋的下料长度应综合考虑其曲率、锚固端保护层厚度、张拉伸长值及混凝土压缩变形等因素，并应根据不同的张拉方式和锚固形式预留张拉长度，对采用夹片式锚具与穿心式千斤顶进行张拉的构件上的钢绞线，其下料长度 L 按照下式计算。

• 一端张拉时

$$L = L_0 + L_1 + L_2 + L_3 + L_4$$

• 两端张拉时

$$L = L_0 + 2(L_1 + L_2 + L_3)$$

式中：L_0——构件的孔道长度；

L_1——张拉端锚垫板厚度；

L_2——夹片式工作锚具厚度；

L_3——张拉端外露预留长度；

L_4——锚固端长度。

预应力筋的下料应在平整的场地上直线定出下料长度，并在下料场地两端设置固定标志，每端设专人负责。切断前应将预应力筋拉直，用砂轮切割机切断，不得用电弧切割。

② 端头承压板和螺旋筋的设置。端头承压板和螺旋筋的埋设位置应准确，平整度不宜大于 3mm，且应保持张拉作用线与承压板面垂直。

③ 曲率较大部分节点预应力筋的加强处理。此结构的特点为穿过 4 个角的水平预应力筋由两端直线段及中间曲线段构成，中间曲线段的预应力筋布设位置必须加以保证，必要时此段位置预应力筋应加设池壁厚度方向的加强筋，确保预应力筋张拉的安全性（因为钢绞线设置曲率较大部分存在应力集中现象），施工时必须作为重中之重来处理。肋板柱及预埋套管部分也同样必须采取加强措施。

④ 池壁锚具槽安装、密封。锚具槽尺寸及定位如图 2. 29 所示；预应力钢筋位置如图 2. 30 所示。

锚具槽模板在预应力定位后安装，要严格控制安装尺寸。锚具槽模板要安装牢固。锚具槽周边采取隔离和密封措施，便于拆模并防止混凝土进入盒内。混凝土浇筑完成后，将锚具槽模板拆除。

⑤ 隐蔽验收。无黏结预应力筋铺设完毕后，必须严格按照设计图纸及相应的施工规范进行隐蔽验收，改正施工中存在的偏差，经确认合格后，方能浇筑混凝土。

（7）模板安装

① 弹出模板就位安装线及控制线。池体轴线位移偏差控制在 3mm 范围内。

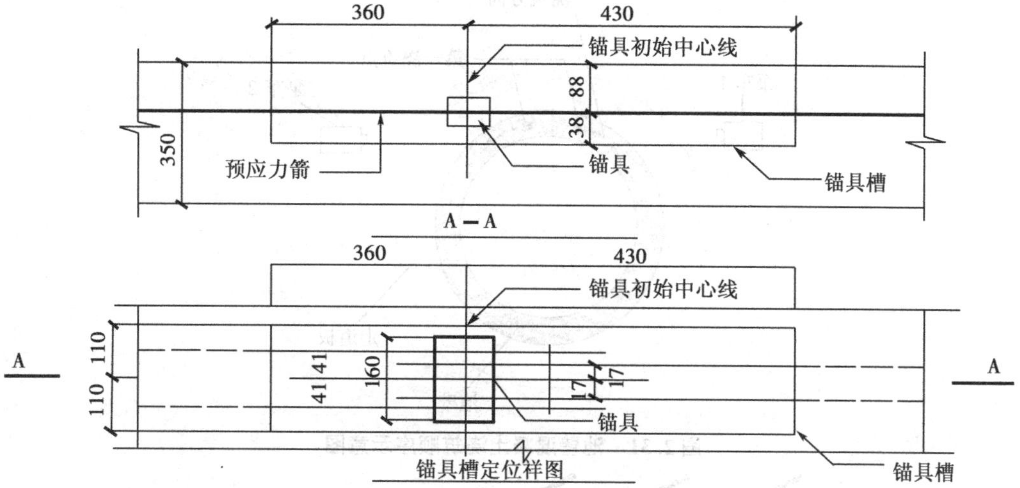

图 2.29　锚具槽尺寸及定位图（单位：mm）

② 做好找平层，以保证混凝土池壁高度一致，池体标高偏差控制在 ±5mm 范围内。

③ 安装模板的根部需垫抹沙浆 1.0 ~ 1.5cm，防止池体发生烂根、露筋、蜂窝、麻面等现象，并派专人仔细补漏，杜绝漏浆。

④ 预应力池壁模板安装顺序。内模安装—池壁钢筋绑扎—预应力筋铺设—对拉螺栓安装—外模安装—背钢管—垂直吊正—模板加固—下道工序。

⑤ 安装对拉螺栓与校正模板同步进行。墙的宽度尺寸偏差控制在 -2mm 范围内。每层模板立面垂直度偏差控制在 3mm 范围内。对拉螺栓必须紧固牢靠，防止出现松动而造成涨模。对拉螺栓用 Φ14mm 圆钢制作，两端套丝，中间用 -3mm × 60mm × 60mm 厚钢板作止水板。

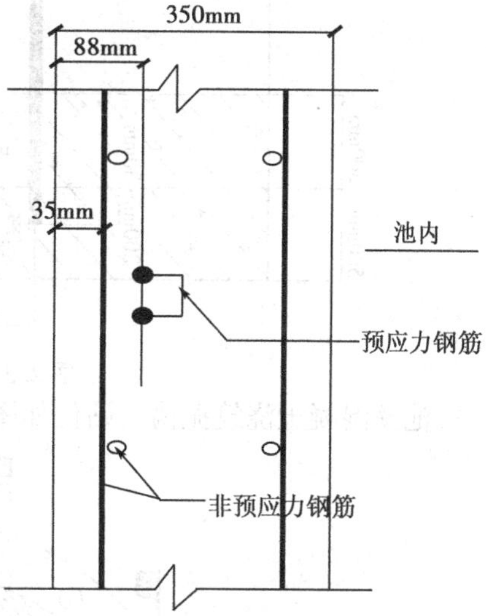

图 2.30　预应力钢筋位置图

（8）混凝土浇筑

混凝土浇筑是本次施工的重中之重，按照要求，必须配置 10 名专业振捣工，振捣工只负责自己浇筑区域内的混凝土振捣，每个振捣工必须配置 1 名专人负责，跟随振捣工挪动振捣器和迁移电缆线，并有 1 名施工管理人员进行监督和指导。

① 混凝土浇筑顺序。池壁混凝土浇筑采用两台汽车泵同时进行，由一点开始，按照 500mm 高度进行转圈分层浇筑，如图 2.31 所示。

混凝土振捣时，应振捣均匀、密实，快插慢拔，振捣时间一般为 30 ~ 40s，振捣棒移动距离不得大于 400mm，预留孔洞、预埋套管或钢筋较密集等振捣难度较大的部位尤其应加强振捣，不得发生漏振、过振或超振现象，必须及时振捣，不得让混凝土成堆，防止此处混凝土骨料表面出现风干，新旧混凝土交接处应振捣及时、充分，振捣棒应插入旧混凝土内 200 ~ 300mm，不得出现冷缝，如图 2.32 所示。

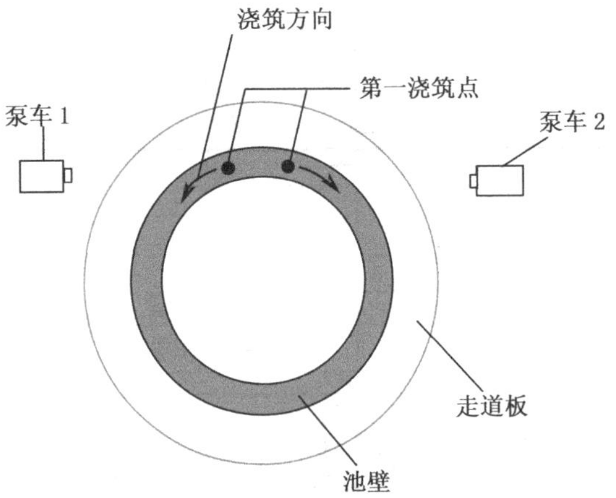

图 2.31 池壁混凝土浇筑顺序示意图

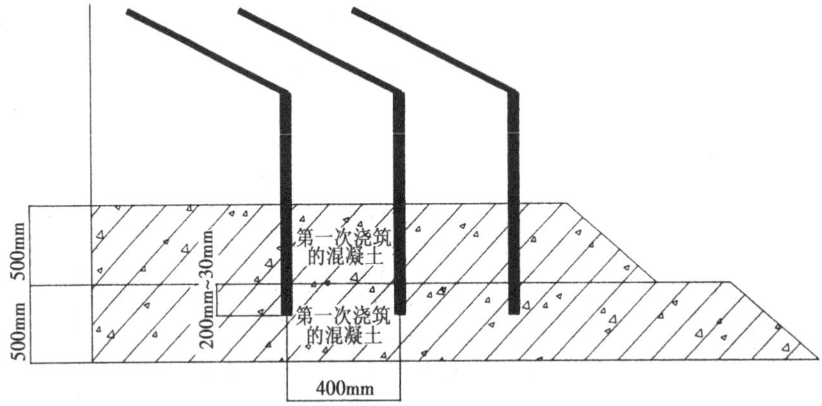

图 2.32 池壁混凝土浇筑示意图

池壁混凝土浇筑振捣工站位如图 2.33 所示。

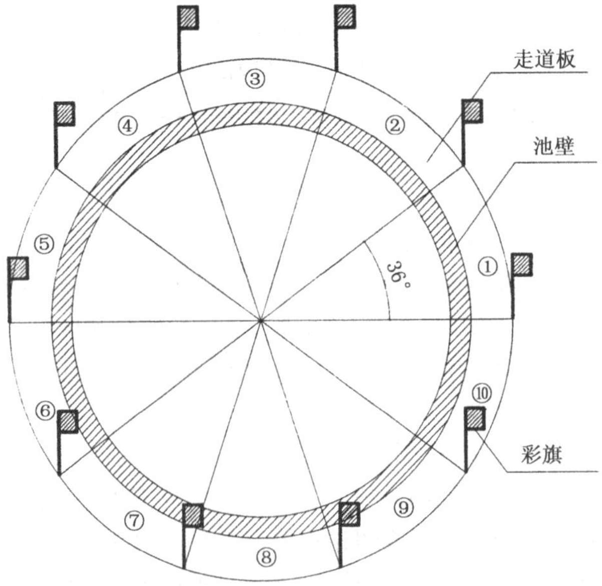

图 2.33 池壁混凝土浇筑振捣工站位示意图

② XTL 混凝土浇筑。施工前 XTL 根部与池壁交界处须将顶部敞开，待混凝土浇筑完成后，立即将顶模进行封闭严实，当池壁混凝土浇筑与 XTL 高度相同或略高于 XTL 时，应在池壁上部设置一台振捣棒，和 XTL 处设置一台振捣棒同时进行振捣，将混凝土引流入 XTL 中，此时混凝土坍落度值控制在 180mm 左右，保证混凝土的流动性，如图 2.34 所示。

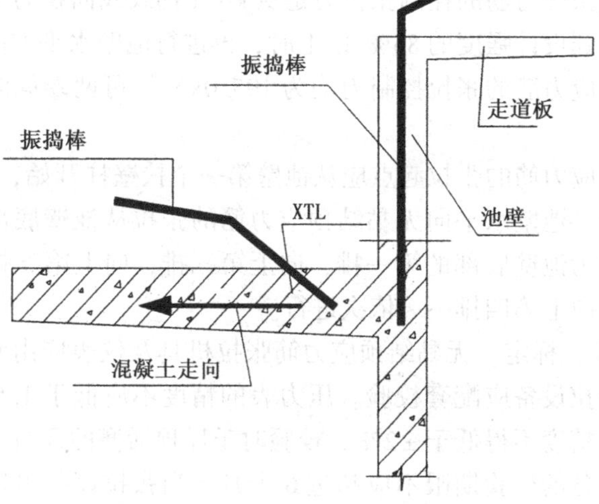

图 2.34　池壁 XTL 混凝土浇筑示意图

③ 出水槽混凝土浇筑。施工前，出水槽底板、顶板、墙壁与池壁模板全部封闭，待浇筑池壁、XTL 时，在出水槽处应特意加强振捣，振捣尽量斜插入出水槽底板内一段，完成第一次混凝土浇筑，待继续进行池壁混凝土浇筑时，单独对出水槽池壁、底板进行混凝土浇筑，这时需要加强振捣，插入深度应接近底板底模但不能接触底模，将混凝土引入出水槽底板中，一直待出水槽墙壁混凝土不下沉为止，并且混凝土应浇筑至墙壁 500mm 高处，完成第二次混凝土浇筑，此时混凝土坍落度值控制在 180mm 左右，保证混凝土的流动性，如图 2.35 所示。

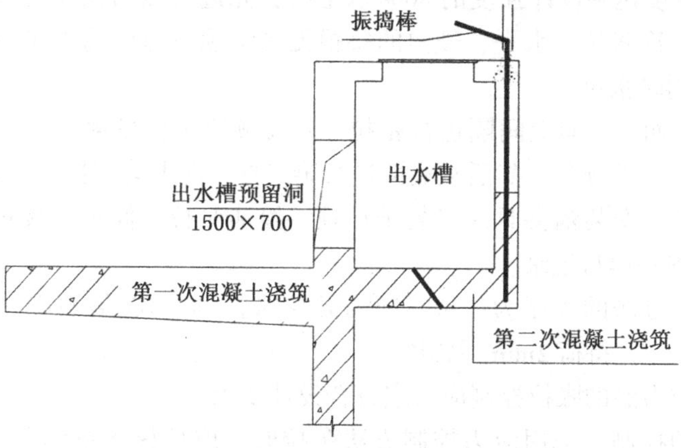

图 2.35　池壁出水槽混凝土浇筑示意图（单位：mm）

（9）无黏结预应力筋的张拉

① 张拉要求及顺序。无黏结预应力钢绞线张拉时，以控制张拉力（或应力）为主，钢绞线的伸长值仅作为参考。

池壁水平预应力筋分两次张拉。张拉时池壁必须设置适当的临时支撑，以防止池壁倾倒。当浇注的混凝土强度达到设计强度的35% ~60%时，进行池壁水平方向预应力钢绞线第一次张拉，可两端同时进行张拉或一端张拉一端补足，张拉时应去除模板对池壁的约束。每根无黏结预应力筋的控制张拉力是90kN（钢绞线面积为139.9mm^2）。

当混凝土强度达到设计强度的85% 以上时，再进行池壁水平方向的第二次张拉。水平方向的每根无黏预应力筋的张拉控制力均为195.0kN 。可两端同时张拉，或一端张拉一端补足。

池壁竖向无黏预应力筋的张拉起点应从池壁第一个扶壁柱开始，逐一进行。在套管、孔洞两侧应对称进行。池壁水平向无黏结预应力筋的张拉从池壁底部开始，向上间隔进行张拉，即张拉顺序为池壁底部的第一排，向上第三排，向上第五排……至顶部；然后从底部进行第二排，向上第四排……依次进行。

② 张拉设备检验、标定。无黏结预应力筋张拉机具及仪表应由专人使用和管理，并定期维护和校验。张拉设备应配套校验。压力表的精度不应低于1.5级；校验张拉设备用的试验机或测力计精度不得低于±2%；校验时千斤顶活塞的运行方向应与实际张拉工作状态一致。张拉设备的校验期限不应超过6个月。当张拉设备出现反常现象或在千斤顶检修后，应重新校验。

③ 试压混凝土试块。根据施工经验，推测混凝土强度达到张拉要求的时间，并据此提前做好混凝土试块的试压工作，以实验数据为依据，确定张拉时间。

④ 张拉预应力筋。结构混凝土强度达到设计或规范要求后，即可按照设计给定的张拉顺序和张拉应力，依次进行张拉。张拉前，必须确保所有阻碍混凝土自由收缩的构件完全与预张的预应力构件分割开，避免对混凝土自由收缩的负面影响。

• 张拉分两次进行，当浇注的混凝土强度达到12.5 ~16.0MPa时，进行池壁水平方向的第一次张拉，且应在两端同时进行张拉。

• 当混凝土强度达到设计强度的80%以上时，先进行竖向预应力筋张拉，再进行池壁水平方向的第二次张拉。水平、竖向的每根无黏结预应力筋均以张拉控制力为主，且水平方向应两端同时张拉。

• 张拉应自下而上，向上间隔进行张拉。张拉顺序为池壁底部的第一排，向上第三排，向上第五排……至顶部。然后从底部进行第二排，向上第四排……依次进行。

• 张拉程序为：安装锚夹具—安装千斤顶—给油张拉—伸长值校核—持荷顶压—二次张拉—卸荷锚固—填写记录。

• 采用超张拉方法的程序为：从零应力开始张拉到1.03倍预应力筋的张拉控制应力，即0 ~103%σ_{con}，持荷2min后锚固。

• 无黏结预应力筋的张拉控制应力应符合设计要求。

• 张拉力值的控制。采用应力控制方法张拉时，应校核无黏结预应力筋的伸长值，如实际伸长值大于计算伸长值10%或小于计算伸长值5%，应暂停张拉，查明原因并采取措施予以调整后，方可继续张拉。无黏结预应力筋的计算伸长值和实际伸长值可按照

《无黏结预应力混凝土结构技术规程》JGJ/T92—93 第 5.3.6 条计算。

（10）预应力筋端头切割及锚具封堵

用砂轮锯将外漏预应力筋切断，剩余 30 ~ 40mm，然后涂防锈漆，最后根据设计要求，使用环氧砂浆密封处理。

2.12　基坑管井井点降水施工技术

2.12.1　应用概况

某污水处理厂工程位于河流下游入海口地带，污水处理厂的最大水池就是关键工程的 SBR 反应池，与河流仅有一堤之隔，进场后，通过十多天对试桩挖的深坑中地下水位变化情况的观察，发现地下水位受潮汐影响很大，给降水施工带来相当大的难度。因考虑到降水困难，设计采用带水作业下沉方案的沉井距离河流也仅有几十米的距离。

① 降水工程概况。SBR 反应池基坑宽 52m，长 102m，基坑面积约 5304m^2，水位降低值为 1.2m。沉井基坑宽 15m，长 22.87m，基坑面积较小，但需降低水位较深，水位降低值为 7.05m。

② 地下水情况。根据某市污水处理场地岩土工程勘察报告，该处地下水类型为潜水，局部具微承压性，含水层主要为粗砂及砾砂层，透水性强，勘察期间实测稳定水位为 1.70m（绝对标高），渗透系数 $K = 119.38$m/d。

2.12.2　方案选择

根据现场的实际情况，采用管井井点降水方案是否可行需要进行验证：一方面，SBR 反应池降水深度不大，是否可以采用明沟排水，即可将地表水降至基坑操作面以下；另一方面，若打井太深，则扰动地下海水，由于海水补给较快，地下水可能降不下去。又考虑到水文勘察取得水文地质参数具有非代表性的可能，故在现场对两种方案分别作试验，通过试验证实方案的可行性及合理性。

方案 1：在距河流仅有一堤之隔的南 SBR 反应池迎水面打五口降水管井，井深 8m，一口观测井，井深 4m。

方案 2：在距离河流较远的北 SBR 反应池东南角挖一条长 5m、宽 1m 的明渠，在明渠一端挖一深集水井，用污水泵排水。

经过两天抽水试验观察及分析，管井井点降水可以满足降水要求，方案 1 可行。采取明渠降水，理论上可行，但是必须保证明渠有足够的深度和宽度，才能将基坑中间地下水降至池底板之下，而且降水时间长，正值雨季，明渠存在随时塌方的问题，从保证施工质量及安全、确保现场文明施工方面考虑，采用管井井点降水方案更加经济合理。

（1）降水方案选择

从该市污水处理厂场地岩土工程勘察报告及现场实际情况来看，此部位含水层渗透系数较大（$K = 119.38$m/d），地下水丰富，基坑面积大（5000m^2），基坑短边长约 52m，而且施工正值雨季，此部位地下水还要受潮汐影响，考虑到以上因素，决定采用管井井点降水及明沟、集水井排水相结合的降水方案，通过排水管将水排至南侧河流，使基坑保持干燥的操作面。

（2）埋置深度确定（以 SBR 反应池为例）

地下水预计降到基底以下 500mm 即标高 0.490m 位置，井点管的埋置深度按照下式计算

$$H \geqslant H_1 + h + iL + l$$

式中：H——井点管的埋置深度，m；

H_1——井点管埋设面至基坑底面的距离，m；

h——基坑中央最深挖掘面至降水曲线最高点安全距离，取 $h=0.5$m；

i——降水曲线坡度，取 $i=1/8$；

L——井点管中心至基坑中心的短边距离，m；

l——滤管长度，取 $l=1$m。

$$H \geqslant (2.5-0.99)+0.5+1/8\times25+1=6.14\text{m}$$

按照理论计算，井点管埋置深度取 7m 能够满足降水要求，但是考虑到此工程降水时间较长，而且井周围土质中含有大量的粉细砂，尽管在井管周围填碎石滤料，也不可避免细砂颗粒透过滤管在井底沉淀，而大大减小井的有效深度，因此井点管埋置深度取 8m。

（3）基坑涌水量计算（以一座 SBR 反应池为例，按照无压非完整井计算）

基坑涌水量：

$$Q=1.366K\frac{(2H-S)S}{\lg R-\lg X}$$

式中：Q——井点系统总涌水量，m^3/d；

K——渗透系数，取 $K=119.38$ m/d；

H——含水层厚度，经计算，取 $H=10.54$ m；

S——水位降低值，经计算，$S=$取 1.21 m；

R——抽水影响半径，经计算，取 $R=83.7$ m；

X——基坑假设半径，经计算，取 $X=40.5$ m。

代入上式，得

$$Q=12419\text{m}^3/\text{d}$$

（4）井点管根数确定

井点管根数按照下式确定

$$n=m\frac{Q}{q}$$

式中：m——井点备用系数，考虑堵塞等因素，一般取 $m=1.2$；

q——单根井点管出水量，m^3/d，按照下式求得：

$$q=65\times3.14dL^3$$

d——滤管直径，取 $d=0.4$m；

L——滤管长度，取 $L=1.5$m。

代入上式，得

$$q=603\text{m}^3/\text{d}$$

经计算：$n=20.6$，考虑到施工正值雨季，实际地下水位可能会高于地质报告中给定值，故取 $n=24$。

采用同样方法，可以算得粗格栅及提升泵房管井深度为12m，共设9眼，可以满足降水要求。

（5）抽水设备确定

抽水设备选用2.5”潜水泵，流量为40m^3/h，功率为3kW，每口井一台，水泵数量必须有储备，开二备一。

（6）降水井结构

降水井采用水泥无砂滤管，上部接近地表一节采用预制的水泥管，井径为0.4m，钻孔直径为0.6m。井管与孔壁间填砾石，粒径规格为2～5mm，过筛后投入井内。

（7）降水井布置

降水井沿SBR反应池及粗格栅提升泵房基坑周圈环形布置，三面降水必然对中间基坑水位产生影响，故中间基坑不考虑设置降水井，SBR反应池降水井中心距基础垫层边2m，粗格栅及提升泵房降水井中心距沉井外壁3m。

（8）降水施工

① 降水井施工。降水井的钻探设备采用CZ－22型钻机，冲击切割取土式钻进。钻孔内应保持足够的水头压力，0～2m内可以用少许泥浆护壁成孔，避免产生塌孔，以提高降水井的出水量，保证不对降水效果产生影响。

成井后，应进行洗井，用大泵量的水泵洗井，直到水路畅通，见到清水为止。井洗好后，经技术人员验收合格后，方可进入下一步施工，同时，对已完成的井应采取井口防护措施。降水井施工结束，统一测定井口坐标和高程，并测定井内静止水位。

② 排水管沟。排水管沟采用1.2m宽砖砌明渠，穿过施工道路处采用DN600承重钢筋混凝土管，明渠沿基坑南、北、东三面布置，在转角处设2m×2m×2m沉淀池，以沉淀水泵排出的细砂。排水明沟、沉淀池采用MU7.5红砖、M5水泥砂浆砌筑，内抹20mm厚1∶2水泥砂浆，沟底按照0.5%坡度找坡。降水井抽出的地下水排放到南侧河流。

③ 供电。基坑内基础施工时降水应连续进行，不得中断，否则会给施工造成严重的后果，为此，场地内应设200kW备用电源，以防止因意外停电造成基坑内涌水，给基础施工带来损失。

④ 降水运行时间。降水运行期间，尤其是运行初期，应随时观测各降水井的水位及流量，掌握场地总出水量、水位下降速度等情况，对各降水井的出水量进行调整。随着基础施工的进行，可酌情减少降水井的工作数量。应根据施工进度情况确定降水运行时间，必须在回填土施工完并采取抗浮措施保证池体不被破坏后方可停止。

⑤ 实施效果。实践证明，管井井点降水在渗透系数较大、地下水丰富的土层，降水效果明显，即使在沿海地带受潮汐影响较大的地区，也收到了良好的成效。进一步证实了在轻型井点不易解决的含水层颗粒较粗的粗砂－卵石地层，渗透系数大，水量较大且降水深度较深的潜水或承压水地区，采用管井井点更具有优势，同时又可以避免明沟排水易于产生流砂、坍方的现象，采用砖砌排水沟费用低，而且更有利于降水期间的维护。

对于沉井，周边设8口12m深的管井，采用3寸潜水泵降水，将地下水降低了5m，然后在沉井中间设置了台污水泵补充，将地下水降至刃脚以下，保证沉井封底干作业。

由于南反应池靠海边较近，从地质报告及基坑实际开挖情况来看，大致基坑 2/3 的范围有不透水层淤泥层存在，地下水有微承压性，但随着管井井点将淤泥层下部地下排走，承压力不断减小，淤泥层所含地下水靠自重向下渗透，从而将地下水排出，保证了干作业。

2.13 异型钢筋混凝土沉井施工技术

2.13.1 技术内容

在地面或地坑上，先制作开口钢筋混凝土筒身，待筒身达到一定强度后，在井筒内分层挖土、运土，随着井内土面逐渐降低，沉井筒身借其自重，克服与土壁之间的摩阻力，不断下沉，当下沉到距设计标高 0.1m 时，停止井内挖土，使其靠自重下沉至设计或接近设计标高，经过 2 ~ 3d 下沉稳定后，按照设计进行沉井封底。该工艺根据异形沉井的特点，从工作基坑的开挖、砂垫层的铺设、刃脚支垫、沉井制作、沉井下沉、下沉过程中倾斜位移的预防及纠正、沉井封底等方面着手，采取切实可行及合理周密的具体技术措施，施工中采取全过程监控，使其施工便利，而且施工质量满足设计要求。

2.13.2 施工工艺流程及操作要点

（1）工艺流程

施工工艺流程如图 2.36 所示。

（2）操作要点

① 施工方案选择。

• 根据对拟建场地的土层特征、地下水位及施工条件的综合分析，优先采用“排水下沉和干封底”的施工方法。该方法可以在干燥的条件施工，挖土方便，容易控制均衡下沉，便于发现和清除土层中的障碍物，井筒下沉时，一旦发生倾斜，也容易纠正，而且封底的质量也可得到保证。

• 沉井施工的一般方法为：一次制作、一次下沉；分节制作、一次下沉；多节制作、分节下沉、制作与下沉交替进行。异型沉井平面形状不规则，刃脚底标高不在同一水平面上，且沉井高度较大，施工技术难度大，在下沉时，容易发生倾斜，因此，优先采用分节制作、分节（沉井高度为 10m 以上）或一次（沉井高度为 10m 以下）下沉方法。沉井分节制作的高度应保证其稳定性，并能使其顺利下沉。

• 施工缝中部采取可靠的止水措施。

• 对大型沉井，沉井内部设计有钢筋混凝土隔墙或钢筋混凝土梁时，为防止下沉过程中土压力将沉井壁挤裂，沉井内部的钢筋混凝土隔墙或钢筋混凝土梁与沉井壁同时制作，随沉井一起下沉。

② 沉井验算。

• 刃脚垫木铺设数量和砂垫层铺设厚度测算。刃脚垫木的铺设数量由第一节沉井的重量及地基（砂垫层）的承载力而定。沿刃脚每米铺设垫木的根数 n 可按照下式计算：

$$n = G/A \cdot f$$

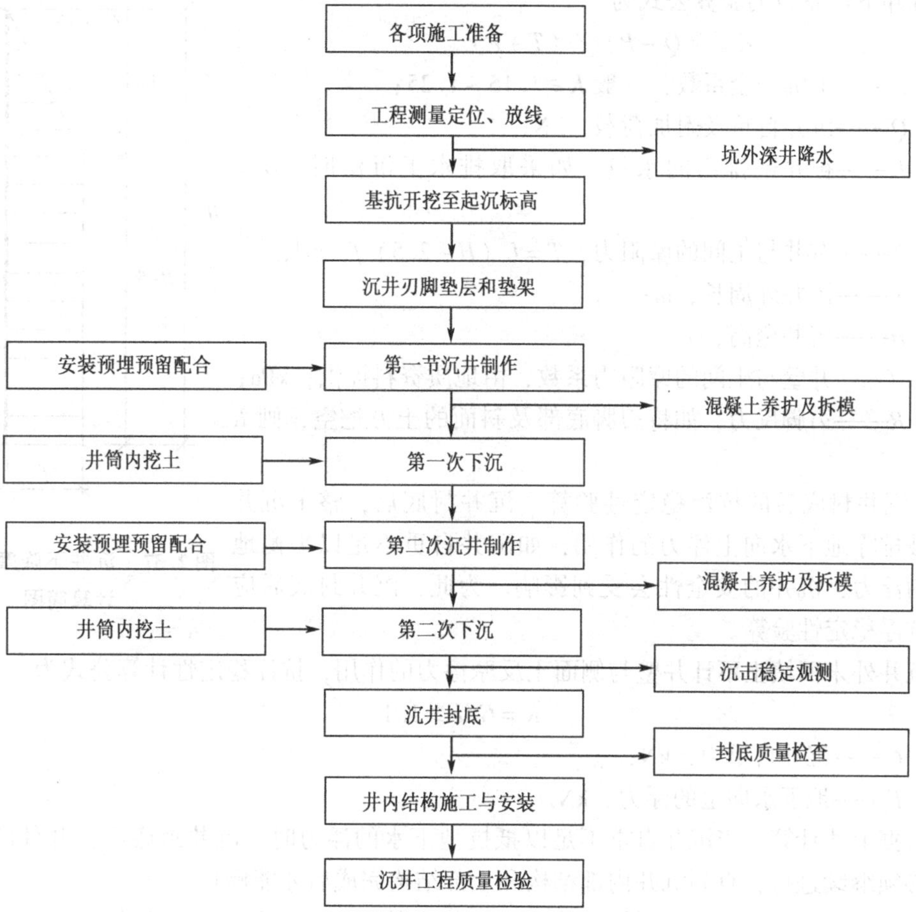

图 2.36 异型钢筋混凝土之见井施工工艺流程图

式中：G——第一节沉井单位长度的重力，kN/m；

A——每根垫木与砂垫层接触的底面积，m^2；

f——地基或砂垫层的承载力设计值，kN/m^2。

沉井的刃脚下采用砂垫层是一种常规的施工方法，其优点是既能有效提高地基土的承载能力，又可方便刃脚垫架和模板的拆除。砂垫层的厚度一般根据第一节沉井重量和垫层底部地基土的承载力计算而定。计算公式为

$$h = (G/f - L)/2\tan\theta$$

式中：G——沉井第一节单位长度的重力，kN/m；

f——砂垫层底部土层承载力设计值，kN/m^2；

L——垫木长度，m；

θ——砂垫层的压力扩散角，一般取 $\theta = 22.5°$。

• 沉井下沉验算。沉井下沉前，应对其在自重条件下能否下沉进行验算。沉井下沉时，必须克服井壁与土间的摩阻力和地层对刃脚的反力，其比值称为下沉系数 K，一般地，$K \geqslant 1.15 \sim 1.25$。计算井壁与土层间的摩阻力的通常方法是：假定摩阻力随土深而加大，并且在 5m 深时达到最大值，5m 以下时保持常值。计算方法如图 2.37 所示。

沉井下沉系数的验算公式为

$$K=(Q-B)/(T+R)$$

式中：K——下沉安全系数，一般 $K \geq 1.15 \sim 1.25$；

Q——沉井自重及附加荷载，kN；

B——被井壁排出的水量，如采取排水下沉法时，$B=0$kN；

T——沉井与土间的摩阻力，$T=L(H-2.5)f$，kN；

L——沉井外周长，m；

H——沉井全高，m；

f——井壁与土间的摩阻力系数，由地质资料提供，kPa；

R——刃脚反力，如将刃脚底部及斜面的土方挖空，则 $R=0$kN。

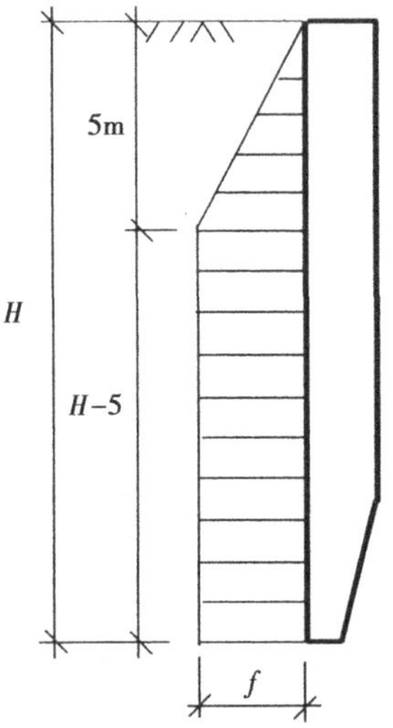

图 2.37 沉井下降摩阻力计算简图

• 沉井封底后的抗浮稳定性验算。沉井封底后，整个沉井受到被排除地下水向上浮力的作用，如沉井自重不足以平衡地下水的浮力，沉井的安全性会受到影响。为此，沉井封底后应进行抗浮稳定性验算。

沉井外未回填土不计井壁与侧面土反摩擦力的作用，抗浮稳定性计算公式为

$$K=G/F \geq 1.1$$

式中：G——沉井自重力，kN；

F——地下水向上的浮力，kN。

根据上述计算，当沉井自重不足以抵抗地下水的浮力时，沉井封底后，井外的深井降水必须继续进行，直到沉井内部结构和上部结构完成后才能停止。

• 平整场地、工作基坑开挖。施工前，将自然地面上的积水、杂物等清理干净，按照提前施测好的标高进行初步找平。对池壁两侧存在高低差的异型沉井，先开挖井壁较深一侧基坑，至与其相邻井壁高差标高处，使较深侧沉井在坑中作业。基坑开挖前，先根据基坑底面几何尺寸、开挖深度及边坡定出基坑开挖边线，再根据图纸上的沉井坐标定出沉井纵横轴线控制桩。

• 砂垫层铺设。沉井高度大，重量重，当地基承载力较低，经计算垫架需用量较多，铺设过密时，在垫木下设砂垫层加固，以减少垫架数量，将沉井的重量扩散到更大面积上，避免制作中发生不均匀沉降，同时，易于找平，便于铺设垫木和抽除。砂垫层厚度经计算确定，选用中砂，用平板振动器振捣并洒水，控制其干容重不小于 1.56t/m^3。

• 刃脚支设。刃脚支设采用垫架法，在砂垫层上铺承垫木和垫架，垫架间距取 1m，垫木采用 160mm×220mm×2000mm 枕木，在垫木上支设刃脚及井壁模板，浇筑混凝土。垫架铺设应对称进行，同一条沉井壁上设 2 组定位架，每组由 2～3 个垫架组成，位置在距离两端各 0.15L（L 为沉井壁边长）处，在其中间支设一般垫架，垫架垂直井壁铺设。

砂垫层铺平夯实后，铺设垫木，铺设垫木时用水准仪找平，应使顶面保持在同一水平面上，高差在 10mm 以内，并在垫木间用砂填实，垫木埋深为其厚度的一半。

预制时外圈沉井壁刃脚加∠150×100×10 型钢护角，中间沉井壁采用 10mm 厚钢板，按照刃脚形状制作型钢护角，护角与混凝土锚固用 Φ12 钢筋，锚固筋长为 400mm，每

300mm 设一道，每道两根。具体做法如图 2.38 所示。

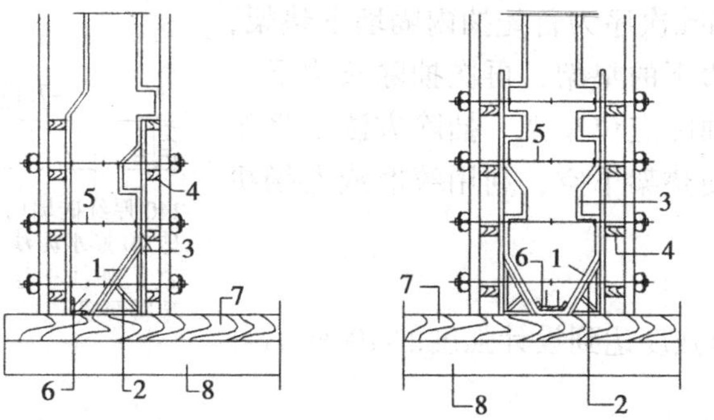

（a）周边刃脚支模示意图　（b）中间刃脚支模示意图

1—刃脚模板；2—垫架；3—模板；4—50mm×70mm 木方

5—对拉螺栓；6—护角；7—垫木；8—垫层

图 2.38　刃脚支模示意图

③ 沉井壁制作。

• 模板支设。井壁模板可采用组合钢模板，不符合模数处采用木模。模板加固采用对拉螺栓，中部设止水片。模板支撑采用在沉井壁内外两侧搭设双排钢管脚手架。

• 钢筋绑扎。井壁竖筋可一次绑扎好，水平筋分段绑扎，与内隔墙及底板连接部位预留连接钢筋在井壁施工时预埋，对应于钢筋位置，在木模板上开豁口，以保证钢筋位置准确。

• 混凝土浇筑。混凝土采用商品混凝土，输送泵送至沉井浇筑部位。浇筑采用分层平铺法，每层厚 300mm，下料先从沉井壁较浅一侧开始，将沉井沿周长分成若干段同时浇筑，确保沿井壁均匀对称浇筑。

两节混凝土接缝处宜设深 15mm、宽 20mm 的凹形施工缝，且设置止水条。

• 沉井壁孔洞处理。沉井外壁 DN1500 洞口在下沉前用钢板、木板封闭，中间填与孔洞重量相等的砂石配重，外侧钢板与内侧木板用 $\Phi12$ 对拉螺栓加固，外圈 8 个，内圈 4 个，具体做法如图 2.39 所示。

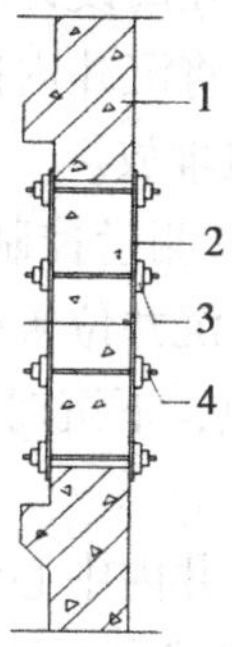

1—沉井壁；2—外钢板

3—对拉螺栓；4—对拉螺杆

图 2.39　DN1500 管孔临时封闭措施

• 针对高低刃脚存在高差的处理措施。

第一，深浅基坑处处理措施：在深浅基坑交界处，为方便较浅基坑部分砂垫层铺设，砌 240mm 厚红砖墙，内抹 20mm 厚水泥砂浆，外挂一层厚塑料布，兼做刃脚模板，具体做法如图 2.40 所示。

第二，高低刃脚交接处结构处理措施：沉井高低刃脚交接处以 1∶2 坡度斜刃脚过渡，防止在下沉过程中此部位因应力集中造成井壁拉裂。

（3）沉井下沉

① 施工平台架设。在沉井上口铺木跳板，形成施工操作平台，在每仓中部适当位置留洞口，方便提升井内弃土。

② 垫架拆除。刃脚垫架待混凝土达到设计强度的100%后拆除。抽除垫架应分区、分组、依次对称、同步地进行，抽除次序为首先抽内隔墙下垫架，其次抽除外墙两短边下的垫架，再次抽除长边下一般垫架，最后同时抽除定位垫架。抽除方法是将垫架底部的土挖去，使垫架下空，利用绞磨或卷扬机将相对垫木抽出。

③ 挖土下沉。

• 待混凝土抗压强度达到设计强度的100%后开始下沉。

• 采用人工挖土，从井中间挖向四周，均衡、对称地进行，使沉井能均匀竖直下沉。每层挖土厚度为0.4～0.5m，在刃脚处留1.2m宽土台，用人工逐层切削，每次切削5～10cm，当土垅挡不住刃脚的挤压而破碎时，沉井便在自重作用下破土下沉。

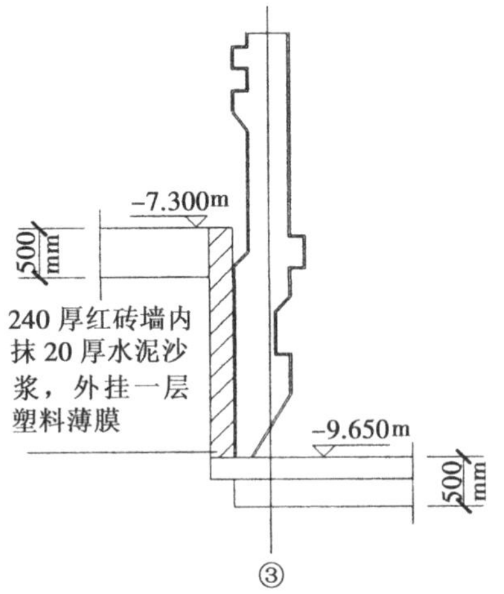

图2.40　深浅基坑处处理措施

• 同一刃脚底标高部分，削土时应沿刃脚方向全面、均匀、对称地进行，且各孔格内挖土高差不得超过500mm，使其均匀平稳下沉。

• 在离设计深度20cm左右时，应停止取土，靠自重下沉至设计标高。

• 将沉井内挖出的土方装于吊斗内，用8t塔式起重机吊至井外，用自卸汽车运至弃土地点堆放。

④ 测量控制与观测。

• 沉井位置标高的控制是在井外地面及井壁顶部四面设置纵横十字中心控制线、水准基点，下沉时在井壁上四周设水平点，于壁外侧用红铅油画出标志，用水准仪来观测沉降。

• 井内中心线与垂直度的观测利用井壁内侧上部预埋钢筋，下部预埋水平标板来控制。井壁内侧标出垂直轴线，各吊一个线垂，对准下部标板，如图2.41所示。

• 沉井下沉过程中，应安排专人进行测量观测。沉降观测每8h至少2次，刃脚标高和位移观测每台班至少1次。下沉至接近设计标高时，加强观测，每2h观测1次，预防超沉。

• 当沉井每次下沉稳定后，应进行高差和中心位移测量。每次观测数据均须如实记录，并按一定表式填写，以便进行数据分析和资料管理。

• 当发现倾斜、位移、扭转时，及时通知值班队长，指挥操作人员及时纠正，将误差控制在允许的范围内。

⑤ 下沉过程中倾斜、位移的预防及纠正。

• 初沉期间，沉井没有井壁外土摩擦阻力作用，由于沉井自重分布不均匀，所以井体易发生较大倾斜和滑移。采取暂不开挖或少挖较浅区域土方，先进行较深区域土方开挖的措施，防止沉井向较深区域偏移，确保沉井平衡下沉。

• 随着沉井下沉深度的加大，由于井壁入土深度不等引起的井壁外摩阻力分布不均匀，易导致井体发生倾斜或滑移。采取根据技术人员随时估算的井体重心与井壁外摩擦

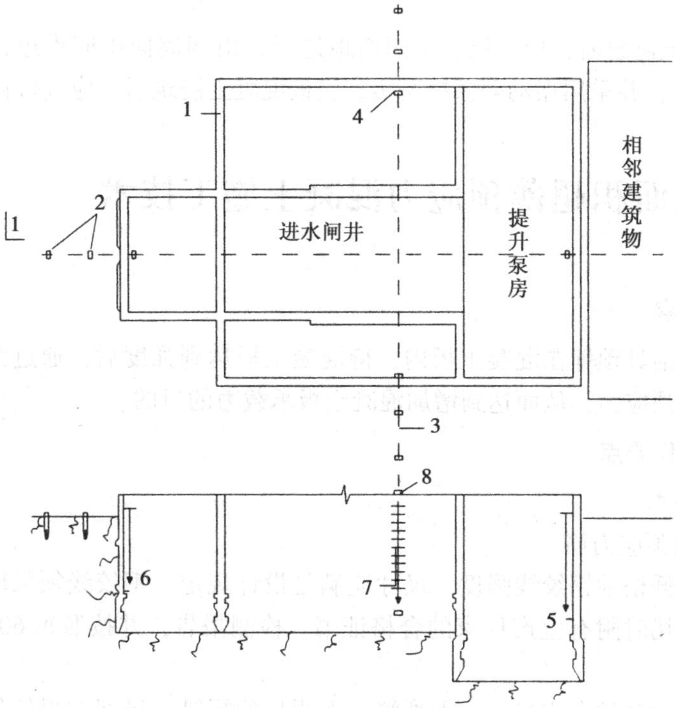

图 2.41　沉井下沉测量控制方法

1—沉井；2—中心线控制点；3—沉井中心线；4—钢标尺；
5—铁件；6—线坠；7—壁外下沉标尺；8—沉井观测点

阻力合力点的偏差值，确定各区的开挖量，确保沉井平稳下沉。

• 高低刃脚沉井下沉时，因刃脚高度不等而使得各边刃脚不能同时在同一性质的土层上，易产生偏斜。为此，根据井下土层变化情况，及时调整挖土位置和挖土量，使开挖遵循先硬后软的顺序进行，确保沉井平稳下沉。

• 在沉井下沉过程中，偏斜达到允许偏差值的 1/4 时就应纠偏，沉井下沉过程中要做到勤测、勤纠、缓纠。沉井初沉阶段纠偏应根据“沉多则少挖”“沉少则多挖”的原则在开挖中纠偏。终沉阶段要加强监控，缓中求稳，严格控制超沉。如沉井已经倾斜，则可采取在刃脚较高一侧加强挖土，并可在较低的一侧适当回填砂石。必要时可配局部偏心压载，都可以使偏斜得到纠正。待其正位后，再均匀分层取土下沉。

• 位移纠正措施一般是有意使沉井朝着位移相反方向倾斜，再沿倾斜方向下沉，至刃脚中心与设计中心位置吻合时，再纠正倾斜，使偏差在允许范围以内。

⑥ 沉井封底。

• 当沉井下沉至距设计底标高 10cm 时，停止井内挖土，使其靠自重下沉至或接近设计底标高，再经 2～3d 的下沉稳定，或经观测，在 8h 内累计下沉量不大于 10mm 时，即可进行封底施工。

• 首先将新老混凝土接触面冲刷干净，对井底进行修整，使其形成锅底形，再浇筑封底素混凝土，刃脚下混凝土切实填严，振捣密实，以保证沉井的最后稳定。

• 垫层混凝土达到 50% 设计强度后，进行底板钢筋绑扎。钢筋应按照设计要求伸入刃脚的凹槽内。

• 底板混凝土浇筑时，应分层、不间断地进行，由四周向中间推进，每层浇筑厚度控制在30~50cm，并采用振动器振捣密实。底板混凝土浇筑后，应进行自然养护。

2.14 超大面积超薄预应力混凝土施工技术

2.14.1 技术内容

将钢绞线及锚具预埋在混凝土板内，待混凝土板达到强度后，通过张拉，使钢绞线对混凝土板产生预应力，从而达到增加混凝土板承载力的目的。

2.14.2 工艺操作要点

2.14.2.1 材料要求

(1) 无黏结预应力筋

采用的高强低松弛钢绞线强度、尺寸应满足设计规定。钢绞线须采用大型企业生产的优质产品，进场时附有生产厂家的合格证书、检测报告，并按照每60t为一批进行抽样复验。

无黏结预应力筋护套应光滑、无裂缝，无明显的褶皱；局部破损的外包层可用水密性胶带进行缠绕修补，胶带搭接宽度不小于胶带宽度的1/2，缠绕长度应超过破损长度。破损严重的，不得进入现场，并应予以报废。

无黏结预应力筋装卸、起吊、搬运不得摔砸踩踏；严禁钢丝绳或其他坚硬吊具与无黏结预应力筋外包层直接接触。

无黏接筋露天堆放，不得直接与地面接触，应采用方木垫置，并用塑料布覆盖严实。

(2) 锚　具

采用Ⅰ类锚具，锚具效率系数 $\eta_A \geq 0.95$，试件破断时的总应变 $\varepsilon_u \geq 2\%$。进场锚具与钢绞线配套，有生产厂家出具的合格证书、检测报告，并按照要求进行硬度和静载锚固性能复试。所有进场锚具、夹具的表面应无污物、锈蚀、机械损伤和裂纹。

(3) 锚具密封

使用Sikadur32或Hi-mod黏接剂，然后用环氧Sikadur35或Hi-modLV密封。

(4) 焊　条

施焊Ⅰ级钢（含Q235B）采用E43××型，施焊Ⅱ级钢采用E50××型。

无黏结预应力筋及配件运输过程中，尽量避免碰撞挤压，运到施工现场后，应按照不同的规格分类、挂牌标识，整齐堆放在干燥平整的地方，绝对禁止接触电气焊作业。锚夹具及配件应存放在室内干燥平整的地方，避免受潮和锈蚀。

2.14.2.2 制作下料

① 无黏结预应力筋按照施工图纸规定进行下料。按照施工图上的结构尺寸和数量，考虑预应力筋的曲线长度、张拉设备和不同形式的组装要求，定长下料。预应力筋下料应用砂轮切割机切割，严禁使用电气焊。

② 为避免预应力筋在下料过程中破损并方便施工，现场就近设下料场600m³左右，

（长 100m，宽 6m），采用 C10 混凝土浇注地面，保证平整干净。

③ 在下料过程中，遇钢绞线有死弯的，应该去除死弯部分，保证每根钢绞线通长顺直。

④ 为保证预应力筋成型正确，采用马蹬筋来控制预应力筋的矢高。

⑤ 在制作过程中，应根据预应力筋的长短及所铺设位置逐根编号，并在堆放过程中分号堆放，以免造成施工时的混乱。

⑥ 张拉端外露长度要求控制在 80cm 以内；张拉用的锚具由专人负责发放，做到一孔一锚。

2.14.2.3 铺设与安放

（1）铺筋前的准备工作

① 准备端模。预应力构件端模宜采用木模，并根据预应力筋的剖面位置，在端模上打孔。

② 定位筋的制作。

• 为保证线形正确，误差为 ±5mm，在预应力筋的下部设置马镫筋的间距为 1.2m 以内。

• 预应力筋的线形通过支撑筋控制，水平误差为 ±5mm，竖直误差为 ±10mm。

待底板普通钢筋下层绑扎完成后，安放定位马蹬筋；非预应力筋（里）绑扎基本完毕后，根据每层预应力筋的高度安放并绑扎（或点焊）预应力定位筋，其高度为预应力筋中线高度减去预应力筋半径（约 10mm）。为保证预应力筋矢高准确、曲线顺滑，要求每层筋水平方向每隔 1.5m 左右设置一个定位筋。

（2）铺设与安放

① 无黏结预应力筋应严格按照要求就位并固定牢靠。无黏结预应力筋的曲率由垫铁马蹬控制，铁马蹬间距不大于 2m，并应采用铁丝与无黏接筋扎紧。

② 预应力筋逐层穿入，注意尽量避免与普通筋发生摩擦。每穿好一束预应力筋，待位置调整无误后，利用绑丝将其固定，除了将其固定在定位筋上，还应在每两个定位筋间设一定位点（与普通筋绑牢）。竖向预应力筋同样定位。

③ 施工前，由土建方将各种留洞、预埋管道准确标示在模板处。洞口处预应力筋应顺滑，预应力筋转弯位置在水平方向上与洞口距离不得大于 500mm，且预应力筋距洞口最小不得小于 50mm。

④ 过洞口预应力筋的处理方法。在竖直方向上与洞口边缘距离小于 400mm 的预应力筋应绕过洞口。注意，预应力筋转弯处距洞口水平距离应不小于 500mm，同时预应力筋与洞口上下边缘最小距离不小于 50mm，在竖直方向上与洞口边缘距离小于 400mm 的预应力筋应断开，并在洞口两侧的扶壁柱上设置张拉端，预应力筋遇孔洞时，尽量按照构造要求绕行，避免增加张拉结点。

⑤ 节点安装。将端模板固定好；将承压板用火烧丝固定好，使其表面靠紧模板。张拉作用线（沿外露预应力筋方向）应与承压板面垂直。

在预应力筋的张拉端后装上一个螺旋筋，要求螺旋筋要紧贴承压板。

结点安装要求：

• 要求预应力筋伸出承压板长度（预留张拉长度）不小于 40cm；

• 将木端模固定好；

• 螺旋筋应固定在张拉端及锚固端的承压板后面，圈数不少于4圈。

⑥ 铺设。

• 张拉端部预留孔应按照施工图中规定的无黏接预应力筋的位置、编号和钻孔；

• 张拉端的承压板应用钉子或螺栓固定在端部模板上，且应保持与张拉作用线和承压板垂直；

• 无黏结预应力筋垂直高度采用支撑钢筋控制，在板内垂直偏差为±5mm；

• 无黏接预应力筋的位置宜保持顺直，施工时采用多点画线或挂线方法，按照点线铺设预应力筋；

• 双向铺放预应力筋时，应对每个纵横筋交叉点相应的两个标高进行比较，对各交叉点标高较低的无黏结预应力筋应先进行铺放，标高较高的次之，宜避免两个方向的无黏结预应力筋相互穿插铺放；

• 铺放各种预埋管道管线不应将无黏结预应力筋的垂直位置抬高或压低；

• 当集束配置多根无黏接筋时，应保持平行走向，防止相互扭绞；

• 无黏结预应力筋的外露长度应根据张拉机具所需要的长度确定，无黏结预应力曲线筋或折线筋末端的切线应与承压板相垂直，曲线度的起始点至张拉锚固点应有不少于300mm的直线段；

• 在安装穴模或张拉端锚具时，各部件之间不应有缝隙；

• 张拉端和固定端须配置螺旋筋，螺旋筋应紧靠承压板或锚具，并固定可靠。预应力筋铺设时，张拉端工艺流程如图2.42所示。

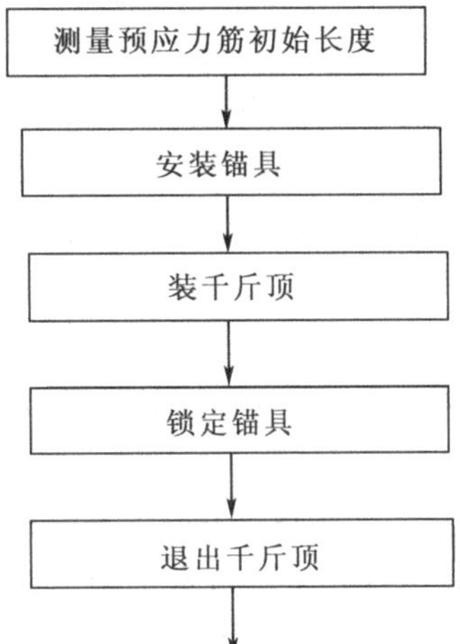

图2.42 无黏结预应力张拉端工艺流程

(3) 质量自检及持续改进措施

① 预应力筋根数、位置是否正确；

② 预应力筋高度及顺直偏差；

③ 无黏结筋外包塑料皮有无破损；

④ 节点安装是否正确、牢固。

2.14.2.4　混凝土的浇注与振捣

① 预应力筋铺放完成后，应由业主单位、施工单位、监理公司及设计人员对预应力筋锚具的品种、规格、数量、位置及锚固区局部加强构造等进行隐检验收，确认合格后，方可浇注混凝土。

② 无黏结预应力筋的定位应确认牢固，浇混凝土时不应出现移位和变形。

③ 混凝土浇注时，严禁踏压撞碰无黏结预应力筋、支撑架和端部预埋部件。

④ 混凝土浇注时，应认真振捣，保证混凝土的密实。尤其是张拉端、固定端、承压板周围的混凝土必须振捣密实，严禁漏振和出现蜂窝孔洞，防止张拉时变形。

⑤ 严格控制混凝土骨料、外加剂材质，计量准确，搅拌时间不少于90s。混凝土振捣到位，要遵循“紧插慢拨30s”的原则，并由人工配合适当敲打，本模板提前浇水湿润，消除混凝土成型出现气泡缺陷。

⑥ 混凝土浇注过程中，应派专人跟踪看护。遇有预应力筋位置改变时，应立即与土建方配合，及时纠正。

⑦ 混凝土试块留置。混凝土除按照要求留置抗压、抗渗、抗冻融标养试块外，还应根据需要做同条件养护试块。本工程预应力筋分两次张拉（35%和75%强度），同条件试块抗压强度作为预应力筋张拉的主要依据，必要时可采用无损回弹方法测定混凝土强度，以便参考。

2.14.2.5　预应力张拉

（1）张拉前机具标定

张拉前，根据设计和预应力工艺要求的实际张拉力，对机具进行标定，并由专人使用和管理。实际使用时，根据此标定值作出“张拉力－油压力”曲线，根据该曲线，找到控制张拉力值相对应的油压表读值，并将其打在相应的泵顶表牌上，以方便操作和查验。

（2）预应力筋张拉前的准备

① 根据施工要求，采用千斤顶及油泵的配套校验，以确定千斤顶张拉力与油泵压力表读间的关系，保证张拉力准确。

② 清理穴模及承压板，去除张拉部分钢绞线的外包层。

③ 安装张拉锚具，安装时应保证夹片清洁无杂物。

④ 张拉伸长值的计算公式为

$$A_L = (F_{pm}L_p) / (A_pE_p)$$

E_p 值由钢绞线厂家提供和复算。

⑤ 确定张拉顺序。

⑥ 张拉班组的安全教育、技术交底及工作分配。

⑦ 准备张拉记录表。

（3）无黏结预应力钢筋张拉

① 张拉前，按照混凝土张拉强度要求提供混凝土强度报告。

② 张拉时，应以控制应力为主，并校核理论伸长值张拉。由于无黏接预应力筋较长，张拉值大于千斤顶行程，所以采用分级张拉，即锚固一次后，千斤顶回程进行第二次循环，直至达到控制值。两端均应拉到控制值，伸长值合并计算。当实际拉伸值超出理论值的 -6% ~6% 的范围，应停止张拉，待查出原因后，再继续张拉。

③ 本工程的预应力筋超长，张拉过程中应缓慢加力，张拉程序为：$0\%\sigma_{con}\sim10\%\sigma_{con}\sim100\%\sigma_{con}$。

④ 安装张拉设备时，对直线的无黏接预应力筋，应使张拉力的作用线与无黏接筋中心线重合；对曲线的无黏接预应力筋，应使张拉力的作用线与无黏接筋中心线末端的切线重合。

⑤ 无黏接预应力筋张拉时，应逐根编号填写张拉记录。

⑥ 夹片锚具张拉前，应清理承压板面，检查承压板后面的混凝土质量；张拉后，采用砂轮锯切断超长部分的无黏接预应力筋，严禁电弧焊切断。

⑦ 张拉完成 24h 后，应查看锚固情况，如一切正常，则可将端部剩余无黏接预应力筋用无齿锯切掉，剩余的余留长度不小于 30mm。

（4）张拉操作要点

① 穿筋。将预应力筋从千斤顶的前端穿入，直至千斤顶的顶压器顶住锚具为止。如果需用斜垫片或变角器，则先将其穿入，再穿千斤顶。

② 张拉。油泵启动供油正常后，开始加压，当压力达到 2. 5MPa 时，停止加压。调整千斤顶的位置，继续加压，直至达到设计要求的张拉力。当千斤顶行程满足不了所需伸长值时，可中途停止张拉，作临时锚固，倒回千斤顶行程，再进行第二次张拉。

③ 采用张拉时的张拉力按照标定的数值进行，用伸长值进行校核，即张拉质量采用应力应变双控方法。根据有关规范，张拉实际伸长值误差不应超过理论伸长值的 ±6%。

④ 认真检查张拉端清理情况，不能夹带杂物张拉。

⑤ 锚具要检验合格，使用前逐个进行检查，严禁使用被锈蚀的锚具。

⑥ 张拉严格按照造作规程进行，控制给油速度，给油时间不应低于 0. 5 min。

⑦ 无黏结筋应与承压板保持垂直，否则应加斜垫片进行调整。

⑧ 千斤顶安装位置应与无黏结筋在同一轴线上，并与承压板保持垂直，否则应采用变角器进行张拉。

⑨ 张拉中钢绞线发生断裂，应报告工程师，由工程师视具体情况决定处理。

⑩ 实测伸长值与计算伸长值相差 6% 以上时，应停止张拉，报告工程师进行处理。小于 6% 时，可进行二次补拉。

⑪ 张拉控制要求。同底板无黏结预应力的张拉控制要求。

（5）采用二次张拉施工工艺

① 从一个方向的直径处开始，并依次进行对称张拉。最后进行环向张拉。当直径处浇注的混凝土强度达到设计值时，进行第一次张拉，然后进行另一个方向的张拉，所有张拉均为两端同时张拉。

② 无黏结预应力筋张拉要求。当强度达到设计要求时，先进行竖向预应力筋的张拉，再进行水平方向的第二次张拉。水平向、竖直向的每根无黏预应力筋的控制张拉力

为 193.9kN，且水平向为两端同时张拉。

竖直向无黏预应力筋的张拉点应从中间开始，两侧均匀进行。在套管、孔洞两侧应对称进行。水平向无黏预应力筋的张拉从底部开始，向上间隔进行张拉，且两根水平钢绞线同时在两端被张拉，即张拉顺序为底部第一排，向上第三排，向上第五排……至顶部。然后从底部进行第二排，向上第四排……依次进行。

（6）张拉测量纪录

张拉前，逐根测量外露无黏结预应力筋的长度，依次记录，作为张拉前的原始长度。张拉后，再次测量无黏结筋的外露长度，减去张拉前测量的长度，所得之差即为实际伸长值，用以校核计算伸长值。测量记录应精确到毫米。

（7）封　锚

预应力筋在张拉后，经监理验收合格后，用砂轮锯将外漏预应力筋切断，剩余 30～40mm，其次涂防锈漆，再次根据设计要求，使用 Sikadur32 或 Hi－mod 黏接剂，最后用环氧 Sikadur35 或 Hi－modLV 密封处理。

2.15　一种特制螺杆替代悬空集水槽不锈钢埋件的施工技术

2.15.1　技术内容

随着经济的持续快速发展和人们生活水平的不断提高，我国生产和生活的用水量大幅度增加，污水处理量也在大幅度提高，污水处理厂的建设不断增加。在水处理工艺上，大量采用圆形池体作为净水设施，池体内的悬空集水槽更是采集净水的重要构件，作为污水处理的最后一环。集水槽本身属于净水工艺构件，施工工序繁多，而且要求施工精度较高（一般为 ±2mm 以内），所以施工质量不易控制。由于悬空集水槽为水平集水构件，这就要求集水槽上口堰板必须与水面保持一平。按照工艺及设备安装要求，该构件允许偏差要控制在 ±2mm 以内，否则高处将无法集水，必将大大影响污水处理的速度及处理质量，但是传统的施工工艺要求预埋不锈钢板和不锈钢膨胀螺栓固定集水堰板（如图 2.43 所示），埋件位置受混凝土浇筑影响不好固定，此为影响施工质量的主要因素。

本工艺将用一种特制螺杆代替预埋钢板和不锈钢螺栓，在保证安装精度的同时，减少了施工步骤，在实际应用中取得了很好的效果，悬空集水槽的施工量相对较少，采用此种方法施工集水槽的国内尚属首例。本工艺适用范围是污水处理厂弧形悬空集水槽施工。

2.15.2　工艺原理

本工艺被应用于污水处理厂内的弧型悬空集水槽上，通过改进上一道工序中所必须使用的对拉螺栓杆，将其加工成一种特制的不锈钢螺杆，可以简化施工流程，免除不锈钢埋件预埋、不锈钢膨胀螺栓定位及安装等施工步骤，并且能达到降低施工成本、提高施工质量、节省工期的目的。

2.15.2.1　工艺流程及操作要点

（1）施工工艺流程

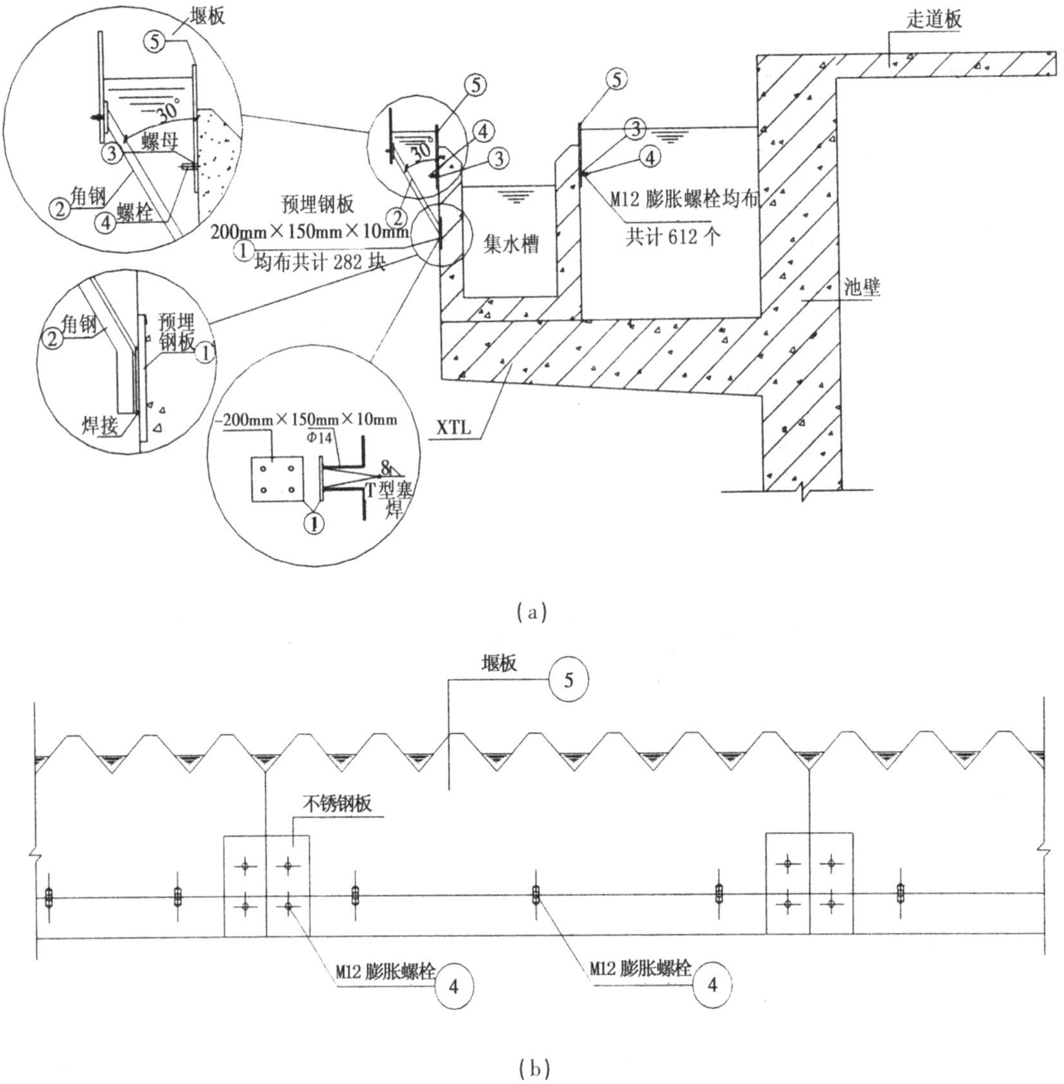

图 2.43　集水槽堰板原设计施工示意图

施工工艺流程如图 2.44 所示。

（2）施工操作技术要点

① 特制对拉螺杆材质须为 Φ14mm 不锈圆钢，螺帽为特制不锈钢螺帽，40mm 长，Φ8mm 不锈圆钢挡头与螺杆焊接，-1.2mm×40mm×40mm 不锈钢止水片与螺杆焊接。

② 根据集水槽槽壁的厚度及模板系统的具体尺寸确定螺杆的尺寸，螺杆长度为

$$L = 槽壁厚度\ h + 2\delta_1(模板厚度) + 2\delta_2(木方厚度) + 2\delta_3(钢管直径) + 2\times 50\text{mm}$$

③ 螺杆端部丝扣一端为细丝，另一端为粗丝，丝扣长度不得少于 100mm，粗丝端用于堰板安装。

④ 螺杆制作加工如图 2.45 所示。

（3）特制对拉螺杆的定位、安装

① 按照集水槽槽壁几何尺寸，加工槽壁模板。

② 根据原设计槽壁上 M12 膨胀螺栓的位置确定特制螺杆在槽壁上的位置，并采用卷

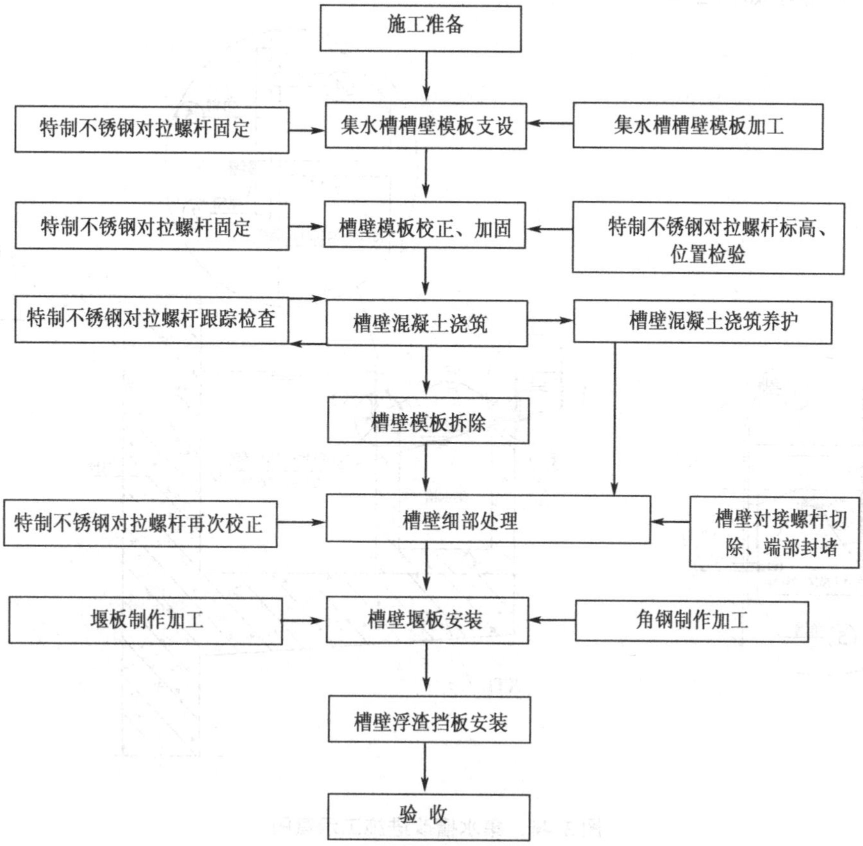

图 2.44 施工工艺流程图

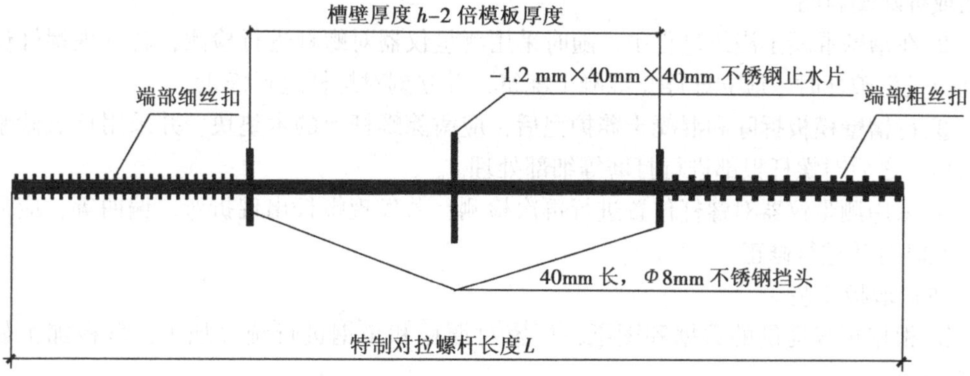

图 2.45 特制对拉螺杆制作加工示意图

尺在模板上对螺杆进行初步定位，并以“十字圈”符号表示。

③ 对准“十字圈”，采用电钻在模板上钻孔，孔径为 18mm。

④ 按照先支设外侧模板再穿螺杆后支设内侧模板的施工顺序进行螺杆临时固定。

⑤ 采用测量仪器对螺杆进行校正，待校正后，对螺杆进行固定牢固，并采用塑料帽对螺杆端头进行保护。

⑥ 具体做法如图 2.46 所示。

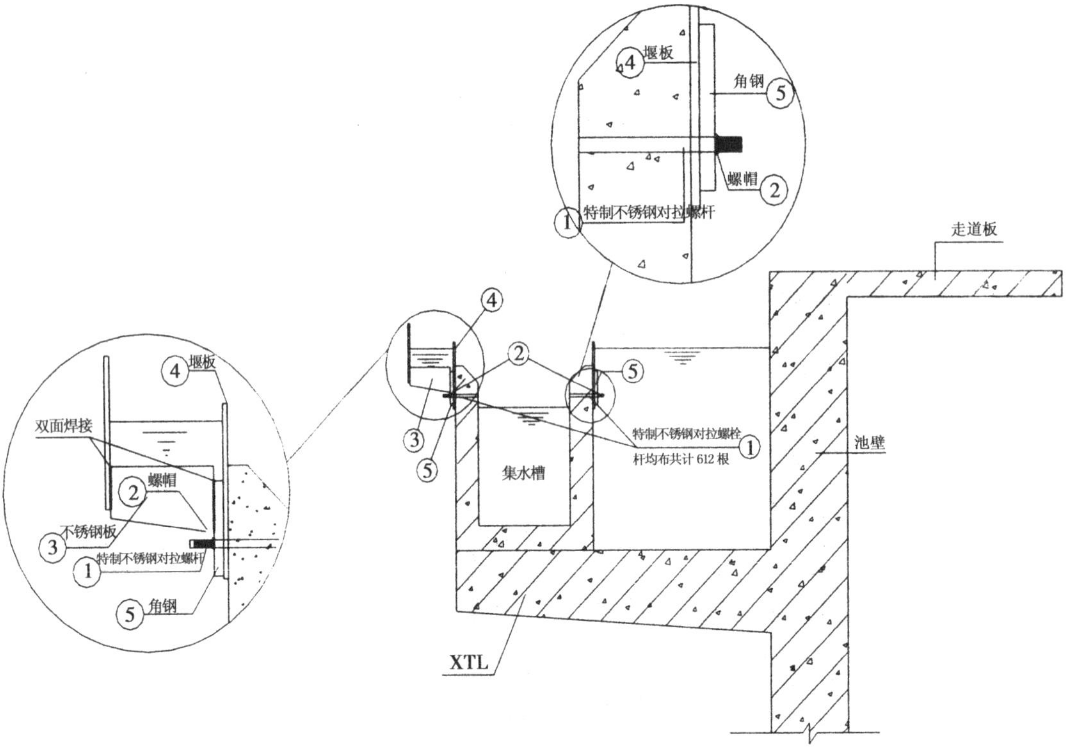

图 2.46 集水槽改进施工示意图

(4) 特制对拉螺杆跟踪检查和进一步校正

① 在槽壁混凝土浇筑过程中，振捣棒不得直接接触螺杆，也不得在螺杆上挂设任何东西或拆除塑料帽。

② 在槽壁混凝土浇筑过程中，随时采用测量仪器对螺杆进行检测，若发现螺杆位置变动或发生破坏时，应立即停止混凝土浇筑，并立刻对螺杆进行修正。

③ 待槽壁模板拆除和混凝土养护完后，应凿除螺杆上的木垫块，并采用环氧砂浆进行封堵，之后对螺杆根部进行打磨等细部处理。

④ 采用测量仪器对螺杆位置进行再次检测，若发现螺杆出现折弯、偏曲等，应采用机具及时对其进行修正。

(5) 堰板安装

① 根据现场提供的数据和图纸，厂家对堰板和角钢进行统一加工，堰板加工如图 2.47 所示。

② 按照先堰板后角钢的施工顺序对准螺杆安装堰板和角钢，采用螺帽将其临时固定。

③ 采用水平测量的方法对堰板上口平整度及标高进行检测，若有偏差时，采用堰板上的调整孔进行调整，待调整完后，及时对堰板和角钢做最后的固定，固定必须牢固，堰板之间采用焊接连接。如图 2.48 所示。

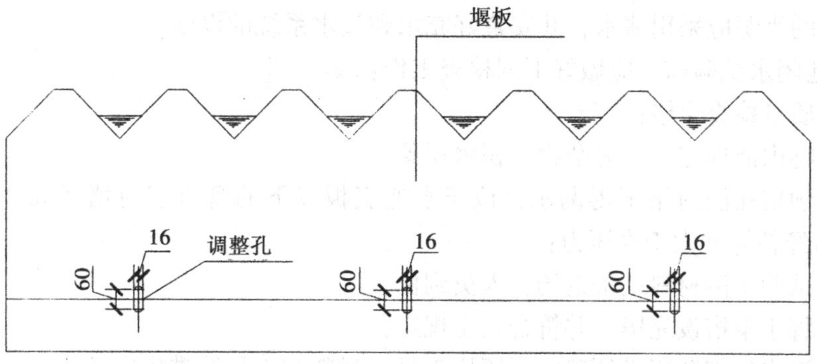

图 2.47　单块堰板加工示意图（单位：mm）

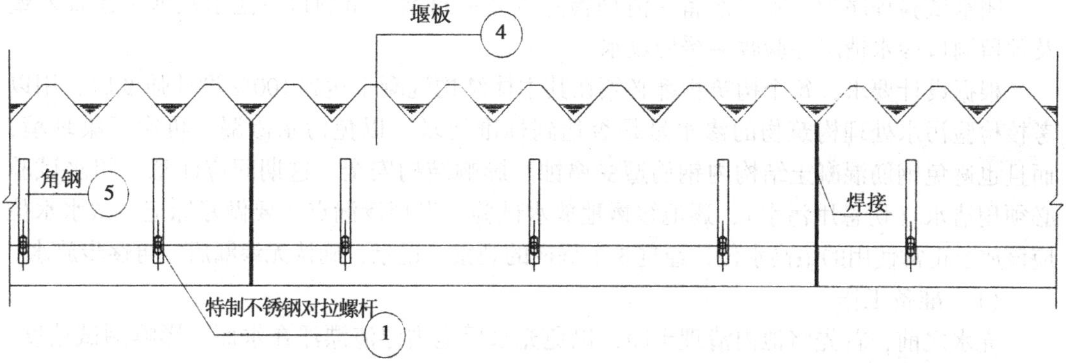

图 2.48　集水槽堰板改进施工示意图

2.15.3　材料与设备

（1）主要材料及辅助材料

主要材料及辅助材料包括不锈钢对拉螺杆、不锈钢堰板、浮渣挡板、角钢、螺帽。

（2）主要设备

主要设备有电焊机、扳手、电钻机。

2.16　水池满水试验技术

2.16.1　技术内容

① 水池闭水试验应在池体的混凝土达到 100% 设计强度后进行。

② 水池闭水试验前，应做好下列准备工作：

• 将池内清理干净，修补池内外的缺陷，临时封堵预留孔洞、预埋管口及进出水口等；

• 检查充水和排水闸门，确保不渗漏；

• 设置水位观测标尺；

• 准备现场测定蒸发量的设备；

• 充水的水源应采用清水，并安置好充水和放水系统的设施。

③ 水池闭水试验前，应做好下列检查工作：

• 外观质量检查合格；

• 构筑物内清理完毕，无杂物、积水现象；

• 全部预留孔洞封堵不得漏水，位于水池底板以下的管道应封堵坚固并不得漏水，堵板承载力经核算并大于水压力；

• 闭水试验所需材料设备进场，人员到位；

• 试验脚手架搭设完毕，并符合安全规定；

• 水池渗水处理队伍必须确定，所用工具、材料和人员等进场准备。

2.16.2 闭水试验程序

闭水试验程序为：施工准备—清理检查内壁—封堵预留洞口—注水浸泡—检查外壁及预留洞口渗水情况—验收—缓慢放水。

根据设计要求，每个构筑物都必须在其主体结构混凝土达到100%设计强度后，用以考核检验污水处理构筑物的渗水量是否达到标准要求，以免污水渗漏，再次污染环境，而且也避免钢筋混凝土结构内钢筋遭受腐蚀，影响结构安全。这期间应注意，闭水试验必须用清水（切忌用污水），逐池缓慢地放水试验，发现渗漏点，要做好标记。试水水位应该放至正常使用的最高水位，经过3个昼夜的观察、记录，确认无渗漏后，再逐步放水。

(1) 准备工作

充水之前，首先将池内清理干净，以免充水后池内浮渣漂浮在水面，影响测试精度。池内外缺陷要修补平整，对于预留孔洞，预埋管口及进出口等都要加以临时封堵，同时还必须严格检查充水及排水闸口，不得发生渗漏现象，在完成上述工作后，即可以设置充水水位观测标尺，用以观察充水时水位所达到的深度，水位观测标尺既可以用立于水池中部的塔尺，也可以在池壁内侧弹线标注标高控制线，接下来就是作好充水和放水系统的准备，搭设测试平台及出入水池的人行通道。

(2) 充　水

① 向水池内充水宜分三次进行：第一次充水为设计水深的1/3；第二次充水为设计水深的2/3；第三次充水至设计水深。对大、中型水池，可先充水至池壁底部的施工缝以上，检查底板的抗渗质量，当没有明显渗漏时，再继续充水至第一次充水深度。

② 充水时的水位上升速度不宜超过2m/d。相邻两次充水的间隔时间不应小于24h。

③ 每次充水宜测读24h的水位下降值，计算渗水量，在充水过程中和充水以后，应对水池作外观检查。当发现渗水量过大时，应停止充水。待作出处理后，方可继续充水。

④ 当设计单位有特殊要求时，应按照设计要求执行。

(3) 水位观测

① 充水时的水位可用水位标尺测定。

② 充水至设计水深进行渗水量测定时，应采用米尺测量水位。

③ 充水至设计水深后至开始进行渗水量测定的间隔时间应不少于24h。

④ 测读水位的初读数与末读数之间的间隔时间应为24h。

⑤ 连续测定的时间可依实际情况而定，如第一天测定的渗水量符合标准，应再测定

一天；如第一天测定的渗水量超过允许标准，而以后的渗水量逐渐减少，可继续延长观测。

2.16.3　蒸发量的测定

一般情况下，污水处理构筑物多为露天开敞式，由于受到温度的变化，风力的影响和空气的对流等因素的影响，使池内水量蒸发，水池面积越大，则由于蒸发造成水量的损失越大，若考虑这一因素，则势必造成总渗水量数值偏大，导致错判。所以，在测定水池水位下降的同时，必须对蒸发量的大小进行定量的测定。

作业现场可用薄钢板焊成直径为50cm、高30cm的水箱，经检查无任何渗漏的条件下，在其间充水约20cm并置于水池中部，使水箱内外水位基本保持一致，在测读水池水位的同时，测定水箱中的内水位。

2.16.4　渗水量计算

水池渗水量按照以下公式计算：

$$q = A_1[(E_1 - E_2) - (e_1 - e_2)]/A_2$$

式中：q——渗水量，L/m^2d；

A_1——水池水平面面积，m^2；

A_2——水池浸湿总面积，m^2；

E_1——水池中水位测读初读数；

E_2——测读 E_1 后24h水池中水位测读末读数；

e_1——测读 E_1 时，蒸发水箱中水位初读数；

e_2——测读 E_2 时，蒸发水箱中水位末读数。

当连续观测时，前次 E_2 和 e_2 即为下次 E_1 和 e_1 值，若遇下雨，当降雨量大于蒸发量时，e_1 和 e_2 为负值，则测试结果无效，必须待雨停后重测。

2.16.5　闭水试验标准

在满水试验中，应进行外观检查，不得有漏水现象。水池渗水量按照池壁和池底的浸湿总面积计算，钢筋混凝土水池不得超过 $2L/(m^2 \cdot d)$。

试水合格后，即可缓慢放水，池内至少要留0.5m深的水，以保持池体湿润状态。水池闭水试验应填写试验记录，格式应符合《给水排水构筑物施工及验收规范》（GB J141—90 中附表3.2的规定）。构筑物不得有漏水现象，渗水量不得超过 $2L/m^2 \cdot d$；满水试验合格后，应及时进行池壁外的各项工序及回填土。

2.16.6　施工注意事项

① 闭水试验是对各水池施工质量总检验的重要环节之一，必须引起足够的重视。渗水量的合格与否与施工过程中每一道工序都有一定的关系。

② 加强试验前对每一个水池、管道连接处的全面检查和整修。

③ 试验合格后，所堵管道口要在全线完工前打开，避免留下隐患。

④ 试验过程中，如果遇到较大面积的渗水或漏水，应及时将管内水抽出，进行处理，待处理强度达到要求，再次灌水试验，直至合格为止。

⑤ 做好安全技术交底工作，严格执行安全技术操作规程，严禁违章指挥、违章操

作。

⑥ 施工范围内的过路口和沟、槽等危险部分，必须设置护栏、加盖等防护措施，并设置警示标志，夜间要挂红灯。

⑦ 各机电设备应由专人看管，电气必须一机一闸，严格接地、接零和安装漏电保护器，水泵和部件检修时必须切断电源，严禁带电作业。

⑧ 上下水池要用马道，马道上要设置坚固的防滑条和双水平防护栏杆。

⑨ 池体放水后禁止游泳，并设立警示牌，池体上设置救生圈。

⑩ 保证试水池体处夜间照明。

⑪ 在对水池内水位进行检测时，上下水池应注意安全。

⑫ 由安全部制订《池体试水安全预案》，并制订《池体试水安全值班表》。

2.17 大型露天水池施工技术

从外形上看，露天水池中的沉淀池、生化池、部分消化池、污泥池等主要有圆形和矩形。大型污水处理厂的生化池、曝气沉淀池等矩形池一般尺寸为：长度 100 ~ 170m，宽度 80 ~ 110m，高度 7m 左右；沉砂池、污泥池等圆形池的直径为 50m 及以上，具有容积大、超长、超宽的特点。主要研究混凝土裂缝防治技术、接缝的处理技术。

2.17.1 混凝土裂缝防治技术

(1) 混凝土裂缝收缩产生的原因

① 混凝土收缩。混凝土工程施工中，混凝土裂纹主要是由于混凝土的收缩引起的，收缩分为自身水化收缩、塑性收缩、碳化收缩和失水收缩。

在混凝土的组成材料中，砂、石起骨架作用，不参与化学反应，不会影响混凝土体积的变化。水泥浆体则通过一系列的物理、化学反应，逐渐硬化，将松散的砂、石黏结在一起，组成坚固的混凝土整体。从水泥的水化机理看，水泥水化前后反应物和生成物的平均密度不同，水泥浆的总体积在水化过程中是不断减少的，这就是水泥浆的减缩作用，即自身水化收缩。按照水泥熟料中的四种矿物的减缩作用，从大到小的排序为：$C_3A > C_4AF > C_3S > C_2S$，优先选 C_3A 及 C_4AF 含量较低的水泥。

温度和湿度的变化会引起水泥石中水分的变化，伴随着水泥石失水的过程，必然要引起水泥石的收缩。工程中混凝土的水分损失主要有两类：与相对湿度有关的干燥脱水和在高温作用下的温度脱水，统称为失水缩水。

产生碳化缩水的原因是由于空气中的二氧化碳与水泥石中的氢氧化钙反应，释放出水，水分蒸发引起体积缩小。但碳化需要一定的湿度条件，当湿度达到 55% 时，碳化收缩最大。塑性收缩是由于混凝土的流动性不足或流动性过大，硬化前没有沉实或沉实不足或不均引起的，常在混凝土浇筑后 3h 内出现，主要是由于未硬化混凝土拌合物不均匀造成的。

② 混凝土收缩裂缝。混凝土收缩引起的裂缝主要有干缩裂纹、塑性裂纹、温度裂纹和湿度裂纹。

混凝土的收缩裂纹主要来源于水泥石的收缩和不均匀沉降。水泥用量多，水灰比大，温差大，相对湿度小，混凝土收缩就大。所以，要控制混凝土的裂纹，需要从材料、施工两方面来考虑。

（2）材料方面

① 尽量减少水泥用量。对硅酸盐水泥来说，每100g水泥的体积减缩总量为7～9mL。每立方米混凝土中水泥用量越多，体积收缩越大，如水泥用量为400kg时，每立方米混凝土体积减少量为30L左右；水泥用量为500kg时，则减少量为40L左右，在满足设计、施工要求的条件下，可以采用高强度等级的水泥配制低强度等级混凝土的办法，尽量减少水泥的用量。

② 选择适宜的水泥品种。水泥的收缩主要与水泥中的矿物成分含量有关，水泥中的熟料成分越多，收缩就越大。水泥按照收缩值从大到小排列依次为：硅酸盐水泥、普通水泥、矿渣水泥。有关实验数据证实，硅酸盐水泥和普通水泥混凝土的自身水化收缩是缩小变形，而矿渣水泥混凝土的自身水化收缩是膨胀变形，从降低混凝土收缩的角度讲，矿渣水泥要优于普通水泥，但是矿渣的细度应小于3200cm^2/g。

③ 掺加粉煤灰，适当提高粉煤灰的用量。有关试验数据表明，掺加粉煤灰后，其自身水化变形也是膨胀变形，尽管膨胀值较低，但是其膨胀变形是稳定的，对提高混凝土的抗裂性是有益的。同时，掺入粉煤灰后，可以取代部分水泥，不仅降低混凝土成本，更能减少混凝土开裂的概率。

目前，常用的掺合料主要有矿渣粉、粉煤灰和膨胀剂3种。矿渣粉的细度在4000cm^2/g以上，比水泥的细度高，活性比粉煤灰高，但当矿渣粉的细度大于3900cm^2/g时，其收缩量要大于水泥，就现在常用的S95级矿渣粉而言，掺量越大，混凝土收缩越大，掺入增大了收缩，使混凝土开裂的概率加大。

粉煤灰是玻璃珠体结构，掺加后，除了可降低生产成本，还能增加混凝土的可泵送性能，使泵送过程中的摩擦阻力降低，混凝土的可分散性提高，而且粉煤灰本身在水化过程中是体积微胀的过程，即可减少混凝土体积收缩，减轻开裂。但粉煤灰需要在碱性环境中进行二次水化，一般在混凝土浇注7d之后才开始起化学反应。所以，前期养护至关重要，否则，混凝土干缩的机会更大。

膨胀剂在通常情况下，要需水量比水泥大，掺加膨胀剂的混凝土在水中养护时，体积是微膨胀的；但在空气中养护时，体积收缩率大于不掺加膨胀剂的混凝土。底板混凝土中可以掺加，利用基础底板的大体积来约束膨胀，形成自约束来抵消混凝土的收缩，同时，所处的环境潮湿也便于其发挥作用，在薄壁构件特别是竖向构件中，因为构件自身的约束不足，养护困难，掺加膨胀剂后反而裂缝加剧，应慎重对待。

④ 合理选择外加剂。在泵送混凝土所用的外加剂中，泵送剂是多种组分的复合剂，常含有缓凝、引气、早强、减水等组分。外加剂减水效率高，可以降低水灰比，减少混凝土收缩，但引气、缓凝或早强等组分又加大了混凝土收缩开裂的机会，需要在试验和实践中不断总结数据与经验，优选满足使用要求、保水性好、收缩性好的外加剂。

⑤ 优化混凝土配合比。通常，每立方米混凝土中水泥用量大于350kg时，混凝土有开裂的危险，所以，C30及以上强度等级的混凝土应考虑采用42.5级以上的水泥来配制生产，为满足混凝土的施工可操作性，可掺入一定比例的粉煤灰，粉煤灰掺量应满足施工要求，掺量越大，混凝土的早期强度越低，出现干缩裂纹的概率越大，需要加强早期

湿养护。

在砂、石储备条件具备的情况下，要尽量选用大粒径的连续粒级石子，因为石子粒径越大，砂率越小，所需包裹的水泥砂浆越少，就能降低水泥用量，混凝土的收缩就会减少，因水化热造成的温度裂纹的概率就能相应减少。

⑥ 降低混凝土入泵坍落度。从客观上讲，坍落度减小，有助于降低水灰比，减少由于沉降不均匀造成的塑性裂纹。

⑦ 加大石子用量，减少收缩。石子是混凝土的骨架，其自身体积不会发生变化，石子的级配及平均颗粒粒径影响用水量的大小。一般地，石子的级配越好，石子的平均粒径越大，单方用水量越少，需要包裹石子的水泥浆相对就越少，混凝土的体积相对就越稳定。对非泵送混凝土，一般石子用量不宜少于 1200kg/m^3，泵送混凝土在 1050kg/m^3 左右。石子用量少，并非意味着混凝土好振捣、易抹面、易出浆，事实正好相反。主要原因是砂子用量增大后，砂、石的比表面积增加，需要水泥浆量增加，同样水泥浆量下，混凝土出浆困难；从混凝土和易性讲，应该继续增加水泥浆量，客观上又增加了混凝土成本和加大了混凝土收缩。因此，在满足混凝土施工性能的前提下，应加大单方混凝土石子的用量。

⑧ 采用高效减水剂，减少用水量。水泥正常水化需水量约为 18% ~23%，为满足施工要求，需水量一般在 40% 左右，多余的水主要用于改善混凝土拌合物的施工性能。

⑨ 提高混凝土的耐久性，降低碱含量。对碱含量有要求的地区或构筑物，特别是存在碱活性或潜在碱活性的地区，应严格控制碱含量。

（3）施工措施

① 注意振捣时机。过振的混凝土会在竖向混凝土构件的表面形成水渠，造成砂石下沉、水泥浆上浮，在构件的上表面产生塑性收缩，容易在混凝土楼板表面产生裂纹，这种裂纹常出现在结构的变截面处、梁板交界处、梁柱交界处及板肋交界处，深至钢筋表面。

② 把握混凝土终凝前的二次抹压机会。混凝土施工时，边施工边抹光，由于混凝土的塑性收缩，需要二遍抹压，但要掌握好第二次抹压的时机，要在终凝前完成。过早，混凝土尚未完成塑性收缩，会再次开裂；过迟，已经形成的裂纹无法修补和愈合。所以，要掌握好时机，根据混凝土温度和当时的环境条件，依据经验来调整。

③ 加强保温、保湿养护。混凝土表面需要覆盖，以满足其水化环境，防止温度裂纹和湿度裂纹的发生，在温差大、风速大、相对湿度小的环境下，多数裂纹发生在初春和炎热的夏季就证明了这一点。

④ 考虑构件尺寸。板厚小于 13cm 的构件很容易开裂，而且裂纹往往是贯通性的，会降低使用功能，这种构件必须考虑早期养护，对楼面浇筑时，应尽量采用降低混凝土坍落度，降低砂率的办法。

⑤ 按照混凝土强度决定施工进度。因进度需要，过早进行下一道工序作业的现象不在少数，承重结构开裂也就不足为奇，这种现象在初春和暮秋时明显，气温低时，混凝土硬化时间长，为赶工期，在混凝土未完全凝固前上人施工，容易造成楼面等处开裂。

2.17.2 接缝的处理技术

大型水池施工中接缝较多，要考虑结构缝、施工缝等。在新老混凝土结合部位可留置成杯口形、凸字形，或采用橡胶止水带、钢板止水带等。大型污水处理厂的水池施工，当池底与池壁独立时，施工缝常留置成杯口形，变形缝、施工缝常采用橡胶止水带、钢板止水带等防止渗漏。

(1) 橡胶止水带

橡胶止水带是利用橡胶的高弹性，在各种荷载作用下产生弹性变形，从而起到坚固密封，有效地防止建筑构造的漏水和渗水。主要适用于防水变形缝的施工，能满足建筑结构之间的伸缩要求，从根本上解决防水问题。

橡胶止水带的连接点一般设在平直段橡胶止水带与节点处橡胶止水带接头之间，接头有平面“十”字接头、立体“T”字接头、平面“T”字接头，如图2.49所示。

橡胶止水带连接一般有加热加压连接法（热熔法）和胶黏连接法两种。采用热熔法工艺时，应注意生胶条与橡胶止水带材料要互相配套，这样便于在连接过程中加热形成与成品橡胶止水带相同的材质。

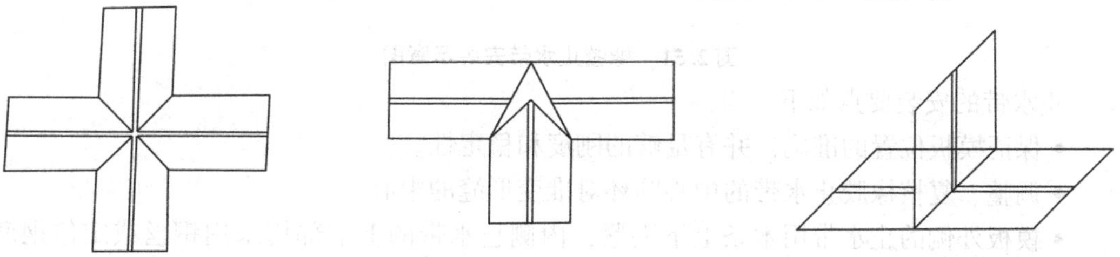

(a) 平面“十”字接头　(b) 立体“T”字接头　(c) 平面“T”字接头

图2.49 橡胶止水带接头形式

连接过程中采用电子测温全程监控加热温度。加热时，要不断用电子测温计测定模具表面温度，使其控制在140～150℃，并在加热过程中，连续、均匀地拧紧模具上的每个加压螺栓，直至两侧的模具合拢为止，如图2.50所示。

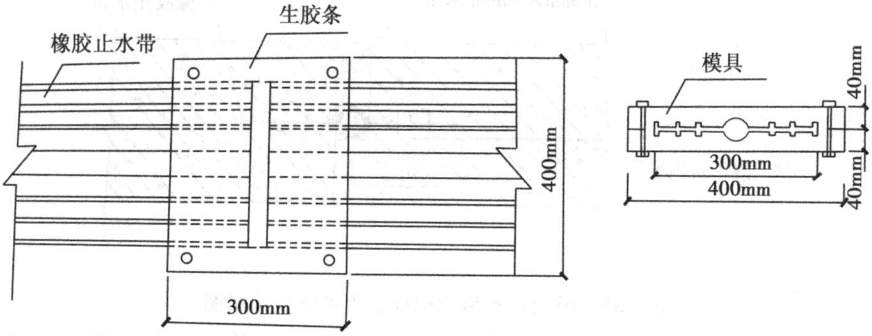

图2.50 橡胶止水带连接示意图

加热加压连接过程的持续时间以30min左右为宜，如加热加压时间过短，会引起接头内有气泡、连接不牢、接头处有接缝等，影响连接强度和防水性能的质量缺陷；而加热加压时间过长或加热加压不均匀，将引起接头橡胶止水带老化，严重的会焦糊，从而影响接头的防水性能。

加热加压连接完毕，待接头处自然冷却后，拆除模具，剪除因加压而挤出的多余的生胶带，仔细检查，当发现上述质量缺陷时，应立即去除缺陷部位或更换接头，重新进行连接，杜绝施工质量隐患。

① 橡胶止水带的安装。根据橡胶止水带的自身技术要求，橡胶止水带的中心圆环应置于变形缝的中心线位置上，以保证橡胶止水带在结构使用过程中仍能保证其自由伸缩，从而起到应有的防水抗渗的柔性连接作用。橡胶止水带的安装示意图如图 2. 51 所示。

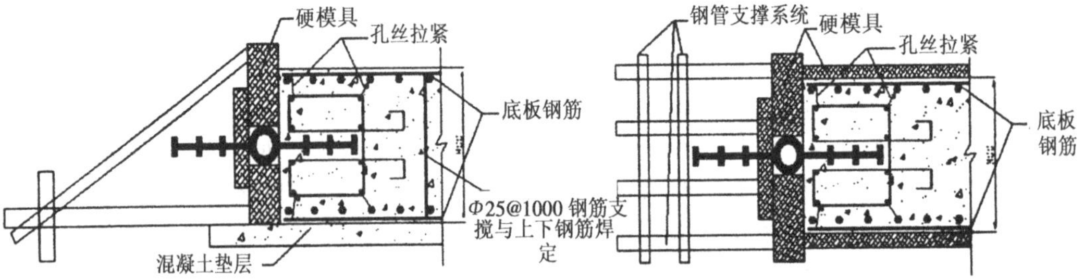

底板橡胶止水带安装示意图　　外墙板橡胶止水带安装示意图

图 2. 51　橡胶止水带安装示意图

止水带的安装要点如下。

- 保证模板位置的准确，并有足够的刚度和稳定性。
- 调整、复核橡胶止水带的中心圆环对准变形缝的中心。
- 模板外侧的止水带用木条上下夹紧，内侧止水带的上下部均采用钢丝或定位钢筋与主筋拉结，防止橡胶止水带移位。
- 橡胶止水带上禁止随意打眼，尤其在中心圆环上，否则会引起变形缝处渗漏。
- 当橡胶止水带与施工缝处的钢板止水带相遇并搭接时，以半幅橡胶止水带的宽度（70mm）为宜，搭接过长，两止水带之间的缝隙会引起渗漏；搭接过短，则会因为施工缝处的渗透线路短而降低结构的抗渗能力，如图 2. 52 所示。

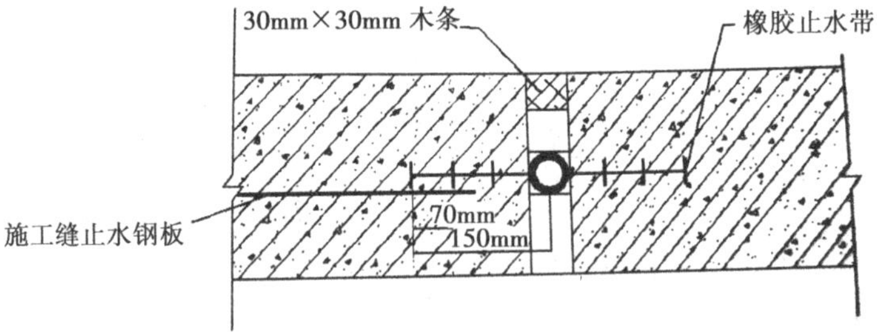

图 2. 52　橡胶止水带和钢板止水带搭接示意图

② 混凝土浇筑。橡胶止水带处的混凝土施工质量对变形缝的抗渗能力有较大的影响，因此，要对混凝土浇筑质量进行严格控制，以免影响止水效果。具体控制措施如下。

- 在混凝土浇筑前，要检查橡胶止水带的安装位置是否准确，止水带是否固定牢固。
- 橡胶止水带的两侧表面要清理干净，不能有砂浆、泥浆块、锯末等杂物。
- 要严格控制混凝土料的质量，水灰比不宜过大，不得出现混凝土离析或骨料集中等现象。
- 水平向的橡胶止水带外混凝土应分层浇筑，先将止水带底部灌满混凝土、振捣密实，赶出气泡后，才能进行止水带上部混凝土的浇筑。

• 竖直向的橡胶止水带混凝土浇筑时，应在左右两侧对称下料，在振捣器的振捣下自然流淌而布满止水带的两侧，同时振捣密实。

• 橡胶止水带部位的混凝土浇筑必须充分振捣密实，但不可过振，以防跑浆。振捣过程中不得将振捣器直接接触止水带及两侧模板，如在浇筑过程中发现跑模或胀模、止水带移位等情况，必须立即进行处理。

• 严格控制止水带两侧模板的拆模时间，不得过早拆模，严禁随意拉扯混凝土已经浇筑完毕部位的橡胶止水带。

• 做好已经施工完部位的橡胶止水带成品保护工作。

③ 橡胶止水带防水变形缝的施工。

• 闭孔泡沫板的安装。闭孔泡沫板在伸缩缝的一侧混凝土浇筑完毕拆模后紧贴混凝土侧面进行安装，为方便以后聚硫密封膏的填充，在施工变形缝的迎水面处安装闭孔泡沫板时，可通过埋设 30mm × 30mm 的木条来预留嵌膏缝，但是应在木条的顶部加压或固定，防止混凝土浇筑时泡沫板浮起。在另一侧混凝土浇筑完毕后，拆除木条，即形成嵌膏缝。

• 变形缝处密封膏的施工。填充聚硫密封膏时，应做好以下准备工作：

第一，拆除木条后，对嵌膏槽进行修整，使嵌膏槽两侧平直、宽度一致，保证以后变形缝的美观；

第二，清理嵌膏槽内的灰尘，并使嵌膏槽内保持充分的干燥；

第三，填充密封膏前，应首先在嵌膏缝内均匀地涂刷一道赛柏丝；

第四，聚硫密封膏嵌缝时，每条缝隙宜一次性连续做成，缝内密封膏药填塞密实，并用压条将表面压平，最后用铲刀清除多余的聚硫密封膏，聚硫密封膏分为水平缝型和竖缝型，两者不可混用。

(2) 钢板止水带

钢板止水带主要用于施工缝的处理中，一般宽度不小于400mm，厚度为 3mm 的钢板止水带的搭接长度应大于板宽的 10%，双面满焊，焊缝均匀，无夹渣。每次浇筑完混凝土，要安排专业人员清洗止水钢板，保证止水钢板与混凝土间良好的黏结。止水钢板用 Φ16mm 的钢管支撑，间距 1m 撑牢且固定。

2.17.3　其他控制措施

① 在施工过程中，要注意周边降水，防止池体上浮，避免混凝土池局部翘曲、开裂；

② 底板与池壁宜分块施工，减少整体收缩和应力集中；

③ 对拉螺栓应采用止水螺栓；

④ 施加预应力是抵抗混凝土自身抗拉应力、减少混凝土开裂或减轻混凝土裂缝的好方法；

⑤ 池壁的竖向钢筋宜放在横向钢筋的内侧，否则应在竖向钢筋的外侧另增加横向钢筋；

⑥ 池体的迎水面混凝土宜增加钢筋网；

⑦ 拆模时混凝土的表面温度与大气温度之差不应超过 15℃，否则应采取保温措施；

⑧ 水池施工完毕，应按照设计水位蓄水或应有完善的降水措施，避免水池上浮。

2.18 总出水井单体施工技术

2.18.1 混凝土施工技术

① 材料。所有混凝土均采用商品混凝土，根据设计要求，每立方米混凝土中水泥用量应大于320kg，粉煤灰烧失量应尽量低，选用的砂为中砂，无潜在碱活性，细度模数为2.6~2.9，含泥量小于2%；碎石最大粒径为25mm，无潜在碱活性，含泥量小于0.5%，在混凝土中加入硅粉，其掺量为水泥量的4%左右，具体数值由实验室确定。

为保证混凝土的可泵性，应选择适宜的外加剂，增加混凝土的和易性。

② 钢材。钢筋采用型号为HPB235级钢和HRB335级钢。钢板型号为235B。

③ 焊条。施焊Ⅰ级钢（含Q235B）采用E43XX，施焊Ⅱ级钢采用E50XX型（不锈钢采用不锈钢焊条）。

④ 钢构件。型钢、钢板、钢管等未特殊注明者均采用Q235B。

2.18.2 施工技术要求

① 底板。底板一次连续浇捣，不得留设施工缝。混凝土浇捣过程中，应保证钢筋位置和底板坡度正确，混凝土初凝后要覆盖养护，养护时间不少于14d，防止底板产生干裂缝。施工时，要严格控制各项标高，底板标高误差应控制在±10mm以内。

② 池壁、柱池壁、柱混凝土要求分层连续浇筑，分层振捣密实，分层浇筑、振捣高度控制在500mm左右，上下层之间混凝土结合间歇时间控制在混凝土初凝前，池壁不得留有水平施工缝。

池壁、柱现浇时，应加强测量检验工作，确保池壁、柱垂直度满足要求。固定模板的铁件需要加焊止水翼环，防止渗漏。池壁、柱应振捣密实，加强养护。

池壁、柱应加强验收管理，确保施工质量。

③ 顶板、梁一次连续浇捣，不得留施工缝。混凝土浇捣过程中，应保证钢筋位置及底板坡度正确，混凝土初凝后要覆盖养护，养护时间不少于14d，防止底板产生干裂缝。

④ 预埋件。施工前必须配合各工种图纸，仔细核对混凝土构件上的预埋件、预埋管和预留洞的位置及高程，避免错漏，造成返工。

所有预埋件预埋后，应按照单体设计图的要求作好防腐处理。

⑤ 混凝土浇筑前要确认钢筋准确、绑扎牢固。预埋件、预埋套管、预留洞口位置准确、安装牢固后，方可浇筑混凝土。

⑥ 固定模板的钢筋必须设置止水片，以免渗漏，拆模后打掉钢筋周围的混凝土保护层，截断支模钢筋，使用黏结剂，然后用环氧砂浆密封。

⑦ 混凝土浇筑时应振捣密实，防止漏振，预留孔洞、预埋套管或钢筋较密集等振捣难度较大的部位尤其应加强振捣，避免出现蜂窝麻面。

⑧ 孔口加固。当孔边尺寸或直径不大于300mm时，钢筋应绕过孔口（或孔边密放，根数不减少），不得切断；当孔边尺寸大于300mm时，应按照单体设计孔口加固图予以

加固。

2.18.3 施工工序流程

垫层施工—原池体底板混凝土凿毛—底板模板支设—底板钢筋植筋、加工、绑扎及安装—底板混凝土浇注—原池体东侧池壁上开 Φ1600mm 洞—池壁、柱钢筋植筋、加工、绑扎及安装—预埋件、预埋管道、爬梯安装及预留洞口留设—池壁、柱模板支设及内满堂脚手架搭设—新建池体顶板、梁钢筋加工、绑扎及安装和检查井钢筋插筋—顶板模板支设—池壁、顶板混凝土浇注—检查井井壁钢筋加工、绑扎及安装—爬梯安装—井壁模板支设—井壁混凝土浇注—模板、满堂脚手架拆除—检查井井盖制作及安装—管道安装—回填土施工。

2.18.4 施工准备

(1) 施工机械准备

施工机械包括钢筋切断机、钢筋弯曲机 、交流电焊机 、木工圆锯、木工平刨 、木工压刨 、无齿锯、汽车泵、吊车、插入式振捣器、平板夯、水泵。

(2) 技术准备

① 所有材料均有出厂合格证（或证明），并经复试合格（需作实验）。

② 施工人员认真熟悉图纸，尽量将图纸上的疑问解决在施工之前。

③ 施工前对相关人员作好安全技术培训。

④ 上道工序已经通过验收。

(3) 现场准备

① 施工用水、用电检查，发现问题后，及时维修，确保施工正常用水、用电。

② 检查施工机械，包括泵车、振捣棒、平板夯等大小设备、机械是否完好，发现问题后，及时维修，确保施工过程（特别是混凝土浇筑过程）中的正常使用。

③ 事先必须作好临边防护，而且必须搭设好施工马道。

④ 作好夜间施工和雨天施工的准备。

⑤ 混凝土施工前，应按照规定做好浇灌令的签发工作。

2.18.5 主要施工方法

(1) 总体施工方案的确定

① 底板。一次浇筑，不得留设施工缝。

② 池壁、柱与顶板、梁一起浇筑混凝土，不留设施工缝。

③ 检查井池壁单独浇注混凝土。

④ 检查井井盖进行现场预制及安装、爬梯现场制作及安装。

⑤ 支设池壁、顶板、梁模板时，在底板上搭设满堂脚手架。

(2) 主要技术处理措施

① 钢筋植筋要求。成孔—清孔—钢筋表面处理—注胶、植筋—养护固化—抽样检验。

• 成孔。按照设计要求确定钻孔的位置、深度、孔径，如果有串动或遇原有钢筋密集间隙度不足，需要经结构工程师许可后，改变孔位。为保证充分发挥被锚固钢筋的作用，钢筋埋入混凝土的深度不应小于15d（d 为钢筋的直径），加固衬墙模板植筋用胶必须是进口瑞士喜力德胶 RE500。孔径应大于钢筋直径 4 ~ 6mm。

成孔机械既可以使用空芯钻，也可以使用电锤钻，但是不得破坏原有混凝土的结构，不得切损构件原有主筋和其他受力钢筋。

成孔后的孔壁必须完整无损，无裂缝、蜂窝、孔道。

• 清孔。成孔后应立即清洗，使用气泵、棉纱或高压喷水壶，洗出粉尘，清孔后若不能及时植筋，应临时封堵孔口，防止尘土、砂粒等掉进孔内。

• 钢筋表面处理。采用机械方法或用钢丝刷除去钢筋锚入部分表面铁锈和氧化层，然后使用丙酮除去残留的油污或汗渍。已经处理过的钢筋应尽快植入孔内，避免重新生锈。

• 注胶、植筋。将配制好的黏合剂尽快注入孔中，注胶量为孔深的 1/2 ~ 2/3。迅速将钢筋插入孔中至底，上下提动旋转数下，排出气泡，保证胶层饱满。

水平孔的灌注胶应使用适当的工具，将胶送入孔的最深部，由内向外逐渐排出空气，并将钢筋插入。钢筋埋好后，定位并使用干硬性水泥灰浆及时封堵孔口，防止黏合剂流出，影响饱和度。

• 养护固化。已经植入孔内的钢筋应在常温下养护，不得扰动。12h 后可进行下步施工作业。一般在 20℃时黏合剂在 3d 后可完全固化，现场抽样检验也应在 3d 后进行。

② 按照图纸设计要求作好防腐、防锈、防水处理。

③ 混凝土浇筑完成后的温升控制工作至关重要，应采取保温保湿养护措施进行控制并进行温度监测，保证混凝土中心温度与表面温度的差值不大于 25℃，混凝土表面温度与大气温度的差值不大于 25℃，混凝土养护时间不少于 14d，在装水之前仍继续养护，以防止混凝土开裂。水池混凝土养护宜按照下列原则进行：

• 对于混凝土底板及顶板，视混凝土温升情况，及时覆盖麻袋或草袋等保湿物品（不宜覆盖塑料薄膜），并进行持续喷雾洒水养护，借助水分蒸发，尽量降低混凝土的温升，并应在初凝之前进行二次收光，防止表面裂纹的产生，养护过程中应时刻注意保持覆盖材料的含水量；

• 对于混凝土池壁、柱，脱模前在模板顶部的内外模板之间蓄水，对池壁、柱混凝土进行蓄水养护，混凝土终凝后，可略微松动模板螺栓（不能拆除模板），使水渗至池壁双表面，进行蓄水养护，不论任何季节，拆模时间均应保持在 7d 以上，使侧面表面维持 7d 的蓄水养护状态，过早脱模会造成混凝土表面出现裂缝。拆模后必须在穿墙螺栓上挂麻袋或草袋等覆盖物浇水养护，并保持覆盖物时刻处于湿润状态，不宜采用直接对池壁双表面浇水养护。

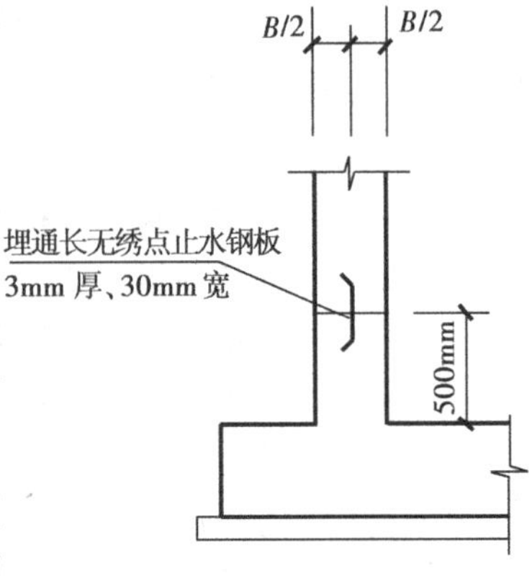

图 2.53 止水钢板做法

④ 池壁内外层受力钢筋之间（除特殊注明者外）应设拉筋 $\Phi8@600$，呈梅花形布置，两端钩住最外侧受力钢筋，底板受力钢筋网之间应设马凳，直径为 $\Phi18$mm，间距为 500mm。

⑤ 施工缝。池壁、柱水平施工缝应设底板顶面以上约 500mm 处（避开预留套管位置）。接缝时应清除混凝土表面浮浆和杂物后，先铺水泥原浆，再铺 20 ~ 30mm 厚 1∶1 水

泥砂浆，截面中心处通常对中放置3mm厚、300mm宽的无锈点钢板止水板，并及时浇筑混凝土，如图2.53所示。

2.18.6 钢筋工程

（1）钢筋加工要求

① 钢筋加工制作在场区内加工场完成。

② 进场钢筋应按照级别、种类和直径分类架空堆放，不得直接放置在地上，防止锈蚀和油污，进场钢筋应有出厂质量合格证明，并及时抽样进行复检，复检合格后，方可进行加工。

③ 钢筋加工应首先按照图纸设计要求进行翻样，然后经相关部门核准后开始加工。

④ 加工的半成品钢筋应按照型号、品种及规格尺寸等挂牌堆放。

⑤ Ⅰ级钢筋末端需要作180°弯钩，其圆弧曲线直径不小于钢筋直径的2.5倍，平直部分长度不小于钢筋直径的3倍；Ⅱ级钢筋末端需要作90°或135°弯折时，弯曲直径不宜小于钢筋直径的4倍，平直部分长度应按照设计要求确定。箍筋的末端应做135°弯钩，弯钩端头平直长度不小于钢筋直径的10倍。

⑥ 钢筋加工的允许偏差。如表2.15所示。

表2.15　钢筋加工允许误差

项　　目	允许偏差/mm
受力钢筋顺长度方向全长的净尺寸	±10
弯起钢筋的弯折位置	±20
箍筋内净尺寸	±5

（2）钢筋安装

① 钢筋绑扎时，为防止钢筋倾斜和确保钢筋骨架尺寸，沿墙体纵向每隔10m设置1~2道竖向钢筋骨架，同时内外网片设剪刀撑，钢筋骨架用与墙体主筋相同型号钢筋焊接而成。

② 预埋管线、铁件应固定牢固。预留孔洞位置应准确，其标高、位置等尺寸均应准确，不得遗漏和移位。大于300mm的预留洞口处应按照要求设置加强筋，具体做法详见设计要求。

③ 在钢筋施工过程中，要杜绝漏筋现象，垫好钢筋保护层垫块，池壁筋按照间距0.6m梅花型设置，侧面垫块应与钢筋绑牢，不得遗漏。钢筋保护层厚度底板上皮、池壁、中心竖井及梁柱等为35mm，底板下皮为40mm，集水槽、走道板为25mm，基础底板垫块采用大理石垫块，池壁侧向垫块采用塑料卡式垫块。

④ 池壁钢筋绑扎程序为：池壁内侧竖向钢筋绑扎—池壁内侧水平筋绑扎—池壁外侧竖向筋绑扎—池壁外侧水平筋绑扎—预应力钢筋铺设—预埋铁件、管线设置—钢筋隐蔽验收。

⑤ 钢筋深入支座的锚固长度应满足设计规范要求。

⑥ 底板马凳做法。使用二级Φ18mm钢筋制作，具体尺寸如图2.54所示。

马凳下筋与底板钢筋使用铁丝绑扎连接在一起，马凳下的底板钢筋必须垫垫块来保

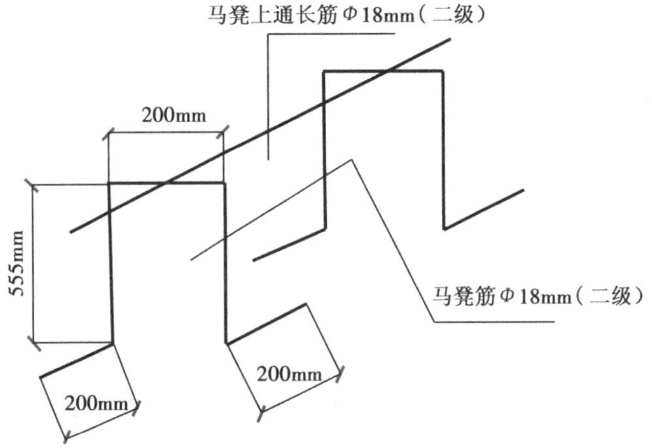

图 2.54　底板钢筋马凳示意图

证钢筋的稳固，马凳距离均确定为500mm×500mm，上部设置一条Φ18mm通长筋固定马凳 。

⑦ 池壁钢筋的固定。

• 竖向梯子筋。竖向梯子筋的形式如图2.55所示。墙体钢筋间距控制采用纵向梯子筋，梯子筋间距为2m，焊接梯子筋的钢筋直径要求大于设计纵向钢筋一个规格，梯子筋中的横筋要求按照800mm间距设置一道。

• 池壁剪刀撑。剪刀撑钢筋型号同池壁钢筋规格，池壁钢筋的内侧两边设置剪刀撑，剪刀撑与主筋之间用铁丝绑扎，剪刀撑与地面之间呈45°角。

• 池壁拉结筋。现场采用Φ8mm钢筋作为拉结钢筋，间距为600mm×600mm，呈梅花形布置，如图2.56所示。

⑧ 钢筋位置的允许偏差，如表2.16所示。

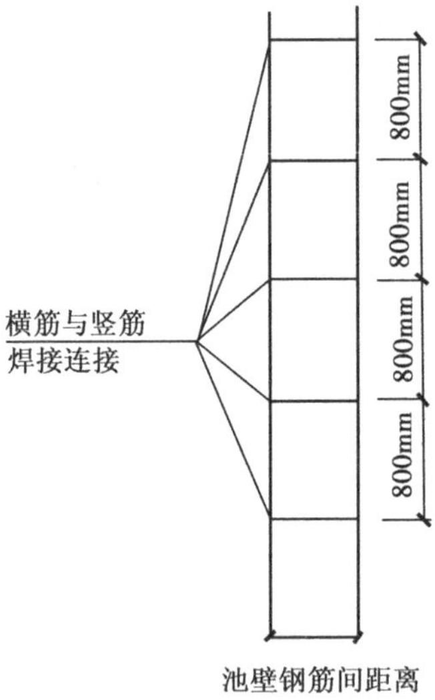

图 2.55　梯子筋形式

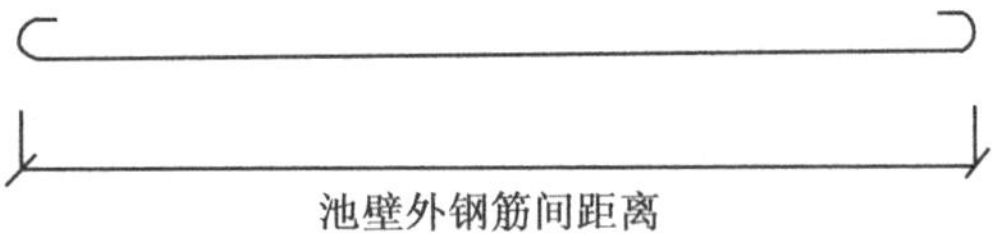

图 2.56　拉结筋示意图

表 2.16　钢筋位置允许偏差

项　　目		允许偏差/mm
受力钢筋的间距		±10
受力钢筋的排距		±5
钢筋弯起点位置		20
箍筋、横向钢筋间距	绑扎骨架	±20
	焊接骨架	±10

续表 2.16

项目		允许偏差/mm
焊接预埋件	中心线位置	3
	水平高差	+3
受力钢筋的保护层	基础	±10
	柱、梁	±5
	板、墙	±3

(3) 钢筋的连接

钢筋的绑扎接头应符合下列规定。

① 搭接长度的末端与钢筋弯曲处的距离不得小于钢筋直径的10倍。接头不宜位于构件最大弯矩处。

② 受拉区域内，Ⅰ级钢筋绑扎接头的末端应做弯钩，Ⅱ，Ⅲ级钢筋可不做弯钩。

③ 直径不大于12mm的受压Ⅰ级钢筋的末端，以及轴心受压构件中任意直径的受力钢筋的末端可不做弯钩，但搭接长度不应小于钢筋直径的30倍。

④ 钢筋搭接处应在中心和两端用铁丝扎牢。

⑤ 绑扎接头的搭接长度应符合表2.17中的规定。

表2.17 钢筋绑扎接头的最小搭接长度

钢筋级别	受拉区	受压区
Ⅰ级	$30d_0$ 和 ζl_aE 最大值	$20d_0$
Ⅱ级	$35d_0$ 和 ζl_aE 最大值	$25d_0$

注：①d_0 为钢筋直径；

②钢筋绑扎接头的搭接长度除应符合本表要求外，在受拉区不得小于250mm，在受压区不得小于200mm。

⑥ 受力钢筋的绑扎接头位置应相互错开。在受力钢筋直径30倍且不小于500mm的区段范围内，绑扎接头的受力钢筋截面面积占受力钢筋总截面面积的百分率应符合下列规定：

• 底板纵横向受力钢筋和导流墙竖向、纵向受力钢筋绑扎接头的受力钢筋截面面积占受力钢筋总截面面积的百分率为50%，受力钢筋的绑扎接头位置应相互错开；

• 预应力池壁、中隔墙竖向、纵向受力钢筋绑扎接头的受力钢筋截面面积占受力钢筋总截面面积的百分率为25%，受力钢筋的绑扎接头位置应相互错开。

⑦ 钢筋焊接（搭接单面焊）施工工艺。Φ22mm以上（包括Φ22mm）钢筋较少，只有中心竖井部分环向钢筋需要连接，考虑采用搭接单面焊10d，接头钢筋弯折，保证钢筋通心。焊接前需要作焊件检验，合格后方可进行施工，雨天不允许施焊。

(4) 钢筋工程保证资料

① 原材出厂合格证；

② 原材复试报告；

③ 钢筋焊接试验报告；

④ 钢筋隐蔽验收记录。

2.18.7 模板工程

本工程是全现浇钢筋混凝土结构，结构为自防水，这对我们的模板施工提出了很高的要求，模板工程是影响工程质量的关键因素。

（1）墙体模板选用

根据施工技术要求达到清水混凝土墙效果，为保证大模板的刚度，模板面采用 $\sigma=$ 15mm 厚的九夹板（1830mm × 915mm），主肋采用 50mm × 80mm 的木方（间距为 150mm），大背楞采用 Φ48mm × 3.5mm 的钢管（间距为 450mm）。内外墙模板设置对拉螺栓（间距为 450mm），对拉螺栓是约束模板、承受混凝土侧压力、加强板面结构的刚度、控制模板间距的重要配件，池壁模板的对拉螺栓采用 Φ14mm 圆钢制作。

（2）模板的安装

① 弹出模板就位安装线及控制线。墙轴线位移偏差控制在 ±3mm 范围内。

② 作好找平层，以保证混凝土墙高度一致，墙体标高偏差控制在 ±5mm 范围内。

③ 安装模板的根部需垫抹砂浆 1 ~ 1.5cm，防止墙体发生烂根、露筋、蜂窝、麻面现象，并派专人仔细补漏，杜绝漏浆现象。

④ 安装对拉螺栓与校正模板同步进行。墙的宽度尺寸偏差控制在 ±2mm 范围内。每层模板立面垂直度偏差控制在 3mm 范围内。对拉螺栓必须紧固牢靠，防止出现松动而造成涨模。对拉螺栓用 Φ14mm 圆钢制作，两端套丝，中间用 − 1.2mm × 6mm × 6mm 厚钢板作止水板。对拉螺栓具体加工尺寸如表 2.18 所示，加工示意图见图 2.57。

表 2.18 对拉螺栓加工尺寸 mm

墙厚	挡距	长度	备注
200	170	700	
250	220	750	
300	270	800	
350	320	850	
400	370	900	
450	420	950	
500	470	1000	

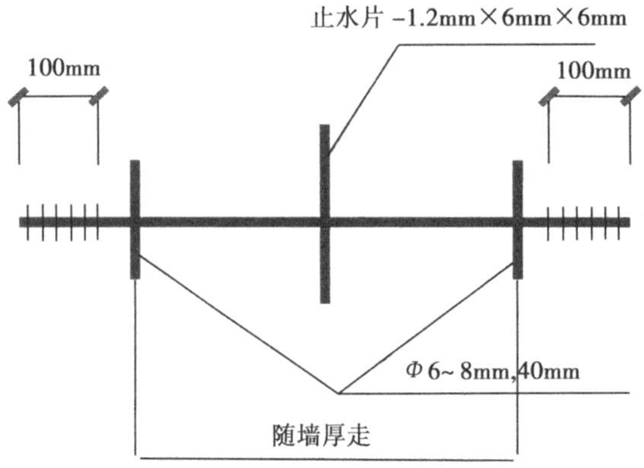

图 2.57 对拉螺杆加工示意图

⑤ 整体现浇混凝土模板安装允许偏差，如表 2.19 所示。

表 2.19 整体现浇混凝土模板安装允许偏差

项目		允许偏差/mm
轴线位置	底板	10
	池壁、柱、梁	5
高程		±5
平面尺寸（混凝土底板和池体的长、宽或直径）	$L≤20$m	±10
	20m < $L≤50$m	±L/2000
	50m < $L≤250$m	±25
混凝土结构截面尺寸	池壁、柱梁、顶板	±3
	洞、槽、沟净空，变形缝宽度	±5
垂直度（池壁、柱）	$H≤5$m	5
	5m < $H≤20$m	H/1000
表面平整度（用 2m 直尺检查）		5
中心位置	预埋件、预埋管	3
	预留洞	5
相邻两表面高低差		2

注：① L 为混凝土底板和池体的长、宽或直径；
② H 为池壁、柱的高度。

（3）模板的拆除

① 模板被拆除后，首先将对拉螺栓垫垫块剔除，其次将对拉螺栓钢筋切除，再次涂黏结剂，最后用环氧砂浆密封。拆模后，严格清理模板，重新调节至理想定型尺寸，以便下次周转。在运转过程中，应避免砸撞现象。

② 侧模板。应在混凝土强度能保证其表面及棱角不因拆除模板而受损坏的，方可拆除。

③ 底模板。应在与结构同条件养护的混凝土试块达到表 2.20 规定的强度，方可拆除。

表 2.20 整体现浇混凝土底模板拆模时所需混凝土强度

结构类型	结构跨度/m	达到设计强度的百分率/%
板	不大于 2	50
	大于 2，不大于 8	70
梁	不大于 8	70
	大于 8	100
拱、壳	不大于 8	70
	大于 8	100
悬臂构件	不大于 2	70
	大于 2	100

2.18.8 混凝土工程

（1）作业条件

① 根据工程对象、结构特点制订混凝土浇灌方案，并详细告知参加施工人员。

② 现场布设好泵车的停放位置、混凝土罐车的行走路线，必须保证道路畅通。

③ 各种机械设备经安装、就位、维修保养和试运行，处于完好状态，电源可以满足需要。

④ 模板内的垃圾、木屑、泥土和钢筋上的油污等已经被清除干净；木模在浇灌混凝土前，浇水湿润，但不许留有积水。

⑤ 浇筑混凝土层段的模板支设、钢筋绑扎、预埋铁件及管道埋设等工序全部施工完成，经检查，符合设计和验收规范的要求，并办理完成隐蔽和预检手续。

⑥ 浇筑混凝土用架子及走道已搭设完毕，并经检查符合施工和安全要求。

（2）浇筑要求

① 浇筑顺序。垫层—底板—池壁、柱、顶板、梁—检查井井壁—其他—混凝土养护。

② 浇筑方案。采用汽车泵对底板连续浇筑；再采用汽车泵对池壁、柱分层连续浇筑，接着浇注顶板、梁混凝土。

③ 池壁混凝土养护。对于混凝土池壁，脱模前在模板顶部的内外模板之间蓄水，对池壁混凝土进行蓄水养护，混凝土终凝后，可略微松动模板螺栓（不能拆除模板），水渗至池壁双表面，进行蓄水养护，不论任何季节，拆模时间都应保持在7d以上，使侧墙表面维持7d的蓄水养护状态，过早脱模会造成混凝土表面出现裂缝。拆模后必须在穿墙螺栓上挂麻袋或草袋等覆盖物，并浇水养护，保持覆盖物时刻处于湿润状态，不宜采用直接对池壁双表面浇水养护。

（3）施工操作工艺

① 泵车开始压送混凝土时速度宜慢，待混凝土送出管子端部时速度可逐渐加快，并转入用正常速度进行泵送。泵送要连续进行，不应停顿，遇到运转不正常时，可放慢泵送速度。若混凝土供应不及时，则需降低泵送速度。泵送暂时中断供料时，应每隔5～10min，利用泵机进行抽吸，往复推动2～3次，以防堵管。混凝土因故间歇30min以上者，应排净管路内存留的混凝土，以防堵塞。

② 泵车铺管向下倾斜输送混凝土时，若倾斜度为4°～7°，应在斜管的下端设置相当于5H（H为落差）长度的水平配管；若倾斜度大于7°，还应在下斜管的上端设置排气活塞，以便放气。

③ 浇筑混凝土时应经常观察模板、钢筋、预留孔洞、预埋铁件和插筋等有无移动、变形或堵塞情况，发现问题后，应立即停止浇筑，并应在已浇筑的混凝土凝结前修理好。

④ 泵送将结束时，应计算好混凝土需要量，以便决定混凝土的需求量，避免剩余混凝土过多。

⑤ 混凝土泵送完毕，应进行混凝土泵、布料杆及管路清洗。管道清理可采用空气压缩机推动清洗球清洗。方法是先安装好专用清洗管，再启动空压机，逐渐加压。清洗过程中，应随时敲击输送管，了解混凝土是否接近排空。管道拆卸后，按照不同规格分类堆放备用。

⑥ 混凝土浇筑完后，应在12h以内加以适当护盖浇水养护，正常气温每天浇水不少于3次，同时不少于14d。

⑦ 模板被拆除后，首先将对拉螺栓垫块剔除，其次将对拉螺栓钢筋切除，再次涂黏结剂，最后用环氧砂浆密封。

（4）质量标准

① 混凝土所用的水泥、水、砂、石子、外加剂等必须符合施工规范及有关规定，并有出厂合格证和试验报告。

② 混凝土的配合比、原材料计量、搅拌、养护必须符合施工规范的规定。

③ 混凝土强度的试块取样、制作、养护和试验应符合《混凝土强度检验评定标准》的规定。

④ 混凝土的坍落度值为16~20cm，各罐拌合物的坍落度应均匀。

⑤ 混凝土应振捣密实，不得有蜂窝、孔洞、露筋、缝隙、夹层等现象；检查构件数量及方法应符合《建筑工程质量检验评定标准》的要求。

⑥ 现浇钢筋混凝土水池施工的允许偏差应符合表2.21的规定。

表2.21 现浇钢筋混凝土水池施工允许偏差

项目		允许偏差/mm
轴线位置	底板	15
	池壁、柱、梁	8
高　程	垫层、底板、池壁、柱、梁	±10
平面尺寸（底板和池体的长、宽或直径）	$L \leqslant 20m$	±20
	$20m < L \leqslant 50m$	$\pm L/1000$
	$50m < L \leqslant 250m$	±50
截面尺寸	池壁、柱、梁、顶板	+10 -5
	洞、槽、沟净空	±10
垂直度	$H \leqslant 5m$	8
	$5m < H \leqslant 20m$	$1.5H/1000$
表面平整度（用2m直尺检查）	10	
中心位置	预埋件、预埋管	5
	预留洞	10

注：① L 为底板和池体的长、宽或直径；

② H 为池壁、柱的高度。

（5）混凝土试块留置

① 垫层。留置1组标准养护抗压试块。

② 底板。留置1组标准养护抗压试块、1组抗渗试块（每组6块）、1组抗冻试块（每组15块）。

③ 池壁、柱、顶板梁。留置2组标准养护抗压试块、3组同条件抗压试块、1组抗渗试块（每组6块）、1组抗冻试块（每组15块）。

④ 检查井井壁。留置1组标准养护抗压试块、1组同条件抗压试块、1组抗渗试块（每组6块）、1组抗冻试块（每组15块）。

2.18.9 梁板、柱模板支设

满堂脚手架采用 Φ48mm×3.5mm 钢管进行搭设，立杆间距为 1m×1m，立杆与立杆之间采用对接卡扣连接，距底板面150mm设置扫地杆，横杆间距为1000mm，立杆与横杆之间采用直角卡扣连接，立杆下铺垫 4000mm×400mm×40mm 的木跳板，木方为 50mm×80mm，模板为 1830mm×915mm×15mm 胶合板，对拉螺栓为 Φ14mm 圆钢制作。如图2.58～图2.60所示。

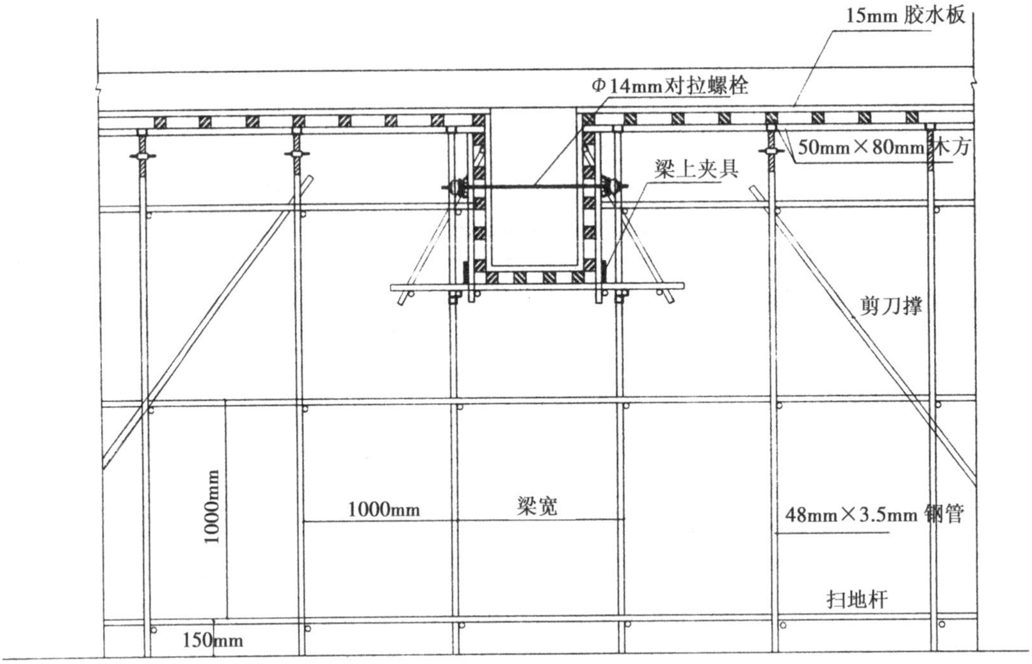

图2.58 梁模板支撑示意图

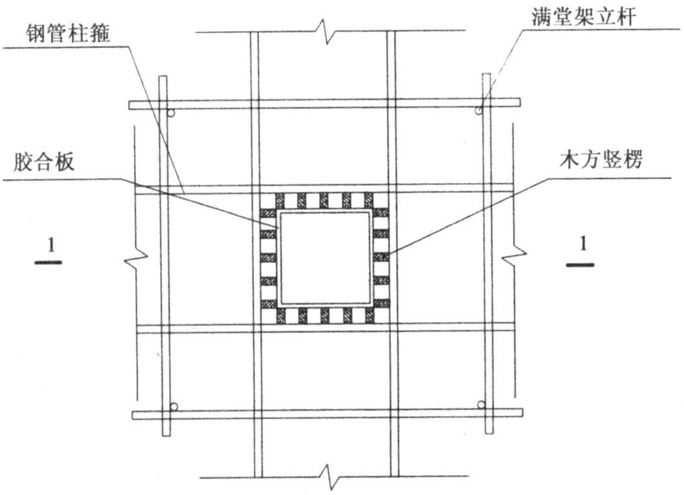

图2.59 柱模板支设剖面图

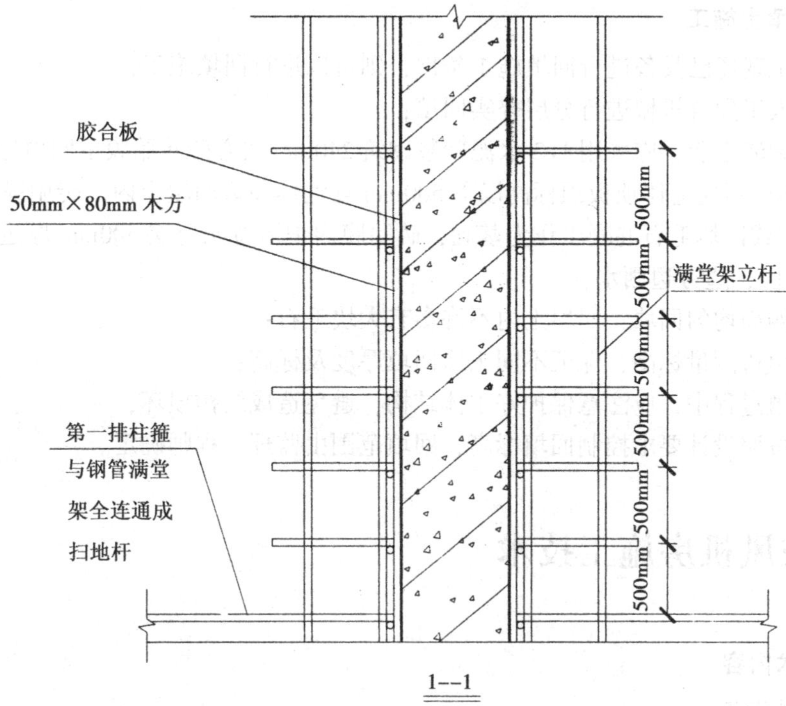

图 2.60 柱模板支设示意图

2.18.10 基坑边安全维护

护栏搭设在距基坑边线平行距离为 1.5m 的位置上，护栏采用脚手架用 Φ48mm 钢管，立杆采用 1.6m 长短钢管，间距为 1.5m，每根钢管均深入基坑边坡内 400mm 以上。水平杆采用 6m 长钢管，钢管均采用搭接连接，水平杆设置高度为 1.2m，下层设与水平杆平行的踢脚杆，踢脚杆设置高度为 15cm，外侧采用绑扎密目网封闭，采用 1m 和 2.5m 长的钢管组成斜向支撑体系对防护栏杆进行加固，其间距为 3000mm，如图 2.61 所示。

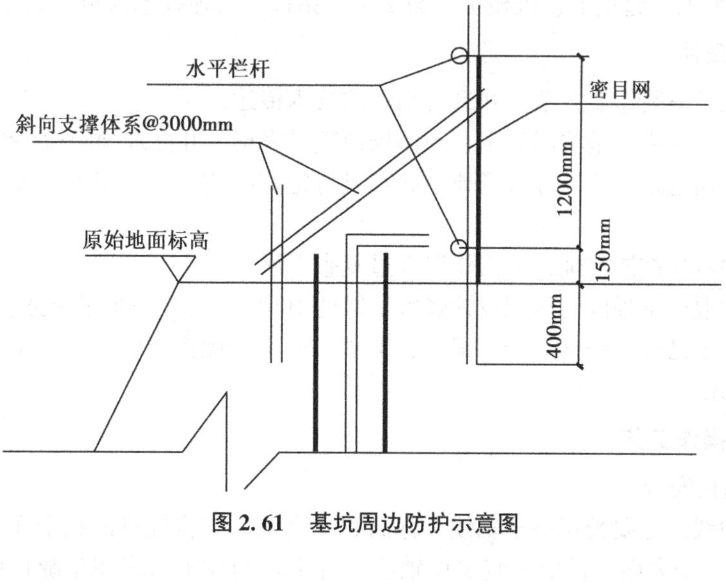

图 2.61 基坑周边防护示意图

2.18.11 回填土施工

① 若施工现场已具备进行回填施工条件，则可以进行回填施工；

② 采用人工配合机械进行分层夯实回填；

③ 回填炉渣之前，应采用1:2水泥砂浆砌筑240mm实心砖砖胎膜至回填标高，砖胎膜埋入原池体或新建池体顶板顶标高以下500mm处池体周边回填土内，砖胎膜下500mm范围进行夯实或回填毛石混凝土作为基础，砖胎膜内炉渣按照每层300mm厚进行分层夯实（采用夯机），边夯边洒水；

④ 池壁四周均匀回填，回填土内不许参有大块毛石；

⑤ 边回填边测量标高，保证不同土质回填厚度及标高；

⑥ 在回填过程中，应注意保护好主体结构，避免造成结构损坏；

⑦ 严格按照设计要求控制回填标高，回填范围由监理工程师确定。

2.19 鼓风机房施工技术

2.19.1 技术内容

（1）机械设备

根据建筑物的高度、平面尺寸、构件的重量、所在位置及现场设备条件，选用轮胎式起重机1台，焊接设备有电焊及氧焊设备各1套。

（2）主要工具

主要工具有吊索、钢丝绳、溜绳、铁扁担、卡环、绳夹、撬杠（棍）、大锤、楔子（木楔、钢模或混凝土楔）、锚桩、枕木、小型液压千斤顶、倒链、滑车、线坠、钢卷尺和水平尺等，检测仪器有经纬仪、水准仪和塔尺等。

（3）主要人员安排

主要包括力工、起重工、机械工、测量工、指挥、其他技术人员。

2.19.2 作业条件

① 编制柱子吊装作业方案，并进行细致的技术传达。

② 柱基已经完成，基坑回填土、周围场地整平完毕，并办理预隐检手续。

③ 现场运输道路、构件堆放场地、起重机行走道路均应平整坚实，并有良好的排水措施。

④ 建筑物测量控制准确，平面位置经过复查无误。

⑤ 构件的混凝土强度已达到设计强度等级的100%，可以满足吊装强度要求。

⑥ 机械设备已经维修试运转、试吊；工具、梯子和操作平台已经准备就绪，能够满足吊装使用要求。

2.19.3 施工操作工艺

（1）预制柱安装

① 柱身弹线。主要校正柱子轴线、标高和垂直度。先将柱身清扫干净，在柱身的两个小面和任意一个大面上弹出安装定位轴线。有牛腿的柱子尚应在牛腿顶面上弹出屋架

安装定位线。柱子根部应凿毛。在柱子根部 ±0.00 或 ±500mm 部位弹出标高线。

② 基础杯口弹线。清理基础顶面，在杯口表面弹同与柱子纵轴线相对应的纵横十字安装定位线。杯口内壁应凿毛。

③ 抹杯底找平层。将杯口底部清理干净，按照设计标高的要求和柱的实际长度，用比柱基高一级的细石混凝土找平杯口底面并抹平。有吊车梁的柱，杯口底找平层的厚度应以柱牛腿顶面的设计标高为依据进行控制。

④ 柱子翻身。用吊索将柱进行两个吊点以上绑扎，用起重机将现场平卧预制的柱进行 90°翻转，使其小面朝上，并移至安装位置附近，垫好垫木平稳安置。

⑤ 柱子绑扎。根据柱子的重量、柱身刚度，可采用一点绑扎。在吊点处绑扎吊索时，应作到安全可靠、不损伤构件棱角和便于脱钩，采用自动卡环作为脱钩装置。柱子的绑扎方法应与吊装方法一致，采用垂直绑扎法，提升吊索往柱子两侧，每个吊点绑扎处使用两个卡环。

⑥ 起吊就位。柱的吊装采用旋转法。用旋转法起吊柱时，起重机边起钩边回转（转向），使柱绕柱脚旋而吊起柱子，直至柱在杯口上方落入基础杯口内。柱起吊就位时，应缓慢进行，当柱一端提升 500mm 时，应暂停提升，经检查柱身、绑点、吊钩、吊索等处安全可靠后，再继续提升，至柱脚离杯口上方 300 ~ 500mm，将柱脚缓缓插入杯口就位，并使柱身定位线与基础顶面定位线对齐。

⑦ 临时固定。柱就位后，应立即进行临时固定，一般采用无风缆固定法，在柱根部打入 4 ~ 8 个木或钢楔，露出杯中 100 ~ 150mm，使柱保持稳定。

⑧ 柱子校正。包括平面位置和垂直度校正，平面位置校正一般是在挂插入杯口对位（对准中心线）时进行。若有误差，采用“反推法”，在杯口用千斤顶沿偏位的反方向推动柱脚纠正。垂直度校正是在柱的两个互相垂直的平面内同时进行，设 2 台经纬仪同时观测。采用敲打楔子法、敲打钢钎法或小型油压千斤顶斜顶法等进行校正。

⑨ 最后固定。对校正完毕的柱子，经复查合格后，应及时进行最后固定，即在柱杯口内用高一强度等级的细石混凝土浇灌并捣实。浇筑前应清除杯口内的杂物或泥土，用水湿润。当使用木楔或钢楔临时固定时，浇筑混凝土一般分两次进行，第一次浇至楔子底面，待混凝土强度达到 30% 后，拔出楔子，第二次浇至基础顶面。

⑩ 装顶端连系构件。柱安装完后，应随即将柱间支撑和顶端连系杆件安装上并固定，使柱保持稳定。

（2）预制梁安装

① 吊车梁安装必须在杯口二次灌浆的混凝土强度达到 70% 后和屋盖吊装前进行。在特殊情况下，也可在屋面吊装后或与屋盖吊装同步进行。

② 吊车梁的现场堆放位置应布置在靠近安装位置，使吊车梁的中心对准安装中心。吊车架安装顺序一般从柱一端向另一端顺序推进，也可从中间向两端推进。

③ 吊车梁的绑扎一般绑扎两点。梁上设有吊环的，可用吊索直接钩住吊环起吊。

④ 安装时用起重机将吊车梁缓慢吊起，至设计位置离支承面 10cm 时，用人力扶正，使梁中心线与支承面中心线（或相邻已安吊车梁中心线）对准，并使两端搁置长度相等，然后缓慢落下，如有偏差，用撬棍拨正，如支座不平，可以用斜铁片垫平，即可脱钩。

⑤ 吊车梁校正应在梁全部安装完毕、屋面构件校正和最后固定后进行。校正内容包括中心线位移、轴线间距（即跨距）、标高、垂直度。纵向位移在就位时已校正，所以校

正主要为横向位移。校正吊车梁中心线与吊车跨距时，先在吊车轨道两端的地面上，根据柱轴线放出吊车轨道轴线，用钢尺校正两轴线的距离，再用经纬仪校正。如有偏差，用撬杠拔正或者在梁端用小型液压千斤顶侧向顶正；或在柱头上持倒链，将吊车梁吊起，或用杠杆将吊车梁抬起，用撬杠配合拨。吊车梁标高的校正，可将水平仪放置在中部某一吊车梁或地面上，在柱上测出一定高度的水准点，再用钢尺量出水准点至吊车梁面铺轨需要的高度，每根梁观测两端及跨中三点，根据测定标高进行校正。校正时，用撬杠撬起，或在柱头、屋架上弦端头节点上挂倒链，将吊车梁需垫垫板的一端吊起。在校正标高的同时，用靠尺或线坠在吊车梁的两端测垂直度，当偏差超过规定允许偏差（一般为5mm）时，用楔形钢垫板在一侧填塞纠正。

⑥ 最后固定，吊车梁校正完毕，应立即将吊车梁与柱牛腿上的埋设件及斜垫板焊接固定，在梁柱接头处支侧模，浇筑细石混凝土并养护。

2.19.4 质量标准

（1）预制柱

① 预制柱的混凝土强度必须符合设计要求和施工规范的规定。

② 柱的型号、位置、支点锚固必须符合设计要求，而且无变形损坏现象。

③ 柱接头的混凝土（砂浆）必须计量准确，浇捣密实，而且认真养护，强度必须达到设计要求或施工规范的规定。

④ 柱杯四灌浆做法应符合设计要求和施工规范的规定，接头混凝土密实，没有夹层、蜂窝 、起壳、裂缝等缺陷。

⑤ 允许偏差。预制柱安装的允许偏差及检验方法。如表2.22所示。

表2.22 柱安装质量要求和检验方法

<table>
<tr><th colspan="3">项　目</th><th>允许偏差/mm</th><th>检验方法</th></tr>
<tr><td rowspan="2">杯形基础</td><td colspan="2">中心线对轴线位置偏移</td><td>10</td><td>尺量检查</td></tr>
<tr><td colspan="2">杯底安装标高</td><td>+0，-10</td><td></td></tr>
<tr><td rowspan="7">柱</td><td colspan="2">中心线对定位轴线位置偏移</td><td>5</td><td>尺量检查</td></tr>
<tr><td colspan="2">下上柱接口中心线位置偏移</td><td>3</td><td>尺量检查</td></tr>
<tr><td rowspan="3">垂直度</td><td>不大于5</td><td>5</td><td rowspan="3">用经纬仪或吊线和尺量检查</td></tr>
<tr><td>大于5m，小于10m</td><td>10</td></tr>
<tr><td>不大于10m多节柱</td><td>1/1000柱高，且不大于20</td></tr>
<tr><td rowspan="2">牛腿上表面和柱顶标高</td><td>不大于5m</td><td>+0
-5</td><td rowspan="2">用水准仪或尺量检查</td></tr>
<tr><td>大于5m</td><td>+0
-8</td></tr>
</table>

(2) 预制梁

① 预制吊车梁的混凝土强度及柱接头的混凝土强度必须符合设计要求和施工规范的规定。

② 吊车梁的型号、位置、支点锚固必须符合设计要求，且无变形、损坏现象。

③ 吊车梁接头的混凝土必须计量准确，浇捣密实，认真养护，其强度必须达到设计要求或施工规范的规定。

④ 吊车梁接头焊接无裂纹、夹渣、焊瘤、烧穿、弧坑、针状气孔和熔合性飞溅等缺陷，接头混凝土密实，无蜂窝、夹层、裂缝等缺陷。

⑤ 允许偏差，如表 2.23 所示。

表 2.23 预制吊车梁安装的允许偏差及检验方法

项　　目	允许偏差 mm	检验方法
中心线对定位轴线位置偏移	5	尺量检查
梁上表面标高	+0 −5	用水准仪或尺量检查

2.19.5 成品保护

① 柱子、梁在吊运和堆放时，吊点和垫木支放位置应符合设计与规范要求；同时堆放要注意构件的朝向、左右顺序，严禁乱停乱放。

② 柱子、梁起吊、安装时，混凝土应达到规定的强度，并且应防止碰撞。

③ 未经设计和有关技术负责人批准，不得在柱上随意凿洞、开孔、加焊埋设件，不得在构件的预埋铁件上连接设计规定以外的其他构件。

④ 柱安装就位后，应尽快校正固定，遇大风天气，应对未最后固定的柱采取临时加固稳定措施。

2.19.6 施工注意事项

① 注意使绑扎点位置高于柱的重心，防止柱起吊后摇摆、晃动，甚至倾翻。为避免吊索与柱面、柱棱角之间相互摩擦而造成损伤或损坏，应在吊索与柱面、柱棱角之间垫上木板、短方木、麻袋片或废轮胎块等。

② 采用旋转法吊装时，应使柱子的绑扎点、柱脚和杯口中心三点都在起重机回转半径的同一圆弧上。

③ 柱子吊装宜随校正随灌浆，若当日校正的柱子未灌杯口混凝土，则次日应复校后再灌浆，以免由于受到刮风、碰动千斤顶回油或其他外界因素影响，而使垂直度产生较大的偏差。第二次灌浆前，也应复核柱的垂直度，超过允许误差，应予以重新校正。

④ 采用无风缆校正柱子时，应对柱的倾覆稳定性进行验算，发现不够稳定时，应加设支撑或缆风绳，保证其有足够的安全度。

⑤ 杯口与柱脚之间空隙灌筑混凝土时，不得碰动模块；浇筑过程中，还应对柱的垂直度进行观测，发现偏差后，应及时予以纠正。

⑥ 吊车梁绑扎应注意使两根吊索等长，左右绑扎点应对称，同时在一端须控好溜绳，防止就位时左右摆动碰坏柱子。

⑦ 吊车梁安装就位时，第一根吊车梁应同时落在两柱牛腿上，避免一端先落下，另

一端后落下，从而产生水平分力，使处于上部自由状态的一根柱牛腿先受力，影响已校正柱的垂直度。

⑧ 吊车梁就位时，必须把梁支座的搭接长度和纵向轴线放准，避免给以后吊车梁校正、移动位置造成困难。

2.20 综合楼施工技术

2.20.1 测量技术内容

(1) 复测工作

测量员与规划部门、业主单位接桩后，对桩位（包括建筑红线、水准点等）进行必要的保护，及时做好规划红线与水准点的复测工作。

(2) 桩位保护

测量员对所交建筑红线、水准点进行现场拴桩。在附近固定物上做好拴桩标记，并做好拴桩记录。对重要桩位采取砌筑保护措施。

(3) 建筑定位放线

① 平面控制网的测设。建筑物平面控制网的定位依据各建筑物在场区平面控制网中的相对位置。

② 平面控制网的精度要求。根据建筑结构和使用特点，布网精度为二级，测角中误差为 $\pm 12''$，边长相对误差为 1/15000。

③ 高程控制网测设。高程引入采用原场区内已知水准点进行测设，本工程布设 4 个临时水准点，组成建筑物的高程控制网。

④ 测设轴线控制桩。根据已布好的建筑物平面控制网，测设轴线控制桩，测设时以两端控制桩为准，测定该边的控制桩，并校核各桩间距，精度与平面控制网相同。

(4) 基础施工测量

由于建筑平面控制桩及轴线控制桩距基础外边线较远，在基础开挖时，不易被破坏，所以在开挖基础时，不需引桩。

(5) 主体结构施工测量

① 结构竖向投测。在建筑四角做出 8 处控制点，使用经纬仪进行竖向控制。

② 施工层放线。放线前应在平面上校核轴线，闭合后测量细部轴线，后以此为准，测量墙、柱、梁、洞口的边线，各部位放线的允许误差如表 2.24 所示。

表 2.24 各部位放线的允许误差

项　　目	精度/mm
主轴线	± 10
细部放线	± 5
墙、柱边线	+ 5
门窗洞口线	+ 5

③ 高程的竖向传递。工程结构施工时按照划分的流水段设标高传递点，分别向上传

递，保证在各流水段施工层附近有3个标高点，进行互相校核。标高传递的允许误差如表2.25所示。

表2.25 标高传递允许误差

项　目	精度/mm
层 间	±5
总 高	±15

各传递点的起始标高线为0.5m，由附近的临时水准点确定。标高传递时，采用钢尺沿铅直方向（经纬仪配合）向上量至施工层。钢尺丈量时考虑各项改正数。在传递过程中，根据每层的误差进行上一层的调整，以防止层间误差的积累而引起总误差超限。

施工层抄平前，校核下层传递上的3个标高点，当校差小于5mm时，取平均点引测水平线；抄平时，将水准仪放在测点范围的中心位置，进行一次精确抄平，水平线的标高允许误差为±3mm。

（6）装修工程施工测量

① 地面工程的施工测量。标高的传递方式采用在楼梯间和窗口处进行传递。

② 测设500mm水平控制线。500mm水平控制线的测设允许误差应符合表2.26的要求。室内的500mm水平线是控制地面标高、门窗安装等项目的重要依据，在弹墨线时，应注意墨线的宽度不得大于1mm，防止误差扩大。

表2.26 水平控制线的允许误差

项　目	精度要求
水平线	每3 m两端高差小于±1mm； 同一条水平线的标高允许误差为±3mm
铅垂线	室内：经纬仪两次投测校差小于±2mm 室外：高于1/3000

③ 门窗安装施工测量。从建筑最顶层找出外窗口的边线，用线坠将边线向下引测，并采用经纬仪进行校核，以保证精度。其精度应符合表2.24中的要求。

门窗口的水平位置由室内500mm水平控制线确定，向上反到窗下皮标高，并弹线找直。各门口应从水平控制线测设门口上皮标高并拉通线，保证所有的门在同一水平线上。其精度应符合表2.24的要求。

2.20.2 桩基础

（1）施工准备

审查设计图纸，核对平面尺寸和标高，充分了解地下构筑物及地下管线分布情况，与甲方确认。

（2）审核工作

选择有施工资质的施工单位进行长螺旋钻孔压灌混凝土桩基础施工。并由施工单位编制出具体的施工技术方案和施工安全措施。报总包单位审批。

2.20.3 钢筋工程

（1）原材料

① 钢筋的采购和进场检验应严格按照《采购程序》《产品标识和可追溯性程序》《进货检验和试验程序》等有关程序的要求执行。

② 钢筋进场应有出厂质量证明，物资人员应对其外观、材质进行检查，核对无误后，方可入库。

③ 使用前照按施工规范要求进行抽样试验及见证取样，检验合格后，才能够使用。

④ 钢筋的堆放。钢筋在现场的堆放应符合现场平面图的要求，并保证通风良好。钢筋下侧应用木方架起，高出地面。下雨前应用苫布盖严。

（2）钢筋加工配料

① 钢筋在钢筋棚加工配料，运至施工现场后，绑扎成型。

② 钢筋加工前，应将钢筋表面杂物清除干净。

③ Ⅰ级钢筋末端需做180°弯钩。

④ 箍筋弯钩角度为135°，弯钩平直长度不小于箍筋直径的10倍。

⑤ 根据钢筋使用部位、接头形式、接头比例合理配料。

（3）钢筋连接

① 钢筋连接分为竖直向和水平向钢筋接头。底板钢筋连接采用闪光对焊，局部辅搭接焊，其他部位的钢筋连接均采用绑扎搭接连接，楼板钢筋采用搭接接头。

② 钢筋焊接的接头形式、抽样、焊接工艺和质量验收应符合《钢筋焊接及验收规范》的有关规定。

③ 采取有效措施进行成品保护，特别是负弯矩钢筋的保护，以保证钢筋位置准确。

④ 搭接接头错开长度为钢筋直径的40倍且不小于500mm，绑扎接头搭接长度根据混凝土强度，为钢筋直径的41倍，且两根接头端部错开0.3倍的搭接长度，而且同一断面内钢筋接头数量不得多于50%。

（4）钢筋定位措施

① 竖直钢筋。竖直钢筋位置和保护层用水平钢筋梯子与夹在模板中的塑料垫块进行内挤外顶控制。钢筋梯子上小横筋间距与竖直钢筋间距相同。

② 水平钢筋。水平钢筋间距及保护层厚度采用竖向钢筋梯子进行控制。梯子间距为800～1000mm。

（5）楼板钢筋绑扎

① 工艺流程为：核验模板标高—弹钢筋位置线—绑扎底层钢筋—安放垫块—敷设专业管线—安放马凳—标识上层钢筋网间距—绑扎上层钢筋—申报隐检—隐检验收签证—转入一下道工序。

② 双层钢筋网片之间设钢筋马凳，确保上部钢筋的位置。

③ 楼板钢筋绑扎后，上面严禁行走。为防止浇筑混凝土时工人踩坏钢筋，铺脚手板作为行走平台，供人行走，在浇灌混凝土过程中，派专门人员负责钢筋修理。

④ 楼板上的孔洞应预留，当洞口尺寸不大于300mm时，不另加钢筋，板内钢筋不得截断，由洞边绕过；当洞口尺寸大于300mm时，应按照设计及相关设备安装要求设置洞边附加筋或小梁预埋件。在负弯筋处加设矮马凳。

（6）浇筑监督

浇筑混凝土过程中，安排专职人员值班，发现钢筋位移和变形后，及时修复，保证钢筋间距、位置、保护层始终符合设计要求。

（7）二次浇筑

二次浇筑时，应先用钢筋扳手校正钢筋位置，调直、除污、除锈，再绑扎分布筋。

2.20.4 模板工程

（1）模板体系

① 柱、梁模板。柱、梁模板采用25mm厚黄花松制作；次龙骨用50mm×50mm黄花松木方，间距为400mm；主龙骨用80mm×80mm黄花松木方，间距为950mm。满足板面平整度的要求，全部木方用压刨将接触板面的正、反面刨平。

为了保证模板接缝处的平整度，使混凝土表面无明显的模板拼缝，解决模板接缝处漏浆的问题，所有柱模板全部满贴无纺布，接头处加海绵条。

② 楼板模板面板采用15mm厚的防水胶合板；次龙骨用50mm×50mm黄花松木方，间距为400mm；主龙骨用80mm×80mm黄花松木方，间距为950mm。满足板面平整度的要求，全部木方用压刨将接触板面的正、反面刨平。楼板模板接缝处采用硬拼，并确保其接缝平整。

③ 楼梯模板。楼梯模板采用12mm厚多层板配50mm×50mm木方构成，在弹好位置线后支设，下部支撑同顶板，支设时按照不同装修做法留出装修层。

（2）支、拆模工艺流程

支、拆模工艺流程为：设计模板图—模板拼装—刷脱模剂—弹模板位置控制线（距模板500mm）—模内杂物清理—复线—找平或铺胶条—钢筋、预埋件隐检完毕—支模板—调整加固模板—预检模板并签字—混凝土浇筑—养护—检验混凝土强度—拆模申请—审批申请—拆模—修整模板—刷脱模剂—码放模板—进入下一循环。

（3）支模质量要求

① 模板及支架必须具有足够的强度、刚度和稳定性。

② 模板的接缝不大于2.5mm，如表2.27所示。

表2.27　模板的实测允许偏差

项目名称	允许偏差值/mm
轴线位移	5
标高	+5，-5
截面尺寸	+4，-5
垂直度	3
表面平整度	5

（4）技术措施

① 由于工期紧、施工进度快，模板数量按照施工部署要求进行配备，满足流水作业要求。

② 模板工程验收重点控制刚度、垂直度、平整度，要特别注意外围模板、楼梯间等处模板轴线位置的正确性。

（5）模板拆除

① 拆除非承重模板时，结构混凝土强度应不低于1.2MPa。

② 拆除承重模板时，混凝土强度为100%。

③ 拆除模板顺序为后支先拆，先支后拆；先拆非承重模板，后拆承重模板。

④ 拆除模板时，不要用力过猛过急，拆下来的木料要及时运走、整理。

2.20.5 混凝土工程

（1）柱混凝土施工

① 柱混凝土施工采用插入式振捣器振捣，振捣时保证混凝土的密实度，严格按照混凝土振捣工艺施工。柱截面过大的，振捣棒应保证柱中心及四边的混凝土全部振到，不漏振。

② 柱混凝土浇灌采用溜槽，浇灌口距混凝土作业面距离不大于400mm。

③ 柱混凝土施工每次浇灌高度不大于600mm，振捣上部混凝土应保证振捣棒插入下层混凝土内150mm。

④ 柱混凝土保证一次浇灌完毕，不留设施工缝。

（2）梁、板混凝土施工

① 梁、板混凝土按照流水段，分为两段浇筑。

② 梁混凝土施工采用插入式振捣器振捣。振捣时，保证混凝土的密实度，严格按照混凝土振捣工艺施工。每次混凝土的浇灌量不大于梁高的1/2。

③ 楼板混凝土施工采用平板振捣器振捣。移动时，要保证振捣器的平板能覆盖已振实部分的边缘不小于100mm。

（3）施工缝的留置及处理

① 施工缝的留置。每层顶板按照两个流水段划分，梁、板施工缝留置在跨中1/3的范围内；每层剪力墙留在顶板下表面以上5mm处，竖向施工缝应留直槎。

② 施工缝的处理。施工缝处继续浇筑混凝土前，施工缝处的混凝土强度不能低于1.2MPa，且应剔除表面的浮浆，用气泵将杂物吹净，作预检记录。浇筑前先浇一层30～50mm厚的与混凝土成分相同的减石子水泥砂浆，注意砂浆厚度均匀，而且必须在初凝前浇筑混凝土。

2.20.6 防水工程

（1）施工要求

① 防水工程由防水专业队施工；

② 防水施工人员必须持证上岗；

③ 作防水层时，基层含水率不得大于9%；

④ 防水材料应有合格证，现场取样复试合格后，才能使用；

⑤ 防水工程施工完后，按照规定进行2h以上淋水试验检查，合格后，才能够进行下一道工序。

（2）防水施工

① 屋面防水工程。防水层采用4mm厚改性沥青柔性防水卷材。

• 基层条件。找平层已经作完隐蔽工程验收，平整、干燥，含水率不得大于9%，含水率可用以下简单测法：用一块 1m×1m 的卷材平铺在找平层表面上，静置 3~4h 后翻起，如覆盖卷材的基层表面和周围相同（无明显水印），则可认为含水率符合要求。

• 基层应牢固，表面应平整光滑，不得有鼓包、凹坑、起砂等缺陷，并在防水层施工前认真清洗干净。

• 出屋面的管根、雨水口处均应增铺一层卷材，并做好泛水。

• 铺贴卷材时，卷材应照按长方向配置，尽量减少接头，并顺流水坡度自下向上按照顺序铺贴，顺水接茬。

• 卷材铺贴采用满铺法施工，纵横向搭接宽度不小于 100mm，上下层卷材接头位置要错开，采用热熔铺贴法。

• 每铺完一张卷材，立即用长把滚刷从卷材的一端沿卷材横向用力滚压一遍，以便排除卷材与基层的空气。

② 厕浴间防水。

• 在施工前，将基底清理干净，尤其是阴阳角、管根等部位不得有尖锐杂物存在，基层含水率不得超过 9%。

• 找平层在转角处要抹成小圆角。泛水坡度应不小于 2%，不得局部积水。

• 与找平层相连接的管件、卫生器具、地漏、排水口等必须安装牢固，收头圆滑，用密封膏嵌固之后，才能进行防水层施工。

• 小管必须做套管，先做管根防水，用建筑密封膏封严，再做地面防水层并与管根密封膏搭接一体。四周卷起 100mm 高，与立墙部分水平接好。

• 聚氨脂防水涂膜层施工，基层表面满刷底涂一层，刷 0.6mm 厚聚氨脂防水涂膜一层，刷 0.4mm 厚聚氨脂防水涂膜一层。

• 各工种交叉作业时要相互配合，施工时要有成品保护措施。

• 防水层作完后，蓄水 24h 无渗漏后，再做面层。

2.20.7　土方回填

本工程土方回填采用 2∶8 灰土。

① 回填土施工前，首先应进行土壤击实试验，根据回填土的最佳含水率及干容重来确定回填用土的含水率，控制范围和压实遍数。

② 回填前应对基础进行验收，混凝土强度达到设计强度后方可进行。

③ 回填前应将填土部位的垃圾和杂物等及时清理。

④ 土质应优先选用原土，但回填前应检测土质内不得含有有机杂质，使用前应过筛，确保粒径不大于 50mm。

⑤ 2∶8 灰土应作到配比准确、拌和均匀、含水率适中。

⑥ 回填土施工时应分层铺摊，每层铺土厚度控制在 250mm 内。

⑦ 回填土采用蛙式打夯机夯实，每层至少夯实 3 遍，并做到一夯压半夯，夯夯相连，行行相连，纵横交叉，并加强对边缘部位的夯实。

⑧ 回填土每层夯实后，应按照规范进行环刀取样，测出干土的质量密度，根据设计要求，干容重不得小于 15.5kN/m^3，取样合格率不得小于 90%。

⑨ 回填土的质量控制。基槽取样每层按照长度每 30 m 取样一组，取样部位应在每层压实后的下半部。

2.20.8 脚手架工程

① 脚手架立杆接头必须采用对接扣件对接连接，相邻两立杆接头应错位，不小于500mm，且应不在同一步内。

② 脚手架立面设连续剪刀支撑，支撑宽度宜为5～7根立杆间距，斜杆与地面的倾角为60°。

③ 在脚手架外立杆内侧满挂密目网封闭，首层设水平兜网，每隔四层设水平兜网，并设随层网。

④ 作业层必须满铺脚手板，操作面外侧设两道护身栏杆和一道挡脚板。

⑤ 脚手架应设避雷措施，设在脚手架四角立杆上，高度不小于1 m，接地线连接应保证接触可靠。

⑥ 脚手架拆除应从上而下进行，严禁同时作业。

2.20.9 外装修工程

① 工艺流程为：墙面基层处理—弹线分格、粘条—拌制面层用料—面层喷涂—起分格条勾缝—养护。

② 基层处理。

• 先将外保温墙体表面尘土、污垢清扫干净，局部不平处用水泥砂浆找平。

• 浇水湿润墙面，按照墙上已弹的基准线，分别在门口角、垛、墙面等处吊垂直，套方抹灰饼，并按照灰饼充筋。用界面剂按照配比，配水泥和砂子后拉毛，拉毛必须均匀一致，达到所要求强度后（以手掰不动为准），抹1∶3水泥砂浆，每遍厚度为5～7mm，应分层、分遍与所抹筋齐平，并用大杠刮平找直，木抹子搓毛，要求表面无孔洞、无砂眼，面层颜色均匀一致、无划痕。

• 底灰抹好后，第二天抹面层砂浆，应先将墙面润湿，按照图示尺寸弹分格线，粘分格条，滴水槽，抹1∶2.5的面层砂浆。抹时先薄薄地刮一层灰，使其与底灰粘牢，紧跟抹第二道灰，与分格条抹平，并用刮杠横竖刮平，木抹子搓平，铁抹子收光压实。

• 待表面无明水后，用刷子蘸水按照垂直于地面的同一方向，轻刷一遍，保证抹面的颜色均匀一致，然后用喷雾器喷涂砂浆防裂剂进行养护，防止收缩裂缝。

③ 面层喷涂。施工前，根据材料及设计要求做好交底工作，大面积施工前做好样板块，经监理等有关人员鉴定合格后方可进行。施工前，还应对施工段的门、窗等进行防护，以免污染。

• 涂料应一次购足，做到外墙整体颜色一致。

• 喷涂作业时，手握喷枪要稳，涂料出口应与被涂面垂直，喷枪距离被喷面30～50mm，喷枪移动时应与涂面保持平行。喷枪运行速度应适宜，且应保持一致。

• 喷枪移动范围直线喷涂70～80cm后，转弯180°向后喷涂下一行；喷涂时第一行与第二行的重叠宽度控制在喷涂宽度的1/3～1/2，使涂层厚度比较均匀，色调基本一致。

• 喷涂时应先喷门、窗口附近，局部喷枪喷涂不到的地方，用油刷、排笔刷涂。

• 喷涂时应分遍成活，波状和花点喷涂时为3遍，粒状喷涂时为2遍，前后2遍的喷涂间隔为1～2h。

• 涂料干燥前，应防止雨淋、尘土沾污和热空气的侵袭。

④ 喷涂完毕后，应及时将分格条起出，并将缝内清净，按照设计图要求进行勾缝。

⑤ 喷涂24h后，应喷涂一层有机硅憎水剂，保护喷涂层质量。

⑥ 喷涂施工注意事项。

• 喷涂所用的涂料稠度要适中，太稠不便施工，太稀遮盖力差，影响涂层厚度，而且容易流淌，应适当调整压力；

• 不需喷涂的部分应用纸或其他物体遮盖，避免在喷涂过程中受到污染；

• 涂层接槎必须留在分格缝或阴角、水落管处，以免出现明显的搭接痕迹；

• 喷涂施工质量要求，涂膜应花纹点均匀、颜色一致、颗粒均匀，尽量避免出现露底、流坠、不显接茬现象。

2.20.10 内装修工程

（1）楼地面装修

① 基层清理。楼（地）面工程施工前必须将基层表面的浮土、砂浆等沾污杂物清理干净，表面如沾有油污，应用5%～10%浓度的火碱水溶液清刷干净，确保楼（地）面工程不空鼓，黏接牢固。

② 刷素水泥浆。在清理好的基层上，浇水湿润，撒素水泥面，用扫帚扫匀。扫浆面积应依据打底铺灰速度决定，应随扫浆随铺灰。

③ 冲筋。从500mm水平线下返至底灰上皮的标高（从地面标高减去砖厚及黏结砂浆的厚度），抹灰饼，从房间一侧开始，每间隔1 m左右冲筋一道，有地漏的房间应四周向地漏方向放射性冲筋，并找好坡度，冲筋应使用干硬性砂浆。

④ 装挡。根据冲筋的标高进行砂浆的装挡，用大杠横竖检查其平整度，并检查其标高和泛水是否正确，用木抹子搓平。24h后浇水养护。

⑤ 找规矩弹线。沿纵横两个方向排好尺寸，当尺寸不足整块砖的模数时，可裁割用于边角处，根据确定后的砖数和缝宽，在地面上弹纵横控制线，并严格控制好方正。

⑥ 铺砖。找好位置和标高，以此为筋，拉线，铺砖，应从里向外退着铺，每块砖应跟线。铺好地砖后，常温浇水养护。

（2）内墙装修

① 砌筑及隔墙板部位先抹灰再刮耐水腻子。

• 抹灰工艺流程为：基层处理—洒水湿润—贴灰饼—冲筋—抹底子灰—喷洒头遍防裂剂—抹罩面灰—喷洒二遍防裂剂。

• 操作要点如下。

第一，基层处理。抹灰前，应将凸出墙面不平整的部位剔凿平整，用吊线板检查墙体的垂直偏差及平整度，将抹灰基层处理完好。

第二，洒水湿润。将墙面浮灰清扫干净，分数遍浇水湿润。喷水后，立即刷一遍掺用水量20%胶的素水泥浆抹灰。

第三，贴灰饼、冲筋。用托线板检测一遍墙面不同部位的垂直、平整情况，以墙面的实际平整度决定灰饼和冲筋的数量，上下灰饼用吊线板找垂直，水平方向用靠尺板或拉通线找平，先上后下，保证墙面上的灰饼表面处在同一平面内作为冲筋的依据。冲筋要依照已贴好的灰饼从水平方向各灰饼之间用水泥混合砂浆冲筋，反复搓平，上下吊垂直。

第四，抹底子灰、喷防裂剂。首先，刷好素水泥浆后，及时抹灰，第一遍抹混合砂浆，配合比为1:1:6，厚度为5mm，扫毛或划出纹道；接着用1:1:6水泥混合砂浆抹第二遍，厚度为5~8mm，用大杠将抹灰面刮平，木抹子搓平，用吊线板检查，要求垂直、平整，阴阳角方正，顶板与墙面交角顺直、平整洁净。其次，喷洒（第一遍）防裂剂。当底子灰抹完后，立即用喷雾器将防裂剂直接喷洒在底子灰上，防裂剂以雾状喷出，以使喷洒均匀，不漏喷，不宜过量和过于集中。

第五，抹罩面灰、喷防裂剂。水泥砂浆罩面刷素水泥浆后，用1:2.5水泥砂浆分两遍成活，罩面厚5mm；喷洒（第二遍）防裂剂；罩面灰抹好后，待稍干，具有初期硬度，一般在砂浆初凝后尚未收缩前及时喷洒第二遍防裂剂。

② 剪力墙部位墙面及顶板局部不平处用水泥砂浆修补平整后，直接刮耐水腻子。其余墙面抹灰后刮耐水腻子。处理时应注意以下几点：

• 施工前对基层进行全面检查验收，管线洞口修补平整，如基层有缝隙、缺角，应在刮腻子前认真处理，检查合格后，方可进行作业；

• 先做样板间，经检查鉴定质量达标后，再大面积施工；

• 采用厚腻子薄刮做法，腻子应坚实牢固，不得有起皮、裂缝等现象，腻子要分层薄刮，腻子表面应光滑无挡手感。

2.20.11 门窗工程

（1）塑钢窗

① 工艺流程为弹线找规矩—门窗洞处理—连接件安装—窗框安装固定—窗扇安装—门窗口四周密封嵌缝—安装五金配件—安装纱窗密封条。

② 操作工艺。

• 从顶层向下弹外窗口纵向边线，横向弹窗口水平位置线，对有偏差的窗口进行处理，确保纵横跟线；

• 窗框安装在安装线后，调整正侧面垂直、水平度和对角线尺寸合格后，用对拨楔子临时固定；

• 窗框与墙体连接采用墙内安装膨胀螺栓与窗框连接件紧固的方法，连接件间距为380mm，该做法的特点是塑钢窗与结构固定牢固，同时减小窗与墙体的缝隙，使固定件由受弯变为受剪，可以大大增加塑钢窗体的抵抗风压的能力；

• 窗框与洞口墙体采用弹性连接，框四周缝隙内分层填入玻璃棉毡条，框边留5~8mm深的槽口，嵌填防水密封胶。

• 安装密封条时，要留自伸缩余量，要长出装配边长20~30mm，在转角处应斜面断开，并用黏结剂粘牢。

（2）门安装

① 工艺流程为弹线找规矩—门框安装位置—安装标高—门安装。

② 依据墙上50cm水平控制门安装标高，预留地面二次装修高度。

③ 门安装应在墙面抹灰前完成。先用木楔将门临时固定，调整正侧面垂直、水平度和对角线尺寸合格后，用膨胀螺栓与混凝土墙固定。

④ 门安装时，要注意门的开启方向、墙厚方向的安装位置。

3 设备管道工程施工技术

3.1 设备安装工程施工工艺

3.1.1 设备组织供货方案

3.1.1.1 供货组织机构

供货组织机构如图 3.1 所示。

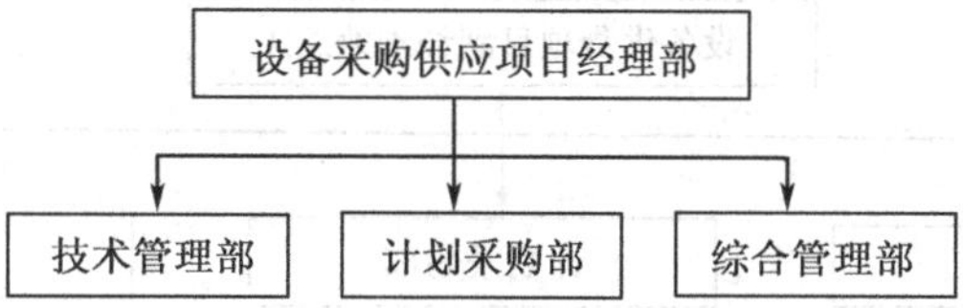

图 3.1 供货组织机构图

3.1.1.2 岗位职责

(1) 项目经理

对供货设备的质量、进度、安全全面负责，动态管理，负责项目的成本控制、人员配置、考核及分配。

(2) 项目总工兼副经理

主管技术质量、安全管理工作，领导自控仪表部分的一次设计、工艺设备、电气系统选型，参与供货设备的质量、进度、安全工作的决策与处理，负责项目 ISO 9001—2000 贯标工作，负责对内、对外协调。

(3) 技术质管部

负责工程工艺设备、电气系统、自控系统的产品选型，产品质量、设备安装现场技术指导，负责自控仪表部分的一次设计、安装与调试工作，对设备供货过程进行质量控制、人员培训、操作维护手册编制等。

(4) 计划采购部

对设备供货制订出详尽的设备供货进度计划表，并负责设备的采购、运输、装卸、交货和安全生产。

(5) 综合管理部

财务、成本管理，负责项目生产调度车辆管理，调试用设备、仪器管理。

3.1.1.3 设备供货进度计划

结合设备组织供货总工期，配合业主在保证供货质量的前提下，合理安排设备制造周期、材料备货周期、设备运输周期等时间，结合业主污水处理工艺的特点，采用强有力的设备组织供货、单机调试的措施与安装工程有效结合，确保业主工期目标的顺利实现。

3.1.1.4 设备供货质量目标及质量保证措施

（1）设备供货质量目标

① 客户满意度达90%以上；

② 客户投诉处理及时率达98%以上，处理率达100%；

③ 采购及时率达98%以上，交货及时率达95%以上；

④ 采购产品一次性检验合格率达98%以上。

（2）设备供货质量保证体系

设备供货质量保证体系如图3.2所示。

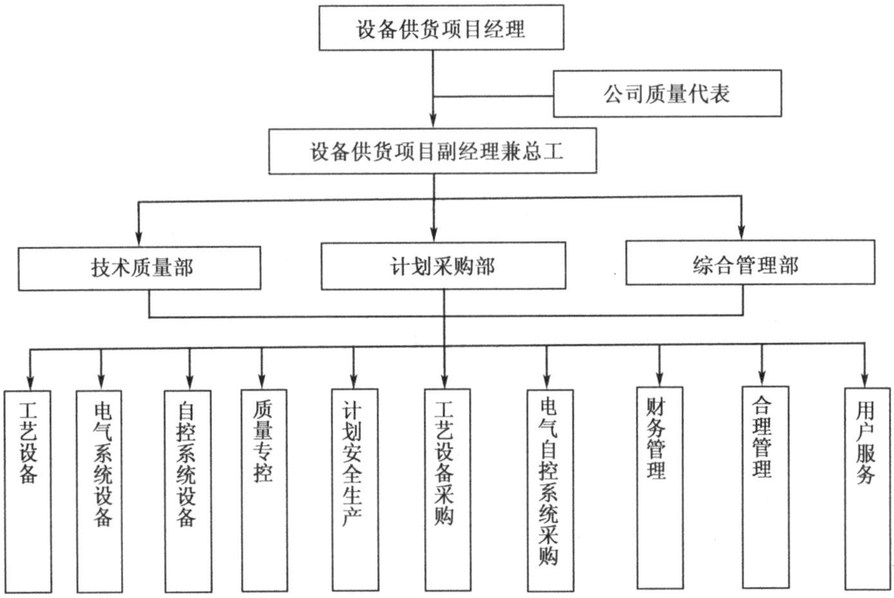

图3.2 供货质量保障体系图

① 项目经理。设备供货质量第一责任人。

② 项目副经理兼总工。设备供货质量工作主管领导。

③ 技术质管部。制订工艺设备、电气设备、自控设备质量控制、检查方案，负责实施、检查，并备案可查；制订不合格品的纠正预防措施，并监督实施。

④ 计划采购部。负责采购、供货过程的质量要求的制订，并协助技术质管部作好设备质量控制、检查工作，实施质量控制措施；全面协调供货质量与工期、安全的矛盾，负责设备采购、运输、装卸、交货过程的质量控制。

⑤ 综合管理部。负责用户的服务及财务合同的管理、调试设备、仪器的质量控制与管理。

⑥ 公司质量代表。对项目部的质保系统进行监控，对项目部的质量管理工作进行检查与监督，确保项目部质保体系良好运转，保证质量控制措施的实施。

⑦ 质量专管员。负责设备采购供货过程的质量管理与监督，向公司质量代表汇报项

目部的质量管理工作开展情况。

（3）供货质量控制的组织措施

① 质量文件制订的审批制度。针对供货产品的特点，由各专业技术人员分别制订工艺设备、电气系统、自控系统产品质量控制、质量检查、不合格品的纠正、预防措施文件，由项目总工程师审核，项目经理批准。

② 设备生产过程质量的控制制度。

• 在选择设备和确定生产厂家时，应确定或选择通过 ISO 9001 认证，并建有质保系统的厂家作为供应商。

• 在设备备料周期和生产周期分别进行质量监督和检查，条件允许的专业技术员及质量专管员应到生产现场监督检查。

• 对于不能到现场监督、检查的设备，要求提供生产过程质量控制证明材料及专业单位检查证书。

③ 设备装箱验收与现场交货验收制度。

• 关键设备、主要设备在供应商生产检验合格装箱前，派专业技术人员到生产现场验收，验收后方能装箱起运，以确保提供优质产品。

• 设备达到交货现场后，召集相关人员，按照设备技术要求、质量要求、进行开箱验收，检查和控制运输、装卸过程的质量。

（4）对于开箱不能按照要求确定质量情况的，作好开箱验收记录，方便安装调试时查用。

④ 运输与仓储的质量保证制度。

• 选择运输信誉好，有质量保证的运输企业作为设备的承运商；

• 运输均需要投保；

• 设备到达项目临时仓库后，定期检查仓储情况，确保设备不在仓储过程中出现受潮、受腐、受损等情况。

⑤ 安装、调试过程中的技术指导制度。设备进行安装调试时，均要派技术人员到施工现场进行技术指导，并填写《售后服务卡》，交由质量专控员归档。

⑥ 检验、调试设备、仪器管理制度。

• 项目部由专人负责检验，调试采用设备仪器管理，并定期进行校对、鉴定。

• 使用人员必须保管好、使用好，不得随意借给他人使用，严禁使用未经检验的设备、仪器。

⑦ 供货质量奖惩制度。项目部制订质量责任制和质量奖惩方案，参与该项目的人员必须遵守，在工作过程中能严格遵守项目部制订的质量控制制度、质量查检制度措施执行的，很好地实现了供货产品质量把关的，可获得奖励。奖励形式为表扬、表彰、奖金等，并记入公司个人档案；对于工作中不按照项目部制订的质量管理方案执行，出现质量问题的，将给予处罚，处罚形式为罚款、调离岗位、赔偿，并记入公司个人档案。

3.1.1.5 供货周期保证措施

① 调集参加过类似工程和有丰富设备供应经验的各类专业管理人员，组建适应本项目特点、高素质、高效率的管理机构。

② 签订合同后，应立即选派专业技术人员与业主技术人员进行技术衔接交底，确认

投标中选型、选厂的正确性、技术参数提供的完整性，避免由于上述原因造成生产周期延长、设备返工等情况。

③ 在10d内保证向业主提交详细的进度网络计划，使业主确认技术人员对处理工艺理解的正确性。作出设备采购供货进度计划表，提前作好设备采购计划。另每隔30d根据供货商生产的实际情况，编制新的调整供货进度计划，确保项目按期完成。

④ 严格执行项目部制订的管理制度，建立健全项目部的质量、安全进度责任制，利用竞争机制、奖惩制度充分调动人员的积极性，最大限度地发挥工作人员的能动性，做好与供货商、业主之间的技术交流、协调工作，使由此带来的工期耽误降为零。

⑤ 供货商生产过程的监督与控制。

• 安排相关人员定期或不定期地到生产现场检查生产进度及质量，对工期有影响的产品，派员进驻相应供货商生产现场督工，确保其按工期交货；

• 对于进口设备，若确有需要，也可派员进行督工，另重点抓好其入关手续的办理，做好入关前的准备工作，实现到口岸后一周内办完入关手续。

⑥ 运输方案的制订。

• 对于所供设备，根据其特点，提前编制运输方案和运输时间表；

• 对于大型设备，派专人跟车运输；

• 对路途较远、线路运力较紧的，作出多种运输方案，并考虑提前时间量。

⑦ 设立临时仓库，实现设备成套供应、工期调整带来的货物仓储和零星进货的仓储。

⑧ 与业主、设计院监理、安装单位保持良好的合作，服从工程整体安排。

3.1.2 设备技术说明

3.1.2.1 总　述

涉及的主要机械设备和机械工程包括以下几项：

① 潜污泵；

② 格栅除污机；

③ 无轴螺旋输送机；

④ 曝气沉砂池设备；

⑤ 潜水搅拌器；

⑥ 桁架式吸泥机；

⑦ 悬挂链式曝气装置；

⑧ 鼓风机及其配套设备；

⑨ 污泥浓缩机；

⑩ 带式污泥脱水机；

⑪ ClO_2 加药系统；

⑫ 起重机；

⑬ 全自动反冲洗过滤装置；

⑭ 出水堰；

⑮ 轴流风机；

⑯ 阀门、闸门。

3.1.2.2 机械设备一般技术要求

(1) 提交资料

① 投标商应提供工厂图纸。工厂图纸应当包括主机、动力驱动、仪表以及构成设备整体的部件图和材料表等。

② 运行和保养手册的主要内容如下。

• 概述。投标商应当提供4份设备的运行和保养手册。

• 运行手册。污水厂运转人员所用的运行手册应当包括下列各项内容，但并不限于以下内容：

第一，操作步骤；

第二，在运行中应采取的安全操作须知；

第三，基本保养常识；

第四，在操作过程中应当注意“应该做”和“不应该做”，不然要引发人员伤亡或影响污水厂运行的事故；

第五，所有图纸都要装入用A4纸打印的文件夹中；

第六，运行手册应当写得简单易懂，若有可能，应当把运行手册写成表格形式，以便于理解。

• 保养手册和记录系统。保养手册应当包括下述内容，但并不限定于以下内容：

第一，保养手册；

第二，保养记录系统；

第三，制造厂的说明；

第四，其他记录。

• 保养手册细目主要由以下四部分组成：

第一，日常维修、试验和更换部件的手续与步骤；

第二，图示容易发生事故的地方，提出补救措施，以便操作人员可以迅速查找事故的原因和消除误动作与误接合；

第三，完整的可采用的润滑剂和单个设备的润滑图表；

第四，备件清单，包括电气和机械设备上应该有的全部备品。

(2) 使用期限

材料和设备均应有较长的使用期，并应适合于长期的每天24h的连续运转，并且需要进行最少量的维修。

要求投标商对任何部件使用期作出证明，投标商可以采用相类似设备的使用记录或用广泛的测试记录来证明。

常规的维护和修理应尽可能地不要求技术高的人员来服务。

除去易耗件（如密封垫料等）正常情况下需要很频繁地更换外，凡是需要经过受磨耗的，无论是哪一种部件，从新的使用到需予以更换，或需予以修理时的连续正常运转的使用寿命不应少于3年，如果需进行总的拆卸来更换部件时，则该部件的使用寿命应不少于10年。

(3) 材 料

工程中所使用的材料必须是最适合该工作的，而且应是新的、具有优良的商品质量、无缺陷、选择使用寿命长、维护要求低的材料。

浸没在水下的设备的活动部分及表面（如销、栓与心轴等）应该是抗腐蚀的。直接与各种化学制品接触的部件应具有对这些化学制品有完全的抗腐蚀与抗磨损的能力，并能保证这些部件不会由于时间的延长或暴露在日光下等任何其他原因而引起老化。当规定中未注明材质，使用不锈钢时，有以下两点要求：

① 水、污水（包括含氯污水或其他水）中为316S12级种类奥氏体钢。

② 大气中为304S15级奥氏体钢；

这种类型的不锈钢在焊接时不产生晶格腐蚀。应特别注意的是，当两种抗腐蚀的金属相接触时，必须防止相互侵蚀而黏附。选择合适的有相应硬度和粗糙度适当的材料，以及使用润滑剂来防止黏附。

使用“铸铁”时，应具有GG25以上机械特性；选择或使用青铜时，必须使用不含锌的青铜。防止由于两种电位接近的金属接合而引起腐蚀，当必须使用不同金属并需要相互接触时，则应该作适当的选择，使双金属的腐蚀降至最低。必要时，应使用橡胶或其他被批准的绝缘材料。

（4）工作质量

同类设备及其部件应具有互换性，备件应用与原件相同的材料制成，并应能与设备的相似项目装配，可以更换的部件的机械加工应是精确的，必须达到规定的允许偏差，以便按照制造商的图纸安装其代用品。

设备在操纵运行时，没有过分的振动和较少的噪声。旋转部件应是平衡的，以使它在各种不同操作速度下运转时，以及达到最大负荷时，不会由于失去平衡而产生振动。

凡能被灰尘或水所磨损或损坏的部件应整个地用防尘罩或防水罩封闭。

（5）浇铸与锻造

所有的浇铸件与锻件都应该是良好的、洁净的，没有孔隙、裂缝、瑕疵、砂眼或激冷硬块的金属。所有的机加工面都应该是没有瑕疵的。浇铸件应是洁净、准确并且轮廓鲜明的。所有形状与尺寸的变化处理都应做成渐变的，带合适的圆角与倒角。

可锻铸铁不能用于任何需要承受工作应力的地方，而在那些地方可使用铸钢。

所有的浇铸件都应仔细地嵌填和揩擦，直到具有一个良好的平滑表面，用以接受最后一道油漆工序。

（6）齿轮传动与齿轮箱

① 所有的齿轮传动均应符合ISO，DIN的标准，服务系数不低于2.0，所有的齿轮传动除非另有批准，均应是全封闭式的。齿轮箱应按照以下规定来设计和制造：

- 齿轮箱的所有接缝处须密封可靠，以防止水与灰尘的进入和润滑剂的外流；
- 齿轮传动部件应便于检查和进行维修。

② 齿轮箱应具包括：

- 刻度清楚的观察玻璃或量油尺，显示流动的或静止的油位；
- 装有便于操作的排放旋塞或塞阀并与排放装置联结；
- 一个带有用螺栓拧紧盖的检查孔，如果加油的接头与通气塞需要，溢流与排放的接管应该予以延伸，避免排出的油溢出。

为了吊装，必须设置手柄或吊环。

③ 传动装置调整工作完成后，每个齿轮箱都应在底板处用圆锥销定位。

(7) 焊　接

① 焊接工应进行资格审查，以便安排恰当的标准与级别的工作；

② 在进行机械加工之前，焊接件均予以消除应力。

(8) 平　衡

所有的旋转部分均应作适当的静态与动态平衡处理，在正常的全速运转时和最危险的负荷条件下，均不应在设备中或周围出现过分的振动。

(9) 互换性

所有相类似的设备，不论是作为一个整体或者有关部件，均应是可以互换的。

所提供的设备的种类必须是合乎标准化的，就这一点而论，在实际上能使设备的一些部件具有最大的互换性。

设备的尺寸应根据国际单位制予以标出。

(10) 噪声控制

投标商应注意保证所安装的设备的所有项目在运转时无异常噪声，如果需要，应安装消音器。

(11) 润滑和清洗

为了进行定期的检查与清洗，以及活动部件加注润滑油，应作适当的布局安排。

投标商应尽量安排，使整个设备中需加注润滑脂或油的部分仅使用同一个等级或类型的润滑剂。

需要周期性加注润滑脂的机械装置的所有轴承座，均应具有经批准的类型的加油嘴，如果需要，可以通过延伸管引出到便于到达的位置上，用于加润滑脂的手动压注机或加油泵应与工具和备件同时提供。

投标商应提供必需的润滑剂，用于设备在发送前的测试和在预处理厂现场，在设备完全交付使用后使用。

(12) 铭牌、标志

每台机器和所有的其他设备均应具有金属的铭牌板，用认可的方式固定，将制造商的名称、编号，以及全部工作特性或输出功率、速度、压力、制造日期等清楚地标明在上面。

(13) 地脚螺栓和二次浇灌

设备和装置必需的所有基础均应根据设备与装置供应者的细节及图纸建造。

投标商应该配套供应全部设备和装置上需用于锚固、固定、定位等方面所有的螺栓(包括地脚螺栓)、垫板、夹子、托座、支承钢结构和座板等。

(14) 防护及油漆

① 范围。本节规定了表面预处理、防护处理、涂层及涂漆系统的供料和操作。投标商应提供所有的材料，并完成所有的工作，投标商应对所有的防护涂层和油漆工程负责。

② 总则。

• 投标商应提交以下资料，但不限于下列内容：

第一，防护涂层和油漆系统一览表；

第二，终饰的颜色表格；

第三，防护处理涂料和油漆系统的制造厂的产品资料；
第四，制造厂的预处理和操作程序；
第五，操作方法。

• 投标商为完成本工程应准备包括以下内容的详细表格：
第一，项目；
第二，环境；
第三，表面类型；
第四，表面预处理；
第五，所采用的防护或油漆系统；
第六，涂料制造厂名称；
第七，可使用的每种涂料的牌号及参考号；
第八，每种涂料的制造厂数据表，包括技术说明、涂层形式和每一涂层的颜色；
第九，终饰的颜色；
第十，建议的操作区域和每种涂料层的详细操作方式，包括使用的设备资料；
第十一，每一涂层的湿膜最小厚度及目标厚度；
第十二，每一涂层的干膜最小厚度及目标厚度；
第十三，每种涂层的油漆的稠密度、单位体积油漆的涂刷面积。
本工程的详细一览表面应符合技术说明和图纸的要求。该一览表应提交业主批准。

• 参考标准。除另有说明外，护涂层和油漆应符合表 3. 1 所示相应的参考标准。

表 3. 1　护涂层、油漆参考标准

标准编号	标 准 名 称
BS 729	钢铁件热镀锌层
BS 1224	镍铬电镀层
BS 1706	钢铁上的镉与锌的电镀层
BS 2451	冷硬铁丸及铁块
BS 2569	喷涂金属复层
BS 2989	连续冷浸锌与镀铁锌合金的钢宽带材
BS 3382	螺纹零件上的电镀层
BS 3416	冷用黑沥青涂料溶液
BS 4129	焊接金属涂料及由保护层焊接的电阻焊特性
BS 4147	钢铁防护用热敷沥青基涂料规格
BS 4232	为涂料而进行的钢表面喷砂修整
BS 4921	钢铁件上的镀料层
BS 5493	钢铁结构防腐层的实用规范
CP 231	建筑物的油漆
CP 3012	金属表面的清理及处理

③ 材料。

• 对于在技术说明中或厂商没有明确规定的防护涂料和油漆内容，只要与钢铁结构的防腐和建筑涂料有关，那么对加工材料或程序的任何特殊部分都要按照相应的实施规范来做，例如：BS 5493——钢铁结构防腐涂层的实用规范；CP 3012——金属表面的清理和处理。

• 所有的金属涂料、防锈层、底漆层和面漆都要相互配合、协调，整个系统要保证连续、无孔操作，使油漆在其应用环境下不会发生物理或化学衰变。

• 对采用几种涂料进行连续涂刷的防护系统，诸如多层油漆系统，要对其每一层涂料采用不同的色泽，便于辨认。

④ 应用。

• 表面处理和应用。油漆前的表面处理和防护涂料的应用或涂漆系统均要根据相关条款所述进行。

• 喷砂清理。待喷砂的表面必须使用经许可的乳胶清理剂彻底消除其表面的所有灰尘、油脂和其他污染物质，并经常置换清理剂。表面喷砂处理达到规定的 BS 4232 一级或二级标准，采用的砂粒必须是激冷铁砂，达到 BS 2451 标准（或者相似硬度的钢砂），最好为精细的颗粒能通过 30 号筛孔（0.5mm），大于 36 筛孔（0.42mm），但是更细的颗粒能达到 BS 2451（表 2/级配 G07）标准，可以取而代之，砂粒不得含有有害物质，任何回用的砂粒在重新用前必须清理干净。

喷砂后的表面粗糙度必须符合下述要求。一级：25 ~ 50μm，指标值为 25 ~ 40μm；二级：25 ~ 100μm。

表面粗糙度，即断面上任何一个从峰顶到邻近槽最底部的尺寸。

喷砂清理要求大气温度高于 5℃，相对湿度低于 85% 时进行。喷砂清理必须在这种条件下进行，即在清理过程中或清理刚结束时，喷砂表面不会落下任何保护层或冷凝层。对清理后不割掉的或不焊接的任一末端、再生角和边缘，都必须格外注意清洗。

喷砂清理后，最好采用真空清理法来去除面上的灰尘和砂粒。对任何喷砂清理后显露出来的剥离或其他疵点都要把它清楚地标绘出来，以便以后修补。因为这些剥离或疵点可能成为以后防护处理层下面的腐蚀点（但其不应成为拒绝接受该部件的理由）。在喷砂后 4h 内，喷刷或涂一层保护性的底漆。

投标商必须提供必要的养护条件和脱湿设备。

• 金属涂层。对任何金属件，当组装完毕（包括打洞、焊接、钻孔、研磨、攻丝和切割），并去除了表面的疵点后，应涂所需的起保护作用的金属涂层。在涂金属层前，要把所有螺孔都填没。金属涂层要符合下述要求：

热浸涂锌层要按照 BS 729 标准；

热浸涂锌钢板和卷材要符合 BS 2989 标准；

喷锌层要符合 BS 2451 一级标准；

喷涂金属层要符合 BS 2569；

螺纹的电镀要符合 BS 3382；

镍和铬的电镀层要符合 BS 1224 工作条件 4；

镉和锌的电镀层要符合 BS 1706。

镀锌层在安装时有任何损坏都要用适当的冷电镀混合剂修补好。

• 钢铁构件涂底漆。当钢构件制作完毕后，应尽快地涂底漆，漆的成分尽量与预涂的底漆相同。对任何涂料底漆的钢板或钢构件预加工之后，还将存在边缘、转角、裂隙或洞孔，如不作为焊接缝或密封空隙内表面的一部分，应该用刷子再刷一层条状的适当的底漆，以保证对边缘等部件起连续的保护作用。

• 保护层和油漆系统主要由以下几方面组成：

第一，油漆系统要按照技术规范和厂商的技术说明书；

第二，除涂环氧层的构件外，对任何构件都要当它们全部安装完毕后，才能涂面漆；

第三，环氧层的油漆应在发送前在工厂内全部完成，或应当在构件安装完毕后再漆，除非已经漆过商品防锈漆，在这种情况下，其他几层涂料可以在安装就绪后再漆；

第四，沥青油环氧油漆只有当周围温度在10℃以上，金属表面温度在5℃以上（高于周围空气露点）时才能进行，投标商必须提供并操纵所有通风装置，使构件在喷砂清理、油漆和涂料固化过程中，温度和湿度符合上述标准。

• 焊件的油漆。当对暴露的焊接点作磨蚀处理后，要将钢构件表面的焊屑、焊渣、所有的碱性沉淀物和污染物都清理干净。对在焊接中遇到损害和影响的焊接点与任何其他部位，都须喷砂清理。喷砂清理过的部位先按照规定涂防锈漆，再根据需要涂该油漆系统的其他涂料，保护焊缝及损坏的部位，使其状态与原来的金属表面情况一致。

每层涂料都应在原来金属的暴露面上焊接处两侧与原有的涂料层重叠50mm。

• 栓接处的油漆。

第一，栓接部位要掩盖起来，避免表面在联结前涂上油漆。当安装构件时，须拿开掩遮物。

第二，当安装就绪并且所有的螺栓都拧紧了之后，将连接部件清理干净，去除所有脏物、灰尘、油脂或其他污染物。需要特别注意，保证在螺丝帽和垫圈上没有任何油脂类痕迹。

第三，若油漆面周围部位有损坏，根据条款（对损坏油漆面的修补）中的规定去操做。

第四，螺栓、螺母、垫圈和任一螺栓连接点的暴露部分都要根据规定涂防锈漆，必需保证把所有缝隙都封住。

第五，漆该涂料系统的其他几层涂料。在沥青层上再漆保护层。

• 沥青层上再漆保护层。对在厂里已经涂过沥青层并准备再涂装饰层的构件，要在表面再涂一层合适的油脂或碱酸铝底漆，必须能与沥青和装饰性涂层兼容。

• 电气设备金属罩的涂料。“罩”包括电气联柜、控制板、联结板、配电板、仪表盘、控制架和控制台。罩子要有一个光滑的、坚挺的、耐用的用烘箱烘干的表面，无任何疵点。内表面涂白色，另有规定的除外。

⑤ 检验和试验。必须遵循下述特殊要求。

• 检查湿膜厚度。必须配备经同意的湿膜厚度仪来检查涂料的等级；

• 检查干膜厚度。涂于钢和其他镍基锰合表面之上的涂层的干膜厚度，以各层涂料累积的总干膜厚度作为系统的测定值。

（15）压力表具

每台设备中压力表的直径均不应小于150mm。铝合金不能用在表的结构中，刻度盘和表盖应为紫铜制成，内部元件应为不锈钢、紫铜或其他抗腐蚀材料（不包括铝合金）。

用于污水和污泥的压力表包括一个压力变送系统。变送系统应为充气密封型。内含铜或不锈钢毛细管和隔膜变送仪。

隔膜应装在一个可清扫的壳中。变送仪的外壳应直接与25mm或更大口径的直通式隔离旋塞连接，隔离旋塞再直接接到压力管口上。

（16）螺母、螺钉、垫圈和螺栓

粗制螺栓、螺钉和螺母应符合ISO 225，ISO 272，ISO 885，ISO 888和ISO 4759/1。粗制六角螺栓、螺钉和螺母应符合ISO 272，ISO 4759/1 8.8级。垫圈应符合ISO/R887，并且使用在所有螺母、六角螺栓和螺钉之下。

所有暴露在空气中或处在潮湿室内的螺栓、螺钉、螺母、垫圈应涂锌保护层或采用不锈钢。

具有锌保护层的M10和较大的坚固件应热镀锌处理。螺母的螺纹的制造应符合ISO 1459，ISO 1460和ISO 1461标准。

螺栓长度在螺母旋紧后，应露头2~3牙。

（17）基础螺栓

用在混凝土、砖石中的基础螺栓、螺母和垫圈应为不锈钢。螺栓可以是棘形的或齿形的螺栓、膨胀螺栓或树脂膨胀管螺栓。

当螺栓用来紧固铝合金件时，应采用非金属隔套和垫圈将铝合金隔离。带有棘形或齿形预埋螺栓的二次混凝土材料，应为专用的非收缩型环氧树脂砂浆或为专用的非收缩型砂浆或为麻丝填料。地脚螺栓和预埋螺栓应在二次灌浆材料达到足够的强度时，才能投入使用。

（18）质检的准备

每次安装前，都要检查设备是否损坏、有无缺陷，以及完整程度和准确性等。

若发现某一次设备和材质有跌损现象时，应立即通知业主代表，损坏设备，不可在业主代表认可以前进行修补。

（19）备件、专用维修工具

备件应包括零配件、专用工具、润滑剂等污水厂运行所必需的物品。

投标商应当提供本合同规定的所有备件。

除另有规定，投标商应提供两套专用维修工具及价格表中所列一切装配备件，这些工具不是为安装目的而挑选的专用工具，应放在有铰链锁合盖的钢质工具盒内，并应单独列出和标价。

（20）安全措施

一般应设机械式过扭矩保护，过扭矩保护需设自动复位。

设备的所有含有危险因素的部分应加上安全罩。在正常工况条件下，温度高于60℃或低于5℃的所有零件均应装有防护栏或保温套。

所有电气传导件，包括由此而形成的电器装置，都应绝缘或有防护栏、防护或置于安全之处，以防事故的发生。

安全罩应用钢丝网或钢板网制成，如有必要，用全钢板制成。安全罩应设计成对轴承、润滑脂加注点、温度计和其他检测点便利操作的形式，允许操作工在没有危险或不需要拆掉安全罩的任何部分情况下进行日常的维护工作。在便利到达检测点的地方，应设置装有锁定装置的检修门。防护罩应采用螺栓固定，不应被无故地拆除或移动。

用于防护罩结构的所有低碳钢包括螺栓、螺母、垫圈、挡圈应热浸锌，除非有其他规定。安全罩的图纸在加工前应送交业主批准。

安全设计应符合《生产设备安全卫生设计总则》GB 5083 中的有关规定。

带电设备接地电阻不应大于4Ω。

3.1.2.3 专用机械设备技术要求

(1) 提升泵（潜污泵）

① 范围。投标商提供的潜水污水泵应为成套装置，并需要配备出水弯座、耦合用导向杆（导轨）、提升链、水下电缆等有效和安全运行所需要的附件，并具备监控信号、电机定子温度、下轴承温度、接线盒泄漏 、定子室泄漏、控制和状态显示。

② 设计和现场条件应符合以下要求。

第一，泵的试验规程应以 ISO2548 为准。

第二，每台泵应能泵送原生污水或含水率为96%以上的污泥。

第三，潜水电机须设有冷却水自循环夹套，应能在全浸没或潜水电机露出液面的条件下连续运行、间歇运行或长期停止状态后恢复运行。

第四，效率不低于80%。

第五，水泵能自动稳固地与排水连接座连接，并且水泵可在1或2根平行的导杆引导下从泵坑顶部到排水连接座自由滑动。泵的单元与排水连接座的密封完全是金属与金属的接触，不用膜、O形环或垫圈形式的排水密封，泵/电机的全部重量由泵的排水弯管承担，泵/电机的任何部分不直接与泵坑底板接触或放在泵坑底板的支座上。

③ 性能和结构。

第一，泵的构造。泵的主件材质是 ASTM A-4835B 级（DIN1691，GG25）灰口铸铁，其表面平滑，无砂眼或其他铸造缺陷，所有外露的螺栓、螺母均为 AISI304 不锈钢。除不锈钢外，所有与泵送介质接触的金属表面由水基底漆和两组涂层保护。机械表面的密封是金属与金属接触，需要防水密封，泵/电机单元接合面是机械加工的并嵌入腈或氟化橡胶O形环。不使用时，需要一定的扭力才能达到压紧效果，并且横截面是矩形的橡胶、纸质或化学合成物的垫片。不使用二次密封复合物、椭圆形密封环、羊毛或其他装置。

第二，蜗壳。泵的蜗壳是整件的灰口铸铁，35B 级（DIN1691，GG25），偏心设计的足够大的平滑流道，以通过进入叶轮的颗粒。

第三，叶轮。叶轮是35B 等级（DIN1691，GG25）的灰口铸铁材质，达到水力平衡，多叶片闭封式无阻塞流道设计，长流道无剧烈拐角。叶轮能处理固体、纤维材料、污泥和污水中其他的杂物。叶轮键入泵轴，靠一个膨胀环卡住，能够防止在正反两方面旋转时发生松动，叶轮有镀醇酸聚酯树脂涂层。

叶轮应进行动平衡，动平衡精度应不低于 G6.3 级。振动烈变不大于 0.45mm/s。

第四，冷却系统。每台泵/电机都有一个完善的内在冷却系统，电机水冷却夹套应包围定子室，材质为铸铁 ASTMAA－48，35B 级（DIN1691，GG25）。无论是电机部分浸在所泵的液体中，或直接暴露在空气中，冷却系统都能提供电机散热，叶轮背部的叶片能把泵送液体的部分通过一个澄清通道后作为冷却液体，在冷却系统中循环。提供一根排气管，以排放夹套内的空气，预留钻孔或螺孔，用于下部冷却和密封冲洗或气体排放，冷却套有检查孔，冷却系统能使泵潜水时或在空气中，在最高 40℃ 的环境温度下连续运行。

第五，耐磨环。耐磨环系统能在蜗壳和叶轮吸口之间提供有效的密封，每台泵装备有装在蜗壳进口处的黄铜静环。在叶轮吸口处有一个热装压嵌入的不锈钢叶轮耐磨环。

第六，泵轴。泵和电机的轴是连续无间断的轴，泵轴是电机轴的延伸。泵轴是由碳钢制造的，并完全与泵送液体隔离。

第七，机械密封。每台泵配有一个上下双重独立的机械轴密封系统。下密封与叶轮毂分开。密封在油腔内运行，该油腔能以稳定的流速对重叠的密封面进行润滑。下密封组位于泵与油腔之间，包括一个静密封环和一个旋转的动密封环，材料为碳化钨。每个密封的分界面由其自身的弹簧系统连接。密封不需要维护和调整，并且在不影响或失去密封功能的情况下，可以顺时针或逆时针转动。即使上下密封失效，液体进入油室，也不会与下轴承或定子接触。外密封腔内有螺旋凹槽，以达到去除杂质颗粒、减少磨损的目的。每台泵的轴密封系统有一个油室，从设计上讲油室，防止过满和留有油膨胀的空间。带有防漏密封的注油孔是很容易从外部检查维修的。密封系统不依靠所泵送的介质润滑。介质的 pH 值为 6～10。

机械密封应该是免维护的，润滑与被输送液体相隔开，能抵抗热冲击，并具有良好紧急运行的特点。制造厂应保证机械密封的使用寿命不低于 20000h。

第八，轴承。泵轴在油脂润滑的轴承上转动。上轴承是一个单滚珠轴承，用于承担径向力。下轴承包括一个滚珠轴承，承担径向力及一个止推轴承来承担轴向力。下轴承包括一个独立的温度传感器 PT－100，以监控轴承的温度，如果温度过高，传感器实施报警并停机。轴承在 $0.5Q_n < Q_n < 1.25Q_n$（Q_n 为最佳工况点）范围内运行时，轴承寿命应大于 50000h。

第九，电机。泵的电机是鼠笼式感应电机，装在充气的防水的壳内。定子绕阻和定子进线的绝缘等级为 F 级 155℃。定子热压嵌入定子室，不采用需在定子壳上钻孔的螺栓、针和其他连接装置，电机专为潜水泵设计，并能连续泵送温度最高为 40℃ 的介质。电机能每小时启动 12 次。为监控每相绕阻上的温度，在每个定子进线线圈中装有热敏开关，热敏开关的设定打开温度为 140℃，可以与电机过载保护相连接，并接至控制柜，与控制柜连接。电机的允许电压波动为 ±10%，电机设计成在最高 40℃ 环境下工作，并且定子绕阻的平均升温不超过 80℃，提供一份能显示转矩、电流、功率因素、输入/输出功率和效率的性能表。该性能表还包含启动和零负荷特性的数据。

电机保护等级为 IP68，绝缘等级不低于 F 级。

第十，接线盒。接线盒包括两个截然分开的端子板。一个端子板用于连接监控进线和控制电缆，另一个端子板用于连接动力电缆和电机定子进线。动力接线板是独立的，并将接线盒与定子室密封隔开。电缆进线接线盒和电机由一个不吸潮的馈电接线板相隔离，以保证任何外部物质不能通过泵的顶部进入定子室。

第十一，动力和监控电缆。动力电缆的尺寸符合 IEC 标准，并提供足够的长度，以接入接线盒且不需拼接，电缆外护套是低吸收性的防油氯丁橡胶，并且机械柔性能承受电缆进线处的压力，电机和电缆至少能在水下 20m 处连续使用而不失去其防水性能。

第十二，电缆进线密封。电缆进线密封的设计能消除一定的扭矩，以形成一个防水的潜水密封。电缆进线包括一个柱形高弹性衬套，两边有垫圈，都与电缆和电缆进线紧密结合，电缆进线挤压衬套应达到一个出气冒口功能，该密封保证方便电缆的更换，不使用环氧、硅或其他二次密封系统进行密封。

第十三，保护。所有定子有三个串联常闭的热敏开关，以监控每相绕阻的温度，如果温度过高，热敏开关打开，停止电机，并实施报警。提供下轴承温度传感器 PT－100。传感器直接与止推轴承的外滚道接触，以执行精确的温度监控功能。在定子室中提供一个探测液体的浮动开关泄漏传感器 FLS，不采用对电压敏感的固体传感器。热敏开关、泄漏传感器 FLS 和下轴承温度监控器 PT－100 与一个同时提供的控制与状态监控 CAS 装置相连，该控制装置装在控制柜内。

④ 主要材料。

泵壳体：铸铁，DIN1693GGG40.3。

叶轮：铸铁，DIN1691GG25。

主轴：钢，ASTM A－572 Grade 50。

内密封：耐腐蚀烧结碳化钨。

外密封：耐腐蚀烧结碳化钨。

O 形环：腈橡胶 700 IRH。

磨损环：动环，不锈钢：ANSI（316）。

磨损环：静环，黄铜，ASTM C83600。

螺栓、螺母、垫圈：不锈钢 ANSI 304。

导轨、吊链：不锈钢 316。

⑤ 设备参数。

流量：800m^3/h。

扬程：14m。

安装方式：自动耦合式安装。

数量：2 台（一用一备，其中 1 台用变频电机）。

流量：500m^3/h。

扬程：14m。

安装方式：自动耦合式安装。

数量：1 台（要求可变频电机）。

采用国产优质产品、上海 KSB 或高于其质量的合资、进口产品，生产厂家的产品近三年内必须有应用于 50000t 以上的污水厂业绩。

（2）剩余污泥泵（潜污泵）

① 范围。投标商提供的潜水泵（潜污泵）应为成套装置，并需配备出水弯座、耦合用导向杆（导轨）、提升链、水下电缆等有效和安全运行所必需的附件。投标商必须提供其设备的自控原理图，并具备电机定子温度。

② 设计和现场条件。

第一，泵的试验规程应以 ISO 2548 为准。

第二，每台泵应能泵送原生活污水或含水率为96%以上的污泥，pH 值为6~10。

第三，效率不低于80%。

第四，水泵能自动稳固地与排水连接座连接，并且能通过单或双导轨耦合系统，从泵坑顶部到排水连接座自由滑动，不需要工人下水池检查和安装。泵与底座之间采用橡胶密封，泵/电机的全部重量由泵的底座承受。

③ 性能和结构。

第一，泵的构造。泵的主件材质是 ASTM A-48 铸铁，其表面平滑，无砂眼或其他铸造缺陷，所有外露的螺栓、螺母、垫片、提升链、导轨均由不锈钢 AISI316 或更高级的其他材料制成。除不锈钢外，所有与泵送介质接触的金属表面和泵的外部喷涂有醇酸底漆及面漆保护。机械密封的设计是机械加工的金属与金属接触。泵/电机单元结合部分是防水密封，接合面是机械加工的，并嵌入睛橡胶或氟化橡胶 O 形环。O 形环为不需要一定扭力就能压紧，嵌入2个接合面，并以4个边接触的橡胶环。横截面为矩形的橡胶。

第二，冷却系统。电机能通过周围环境及泵送的介质获得足够的冷却，或用冷却夹套冷却系统。

第三，电缆进线密封。电缆进线密封设计需消除一定的扭矩，以形成一个防水的潜水密封。电缆进线由一个圆柱高弹性衬套、外侧垫圈等组成。所有部件的内、外径尺寸与电缆的外直径接线室的内直径相吻合，符合一定的公差范围。电缆进线弹性衬套被电缆进线室挤压并消除拉紧应力。进线装置可方便地替换电缆。

第四，电机。泵的电机是鼠笼式感应电机，装在充气的防水的壳内。定子绕组和定子接线的绝缘等级是 F 级 155℃。定子各浸入 F 级绝缘漆3次和烘烤3次。定子热压嵌入定子室。电机设计为可连续泵送温度为40℃的介质，可每小时平均启动15次。为监控每相绕组的温度，在定子线圈中装入热敏开关。热敏开关在不大于70℃时常闭，在125℃时跳开。热敏开关与电机过载保护连接并接至控制柜。综合工作因素（即电压、频率及密度的综合效应）为不小于1.15。电机的允许电压波动为±10%。电机的设计保证能在不超过40℃的介质下连续工作，其温升不超过85℃。提供一份能显示转矩、电流、功率因素、输入/输出功率和效率的性能图。该性能图还应包括启动和无负载特性的数据。

电机能在水下20m处连续使用而不失去其防水性能（根据 IP68 标准）。

电机能在泵的负载范围内干运行，并且不损坏。

电机有足够的轴功率，保证泵在其整个性能曲线范围内运行时不过载。配套电机功率由投标商计算确定。

第五，轴承。应采用高质量的终身润滑轴承。

第六，机械密封。同提升泵。

第七，润滑油。油室需注入符合 FDA172.878 卫生标准的白石蜡润滑油，不含芳香烃及按照 FDA172.878 卫生标准处理。

第八，泵轴。泵和电机轴为同一单元。泵轴是电机轴的延伸。泵轴的材料是 AISI-431 型不锈钢。主轴在轴承和机械密封处的度应不超过50μm。

第九，叶轮。叶轮的材料是灰色铸铁（ASTM A-48 级35B）。达到动平衡，双闭式无堵塞流道的设计，长流道无剧烈拐角。叶轮具有非常好的过流特性。能使废水中通常存在的固体、纤维物质、污泥等其他物质无阻塞流通。根据需要，可采用无旋涡全叶片叶轮，以达到最高水力效率，从而降低成本。叶轮用 Allen 头螺栓扭紧固定，并通过直径至少为 75mm 的固体颗粒。叶轮涂上醇酸聚酯树脂底漆。根据需要，制造商可提供惯性扭矩计算书。

第十，磨损环。磨损环系统能保证蜗壳与叶轮吸入口之间的有效密封性。耐磨环应可靠地固定在泵壳上，以保证水泵在正常运转和反向旋转时不脱落，同时耐磨环也应易于拆卸和更换。磨损环是静磨损环，由铸铁或涂有腈橡胶的钢铁或黄铜制成。

第十一，蜗壳。蜗壳是整件的灰口铸铁，材质为 ASTM A－48，35B 级。偏心设计，要有足够大的平滑流道，以通过进入叶轮的颗粒。

第十二，保护。电机具有下述保护装置，将引遥控报警（220V 交流电，50Hz）连接起来，终端箱为防火及防水型，线引至电源和控制板，使电缆与所有定子装有三个串联的、常闭的热敏开关，以监测每相绕组的温度。如果温度过高，热敏开关在 125℃时跳开，以关闭电机，并发出报警信号。

④ 主要材料。

泵的壳体：铸铁。

叶轮：铸铁。

主轴：钢。

内密封：碳化硅。

外密封：碳化硅。

O 形环：氰橡胶。

磨损环、动环：不锈钢。

螺栓、螺母、垫圈：不锈钢。

导轨、吊链：不锈钢 316。

⑤ 设备参数

流量：$29m^3/h$。

扬程：7.6m。

安装方式：自动耦合式安装。

工作介质：剩余污泥。

数量：2 台。

流量：$43m^3/h$。

扬程：51m。

安装方式：自动耦合式安装。

工作介质：接触池出水。

数量：2 台。

3.1.2.4　格栅除污机

（1）钢丝绳牵引式格栅除污机

① 安装位置：粗格栅井，露天安装。

② 数量：2 台。

③ 构成：由栅条、耙斗、主动钢丝绳、差动钢丝绳、主传动机构及差动机构、格栅导轨及挡渣板、导渣板组成。

④ 材质：栅条、耙斗及钢丝绳等过水部件为316不锈钢，机架为304不锈钢，导轨为316不锈钢，卸污刮板为304不锈钢和橡胶板。

⑤ 技术规格：栅条间隙为20mm，栅条迎水面宽度为10mm，栅宽为1.1m，渠宽为1.2m，栅前水深为1.35m，井深为10.4m，渣斗排出高度为1.0m，设计流量为56400 m^3/d,安装角度为75°，电机保护为IP65，电机绝缘为F，电源为380V、50Hz、3P。

（2）回转式格栅除污机

① 范围。格栅除污机应配套防护罩和安全运行所需的附件。主要包括驱动装置、机架、耙栅装置、导向装置、水底拦栅等。

② 工作原理。格栅除污机是一种自动拦截、收集并清除污水中悬浮杂物的水处理专用装置，它是由一种独特的耙齿装配在一组回转格栅链上，在电机减速器的传动下，经链轮传动带动格栅链，进行逆水流方向回转运动，把杂物清捞上来。当耙齿链运转到设备的上部时，由于槽轮和弯轨的导向，使每组耙齿之间产生相对的自清运动，绝大部分固体物质靠重力落入输送机，另一部分依靠清洗装置把黏在耙齿上的杂物洗刷干净。格栅除污机能准确地完成整个工作循环，其结构设计能保证清污效果，格栅底部不会有污物堆积死角。

第一，驱动装置格栅除污机的驱动装置位于格栅机架上部，主要材质均为不锈钢1Cr18Ni9Ti。动力装置为电动机，减速装置由摆线针轮减速机和一级链传动组成，传动效率高，噪声低，运行平稳可靠。电机防护等级为IP55，电机绝缘等级为F级。

驱动轴的设计具有足够的强度和刚度，以承受弯矩和扭矩同时作用的载荷。

驱动装置的减速机和链传动装置设有保护罩壳，可以方便维修检查。

驱动装置设有链条张紧机构、机械过载保护机构。机械过载保护机构采用安全销结构形式，一旦格栅过载，装在从动链轮上的安全销将被切断，链轮上的拨叉触动限位开关使电机停止工作。

第二，机架。格栅除污机的机架两侧墙板为δ12的不锈钢钢板，两墙板间由许多槽钢焊接而成，在格栅中间槽钢上设置栅条和挡渣板，格栅的机架为一整体，具有很高的强度和刚度。

格栅的栅条采用进口扁钢制作，材质为SUS304，与国产栅条相比，具有很高的直线度，栅条迎水面无锐角，易于去除堆积在栅条上的垃圾。

机架的两侧与格栅井之间留有间隙，通过机架的两侧橡胶封板来防止垃圾通过。

格栅的机架与基础之间通过安装槽钢连接，安装槽钢的上端与机架用螺栓连接，下端在调整机架的两侧与格栅井之间间隙相等后，与基础预埋钢板现场焊接，以后如需起吊格栅，只需拆下安装槽钢与机架间的螺栓即可。

第三，耙栅装置。耙栅装置的水下轴承采用自润滑式，无需加油，便于操作和维护。格栅的链条上设置不锈钢挡片，以防止垃圾进入链条，影响整机的运行。

第四，导向装置。格栅的导向装置由4组导向轮组成，分别置于机架两侧的上部和下部，主要作用是改变格栅齿耙的运行方向。

第五，水底拦栅。格栅的水底拦栅的主要作用是拦截水中垃圾，防止垃圾从水中流入栅后。水中拦栅拦截的垃圾通过上侧耙齿刮走。

第六，格栅除污机应能每天24h连续运行，工作时的噪声应小于75dB。

③ 标准。适用但不限于以下标准。

不锈钢：GB 1220—84。

不锈钢热轧钢板：GB 3280—84。

不锈钢热轧等边角钢：GB 4227—84。

不锈钢无缝钢管：GB 2270—80。

不锈钢焊条：GB 983—85。

链传动用短节距精密滚子链：GB 1243. 1—85。

工程用钢制套筒链、附件及链轮：JB/T 5398—91。

滚子链和套筒链链段疲劳性能试验方法：JB5387—91。

起重机械安全规程：GB 6067。

摆线针轮减速机：JB/T 2982—92。

工业机械电气设备第一部分，通用技术条件：CD/T 5226. 1—1996

机械加工通用技术条件：Q/ZB75—73

装配通用技术条件：Q/ZB76—73

④ 主要材料。

驱动轴：不锈钢1Cr18Ni9Ti。

机架：不锈钢1Cr18Ni9Ti。

机罩：不锈钢1Cr18Ni9Ti。

耙齿：增强尼龙材料。

导向装置：不锈钢。

紧固件：不锈钢。

⑤ 防腐蚀。不锈钢表面需经酸洗钝化处理，未经保护或非防腐性材料应按照《机械设备一般技术要求》的规定进行处理。

⑥ 设备参数。

格栅间隙：5mm。

栅宽：1400mm。

渠宽：1500mm。

渠深：1. 5m。

栅前设计水深：1. 2m。

栅后设计水深：1m。

过水量：56400m^3/d。

排渣高度：0. 8m。

数量：2台。

3. 1. 2. 5　无轴螺旋输送压榨一体机

(1) 范　围

投标商提供的无轴螺旋输送压榨一体机，必须配备有效和安全运行所必需的附件。

（2）设计和现场条件

螺旋输送机的接口应与以上所述格栅的卸料口相互配合。

（3）性能和结构

① 无轴螺旋输送机叶片的直径为320mm，并具有合适的旋转速度，既能达到输送、压榨栅渣的目的，又不会造成阻塞。进料含水率为90%，出渣含水率应低于70%。

② 传动形式应采用电机减速机与螺旋体驱动轴直连。减速机轴承应润滑良好，其工作寿命应不低于6000h。减速机的齿轮设计应符合ISO或等同标准，服务系数不小于2.0。齿轮为低合金钢，渗碳处理，齿面硬度不低于HRC58。

③ 无轴螺旋片应具有足够的强度和刚度，厚度不小于20mm。螺旋片宽度不小于80mm，螺距不大于200mm。

④ 无轴螺旋输送压榨一体机应有型钢支撑固定在混凝土的土建基础上。

⑤ 螺旋输送槽厚度应大于4mm，制成U形断面，除进料口敞开外，其余部分应沿螺旋槽加平盖封闭，以确保栅渣、水、臭味不会从机壳中漏出。

⑥ 输送机空载运行2h，螺旋叶片和槽体应正常跑合，驱动装置应转动灵活、运行平稳，轴承温升不超过70℃。

⑦ 输送机应能每日24h连续运行。

⑧ 驱动装置应适用于户外使用，其防护等级为IP65。

⑨ 输送机槽内的耐磨衬板或耐磨衬套为PVC，应能方便地更换，使用寿命应保证5年以上。

（4）主要材料

输送螺旋叶片：耐腐蚀的特种钢。

压紧螺旋：1Cr18Ni9Ti。

输送机壳体、盖板：1Cr18Ni9Ti。

机座：1Cr18Ni9Ti。

螺栓、螺母、垫圈：1Cr13。

耐磨衬套（或衬板）：PVC。

（5）抗腐蚀

制造输送机的全部材料应适用于污水的腐蚀环境，不锈钢表面需经酸洗钝化处理，未经保护或非防腐性材料应按照《机械设备一般技术要求》的规定进行处理。

（6）设备参数

无轴螺旋输送压榨一体机。

长度：4.7m。

直径：300mm。

衬套厚度：10mm。

螺旋速度：15r/min。

料斗口长度：与1400mm宽格栅配套。

安装高度：与格栅配套。

数量：1台。

3.1.2.6 曝气沉砂池成套设备

（1）设计与现场条件

沉砂池的进水量为40000m^3/d，高峰流量为2350m^3/h。

沉砂池采用空气曝气模式，使附着在砂粒上的有机物与砂粒分离，砂粒通过自重，沿池壁沉降到池底集砂槽。砂粒通过排砂泵吸入砂水分离器，将砂水分离。

① 桥式吸砂机。

• 桥式吸砂机主要由主梁、走道板、栏杆、轨道、驱动装置、浮渣刮集装置、吸砂系统、行程控制装置、电控装置等组成。

• 驱动形式应采用两台齿轮减速电机。吸砂机置于池顶的钢轨上，根据设定的周期，自动往还运行。同时用撇渣耙将浮渣送至集渣槽。

• 减速机轴承应润滑良好，工作寿命不低于6000h。齿轮设计应符合ISO或等同标准，服务系数应不小于1.6。齿轮为合金结构钢，渗碳处理，齿面硬度不低于HRC58－62。

• 桥式吸砂机应包括4组驱动转轮。所有的滚轮、支撑轴寿命应超过5年，钢轨至少能承受200kg/m^2的负荷。

• 吸砂机兼有吸砂和刮浮渣两种功能，随机配套的一个电控箱的功能是控制该池机械设备的定时启动。终点位置由限位开关确定，在终点停止时间可以调节，并在运行中遇到过载时，通过安全装置自动报警及限位切换。控制箱应符合户外需求，防护等级为IP65。

② 抗堵塞潜水自耦吸砂泵。

• 叶轮。叶轮应为螺旋叶轮，无堵塞及无超负荷特性。叶轮和蜗壳的流向线条设计应为渐变式，并能泵送一定粒径的砂粒。叶轮应进行动平衡，动平衡精度应不低于G6.3级。

• 电机。电机应为三相鼠笼电机，3相、380V、50Hz，防护等级为IP68。电机的配置应保证在$H-Q$曲线上任意一点工作时，都不会出现过载现象。定子绕组的平均温升不超过80℃。

• 轴封。采用两个上下双重独立的高质量机械密封系统。机械密封均采用碳化钨/碳化硅。机械密封应该是免维护的，而且具有良好的紧急运行特点。

制造厂应保证机械密封的使用寿命不低于20000h。

• 轴承。应采用高质量的终身润滑轴承，轴承使用寿命应不低于60000h。

• 水泵监控装置。水泵监测装置应包括电机室上下轴承过载时发出指示，应该在电机或主轴出现严重损坏前发出讯号。

• 水泵安装。当水泵需要维修、保养时，不必将池内的水放空，只需将排砂泵沿导轨提出水面至平台上。当维修完毕时，排砂泵可沿其导轨下滑至池底的工作位置，并与其耦合底座自动连接好。每台泵均备有链条、吊环和导轨。

（2）砂水分离器

① 应由不锈钢制的砂水分离槽、螺旋输砂槽和螺旋体组成，使用寿命大于10年。

② 水在溢流前，需满足粒径0.2mm以上砂粒的沉降回收率不低于98%。

③ 螺旋输砂槽应与砂水分离槽结合成一整体，由型钢支撑，并固定在混凝土的土建

基础上。

④ 螺旋输送槽为U形断面，螺旋直径不小于260mm，安装角不大于25°。

⑤ 耐磨衬套为PVC或尼龙，使用寿命大于3年。

⑥ 螺旋输送槽出料口应高于分离器槽顶300mm以上。

⑦ 螺旋体的驱动装置的齿轮设计应符合ISO或等同标准，服务系数不小于2.0。齿轮为低合金钢，渗碳处理，齿面硬度不低于HRC58。电机应适用于户外使用，防护等级为IP65，电压等级为三相、380V、50Hz，F级绝缘，电机的额定功率应高于最大实耗功率的10%以上。

⑧ 螺旋轴轴承应有可靠的密封和良好的润滑条件。

⑨ 输出砂粒的含水率应低于60%。

（3）主要材料

① 桥式吸砂机。

主梁：Q235A碳钢热喷锌。

栏杆：Q235A碳钢热喷锌。

驱动装置：SEW电机。

轨道：15kg/m轻轨。

吸砂提升管：不锈钢316。

连接头：不锈钢316。

螺栓等紧固件：不锈钢304。

② 无堵塞吸砂泵。

叶轮：不锈钢316。

壳体：优质铸铁HT250。

主轴：不锈钢316。

③ 砂水分离器。

分离槽本体：不锈钢1Cr18Ni9Ti。

螺旋体：耐磨耐蚀特种钢。

支架：不锈钢1Cr13。

螺栓等紧固件：不锈钢1Cr13。

④ 其他设备。

紧固件：不锈钢0Cr19Ni9。

电控箱：不锈钢0Cr19Ni9。

⑤ 防腐蚀。制作除砂设备的全部材料应适用于污水厂的腐蚀气体环境，未经保护或非防腐性材料按照标书条款进行处理。

砂水分离器外表面需经酸洗钝化处理，未经保护或非防腐性材料应按照《机械设备一般技术要求》的规定进行处理。

（4）设备参数

① 桥式吸砂机。

曝气沉砂池宽度：4.1m。

池的长度：15m。

池深：5m。

有效水深：2.7m。

② 无堵塞吸砂泵。

吸砂泵流量：$50m^3/h$。

吸砂泵扬程：5.5m。

③ 砂水分离器。

处理量：5~12L/s。

衬套厚度：10mm。

转速：15r/min。

3.1.2.7 潜水搅拌器

（1）范 围

投标商提供的潜水搅拌器应为成套装置，并且需要配备提升导轨、提升链、水下电缆、搅拌器支架和可移动悬臂等有效与安全运行所必需的附件，并具备电机定子温度、定子室泄漏提示功能。

（2）设计和现场条件

① 每台潜水搅拌器应可以在混合液中工作。

② 应能在全浸没或潜水电机露出液面的条件下连续运行、间歇运行和长期停止状态后恢复运行，搅拌器在整个运行过程中需保持无振动平稳运行，无故障运行时间至少为10000h。

（3）性能和结构

① 应能每天24h连续运行。

② 确保水体完全混合效果。

③ 导轨系统可自由调整搅拌机的提升和下降，并在无需排空水池的情况下拆卸和安装搅拌器。搅拌器全部质量受力在一个支架上，并且该支架必须可承受搅拌器形成的推力。

④ 壳体。搅拌机的壳体厚度应足以承受荷载，转动头部应呈流线型。

⑤ 螺旋桨。螺旋桨由不锈钢316整个铸造，而且需作动平衡。螺旋桨与轴之间需装有锁定装置，防止转动时松动，叶片设计为三片式，需具有自清、免振功能。

⑥ 轴。搅拌机的电机和螺旋桨轴采用直联的方式（耦连的方式不被接受），轴由耐磨不锈钢制造，螺旋桨和电机轴能承受所有轴向与径向荷载，轴承的设计寿命（B10）不小于80000h。螺旋轴应完全与搅拌介质隔离。

⑦ 轴封。采用两个相互独立的高质量机械密封。

机械密封均采用耐腐蚀烧结碳化钨或耐腐蚀烧结碳化硅，介质的pH值为6~10。

机械密封的使用寿命不低于25000h。

机械密封应设计成可以反转，而不会带来不良的后果。

⑧ 潜水泵电机具下列设计特性。潜水型三相鼠笼型异步电机的防护等级为IP68，F级绝缘等级B级温升，电机轴和转子作平衡，最大转速不超过1500r/min，380V、3相、50Hz。

潜水电机需设计为可连续运行，每小时可启动12次。

⑨ 电缆和电缆密封。电机应配有用于控制和动力的水下型电缆，每根电缆都有一单独的进口，并进行可靠的密封，如果动力电缆是多芯电缆，那么每根电缆还要进行单独密封。

电缆应伸入接线室，并用可重复使用的橡胶密封件密封，不使用树脂或其他罐装密封材料密封。

⑩ 安装提升系统。应包括导轨、提升装置、可移动悬臂等。

⑪ 潜水搅拌机在无水条件下空载运行 2h，应传动平稳，无卡位和抖动现象。

(4) 主要材料

壳体：不锈钢。

螺旋桨：不锈钢 316。

轴：不锈钢 316。

机械密封：耐腐蚀烧结碳化钨或碳化硅。

螺栓、螺母、垫圈：不锈钢 316。

支架、附件：不锈钢 304。

可移动悬臂：不锈钢 304。

(5) 防腐蚀

制造潜水搅拌器的全部材料应适用于污水的腐蚀环境。

(6) 设备参数

① 悬挂链反应池搅拌器。悬挂链反应池厌氧池（$L \times B = 53.5\text{m} \times 6.5\text{m}$）中需设置 3 个搅拌器，以使反应池中泥水混合均匀，需设搅拌器的反应池有效水深为 5.45m，池深为 6.2m，池中悬浮固体浓度小于 8g/L。

② 潜水搅拌机 Φ615mm，转过 $n = 480\text{r/min}$。搅拌器应配套手摇式起吊装置。

3.1.2.8 桁架式吸泥机

(1) 设计与现场条件

池形式：矩形池。

行车式吸泥机数量：1 台。

池宽：20m。

行车跨度：20.25m。

池长：50m。

池深：6.0m。

有效水深：4.83m。

驱动方式：电机双边同步驱动。

吸泥泵数量：6 台。

吸泥泵参数：$Q = 140\text{m}^3/\text{h}$，$H = 4.0\text{m}$。

行车速度：1 ~ 2m/min（可调）。

钢轨型号：24kg/m 钢轨。

设备的制造材料及安装条件由甲方最后提供的图纸和要求为准。

(2) 性能与结构

泵吸式吸泥机具有运行稳定、吸泥均匀、适用于平流式沉淀池排泥。

排泥方式为利用潜污泵将泥浆吸出，送至排泥管排出。

吸泥泵可边走边吸泥，能根据污泥量调节排泥次数，吸泥泵能泵 8000mg/L 悬浮物质。

刮泥板和吸管的布置可以保证吸泥均匀，不发生积泥，吸口为铸件，能够防止变形而避免发生吸口堵塞；行车式吸泥机设有反冲洗装置，防止吸泥管被堵塞。各个吸泥泵运行互不干扰，当出现泵故障时，可以将泵提出水面进行维修。

随机配套的一个电控箱的功能是控制该池机械设备的开启与停止，双向自动反向运行，并在机械设备出现过扭的情况下，立即停止运行，本机具有自动保护功能，控制箱应符合户外需求，防护等级为 IP65。

走道板的宽度应大于 800mm，其至少能承受 250kg/m^2 的负荷。

电器部分设有就地开车、停车、过载保护装置，行车吸泥机的电器元件和吸泥泵应选用国内外知名品牌的产品。

减速箱齿轮设计按照 ISO 或等同标准，服务系数小于 2.0，齿轮采用低合金钢渗碳处理。表面硬度不低于 HRC58，所有结合面及输入和输出轴密封处没有渗漏；所有运动部件的运转平稳，噪声不大于 80dB，轴承寿命大于 10000h。

泵的结构主要如下。

① 叶轮。叶轮应为螺旋叶轮，单流道，叶轮形状为螺旋状，无堵塞及无超负荷特性。叶轮在水力学设计上，应揉合正向推动力。叶轮和蜗壳的流向线条设计应为渐变式，并能泵送含固体量密度达 13% ~18% 的污泥。其他将导致堵塞机会较高的设计，如双通道或多同道的，均不予采纳。

叶轮应进行动平衡，动平衡精度应不低于 G6.3 级。振动烈变不大于 0.45mm/s。

② 电机。电机应为三相鼠笼电机，380V、50Hz；防护等级为 IP68，绝缘等级为 F。电机的配置应保证在 $H-Q$ 曲线上任意一点工作时，都不会出现过载。电机能每小时启动 12 次。定子绕组的平均温升不超过 80℃。

③ 轴封。采用两个上下双重独立的高质量机械密封系统，可以顺时针或逆时针转动，而不会带来不良的后果。机械密封均采用碳化钨/碳化硅。机械密封应该是免维护的，并具有良好的紧急运行特点。

制造厂商应保证机械密封的使用寿命不低于 25000h。

④ 轴承。应采用高质量的终身润滑轴承，轴承使用寿命应不低于 80000h。

⑤ 水泵监控装置。应包括电机室上下轴承过载时发出指示，应该在电机或主轴出现严重损坏前发出讯号。

⑥ 泄漏传感器。在定子室中提供一个探测液体泄漏的传感器，所有讯号都应分别监测，并在水泵或电机出现严重损坏前，分别发出报警讯号。

⑦ 热保护。电机的每一项均由常闭型温度传感器保护，三个传感器应串联连接，这些传感器都应在 140℃时断开，可以与电机过载保护相连接，并接至控制柜，与控制柜连接。

为了指示轴承的磨损，在上下轴承处各设有一常闭型温度传感器，在主轴或电机的其他部件出现严重损坏前，温度传感器应该断开。

(3) 主要零部件材料

① 桥架（主梁）：轻质优质碳素钢 Q235A。

② 走道板：镀锌钢格板。

③ 行走车轮：铸钢、橡胶。

④ 护栏：碳钢重防腐。

⑤ 水下支架、刮泥器：不锈钢 。

⑥ 驱动装置：SEW 减速机。

⑦ 吸排泥系统主要零部件材料如下。

叶轮：不锈钢 ；

泵、电机壳体：优质铸铁 HT250；

主轴：不锈钢；

机械密封：碳化钨（动环）/碳化硅（静环）；

排泥管：不锈钢 ；

与介质接触紧固件：不锈钢。

⑧ 泵架：不锈钢。

⑨ 电控箱壳体：不锈钢。

⑩ 所有紧固件：不锈钢。

(4) 防腐处理

制造行车式吸泥机的成套系统设备的全部材料应适用于污水厂的腐蚀环境，未经保护或非防腐性材料，应按照有关条款进行处理。

3.1.2.9　悬挂链式曝气装置

(1) 范　围

曝气装置为悬挂链式，投标商需提供生化池内曝气系统运行所有必需的部件（包括带浮子、空气管、分气管的曝气链和曝气头，阀后的曝气装置均由投标商提供）。

(2) 设计和现场条件

曝气器应采用著名曝气器品牌制造商提供的产品，曝气器的橡胶膜材质为进口优质三元乙丙橡胶或硅橡胶，应具有抗腐蚀、抗老化、抗紫外线及良好的伸缩性等优良品质，开孔方式为直线型开孔，产生气泡直径应不大于3mm。

(3) 性能和结构

悬挂链式曝气装置的性能和结构如表 3.2 所示。

表 3.2　链式曝气装置性能

硬　度（ASTM D2240 -95）	45
拉伸强度/（磅/平方英寸）（ASTM D412 -92）	2000
撕裂强度/（磅/平方英寸）（ASTM D624 -91）	110
耐温性测试（在 70℃沸水，70h）（ASTM D573 -88）	
拉伸强度变化率/%	小于 3
硬度变化率/%	小于 5
延伸变化率/%	小于 25

续表 3.2

耐温性测试：在100℃沸水，70h（ASTM D471－94）	
体积变化率/%	小于10
抗低温特性测试（ASTM D832－92）	
在－40℃，10min后测试	没有脆裂
膜片含油率/%	小于10

（4）主要材质

橡胶曝气管：三元乙丙橡胶或硅橡胶。

曝气器材管：ABS。

主空气管：ABS。

紧固件：304不锈钢。

（5）制造商资历

① 曝气器应为专业制造商生产。

② 制造商应有3年以上曝气器的制造经验，并承接过3个2.5万t/d污水处理厂曝气器系统设备的供货及安装。

③ 制造商应通过ISO 9000系列质量认证。

（6）设备参数

- 空气量为75.25m^3/min。
- 氧利用率在标准状态下不小于25%。
- 理论动力效率不小于7kg/（kW·h）。
- 阻力损失在标准状态下小于5kPa。
- 每根曝气管通气量范围为8～25m^3/（h·m）。
- 每套曝气器能承受的最大正常工作气量不小于20m^3/h。
- 曝气管单位通气量为不小于7m^3/（h·m）。
- 服务面积为5～10m^2/m。
- 总有效长度为700m。
- 采用国产优质产品，膜片采用进口产品，生产厂家的产品近3年内必须有应用于50000m^3/d以上的污水厂业绩。

3.1.2.10 鼓风机房

（1）曝气沉砂池用罗茨鼓风机

① 供应商提供的鼓风机装置为系统性成套装置，应包括主机、增速齿轮箱、传动齿轮及联轴器（或皮带轮）、电动机、进风口消声器、进风口空气过滤器、弹性接头、出口排放阀、排放阀消声器、止回阀、电动阀、传感器、压力表。

② 参考标准。

- 鼓风机验收试验和功率测定：ISO 5389；
- 鼓风机验收试验的允差：VDI2048；
- 鼓风机振动测量：VDI2056；
- 鼓风机旋转体平衡测定：VDI2060；

• 鼓风机－原动机噪声测定：ISO3744；

• 压缩空气质量等级和试验：ISODP8573；

• 压缩空气中残留油含量测定方法：ISO/TCl18；

• 鼓风机安全规程：ISO 5368；

• 鼓风机安全技术规定：ISO 5388；

• 鼓风机用润滑、密封和调节油系统：DIN45635。

• 齿轮承载能力计算：DIN3990。

③ 资料提交。为保证系统设备的一致性，鼓风机、电机、变频器及其辅助设备和控制系统均应由主机制造商配套提供，主机制造商应具有本标书规定的资格要求。供应商至少要提交以下资料。

• 鼓风机的总体布置图。详细规格、装配结构、零件材料明细表以及外形尺寸和安装、维修、运行所需的空间要求。

• 鼓风机的特性曲线图表。表中应标明鼓风机的流量、压力差与轴功率的函数曲线、噪声函数曲线。

• 基础螺栓布置详图。

• 土建荷载。

• 设备的安装、运行、维修手册。

• 电气及控制接线图。

• ISO 9001 质量管理认证。

• 制造商资格证明和同类设备 3 年以上使用业绩。

• 产品样本。

④ 设计性能和现场条件。鼓风机应适用于污水处理厂悬挂链生化池鼓风曝气和沉砂池曝气。设计条件如下。

• 鼓风机数量为曝气沉砂池用鼓风机，共 2 台（1 用 1 备）。

• 每台鼓风机设计运行条件及保证性能如下：进口空气平均温度为 25℃，曝气沉砂池用鼓风机的流量为 415.2m^3/h，升压为 29.7kPa。

• 在运行工况条件下，不允许发生喘振现象或实际运行功率超过电机铭牌功率。

• 出口压力应平稳，不得有压力脉冲现象。

• 整机运转时，在 1m 处噪声（包括电动机）应低于 90dB。

• 鼓风机振动烈度（在机座上）应不大于 2.5mm/s。

• 适用于每天 24h 连续运转，整机无故障运行时间至少为 8000h。

• 鼓风机整套机器（含鼓风机本身、电动机及皮带轮）的总绝对效率（在设计工况点的风量、风压，按照温度 20℃、1 个大气压、湿度 77% 调节的条件下）应不低于 80%，而且不允许有负的公差值。

⑤ 技术要求。

• 鼓风机应为电机驱动，鼓风机与电机皮带连接，并置于共同的底座上，每天 24h 连续运转。每台鼓风机应配有整体进口过滤器、进口消音器、增速齿轮箱、卧式电动机、皮带轮及其安全护罩、进出口弹性接管、出口止回阀、出口蝶阀、电动放空阀及其消音器、润滑油系统和控制系统。

• 鼓风设备应包括所必需的附件，包括每台鼓风机的就地控制柜和装于控制柜内的主程序控制器。

• 过滤后的空气经鼓风机压缩后，排到集气总管，其中配有变频器的鼓风机根据流程要求自动控制流量变化，同时每台鼓风机启动和停止时放空阀应打开，以保证无负荷启动和停止，防止发生喘振。

⑥ 鼓风机结构。

• 鼓风机机壳采用精密铸铁，鼓风机进口通过弹性接管直接与进口过滤器、消音器相接，不允许低效空气直接进入转子中心，每台鼓风机进出气口方向均为水平位置，出口法兰按照 ISO 标准，PN10bar 为准，机壳上的所有接口采用机加工，机壳最低点设有螺纹旋塞，以排除积水，鼓风机应设有供起吊用的吊环。

• 转子必须采用由整体球墨铸铁或更好材料加工而成，转子必须作动平衡试验，动平衡精度不低于 G6. 3 级。

• 鼓风机齿轮轴应由调质处理的锻钢或热轧钢加工制造。

• 齿轮应用锻造合金钢制造，并经表面高频淬火后精密研磨，齿面硬度大于 HRC58 -62。

• 齿轮应有足够的尺寸和强度，以传递鼓风机任何运行条件下输入的最大扭矩和功率，齿轮设计应符合 ISO 或类同标准，服务系数不小于 1. 5，外露的加工面发运前均应涂上防腐剂。

• 鼓风机的轴端应设有可靠的密封，以保持机内压力，防止油泄漏和空气进入，以避免空气、杂质和水分对润滑油造成污染。

• 所有径向轴承和止推轴承均需强制润滑，在任何运行条件下，均应能提供足够的油膜厚度，所有轴承的使用寿命均应达到 50000h。

• 壳体、转子组件、油封压圈、轴承盖、衬套等铸件不允许有气孔、针眼、裂缝、松缩等缺陷。

• 上下机壳结合面必须平整光滑、严密。

• 鼓风机及配套件外表面不允许有锈迹、碰伤。

⑦ 润滑油系统。每台鼓风机应配有独立的供油系统，该系统能为齿轮和所有轴承提供所需的干净润滑油，所有供油系统部件应与鼓风机底座安装成一体，且便于维修、检查和清洗。

⑧ 底座及其安装。

• 每台鼓风机应配有一个公用底座，以安装鼓风机、增速齿轮、电机，该底座应有足够的刚性，并采用四点吊装，在设备整机吊装时，不允许发生变形或其他损伤。

• 底座应设置防振垫，以吸收鼓风机振动，同时防止产生不适当的应力和变形。

⑨ 电动机。

• 风机应配有定转速、三相异步鼠笼式感应电动机（380V），防护等级为 IP44，绝缘等级为 F 级，电机功率应在工况曲线条件下运行不会发生过载。

• 电机应根据 IEC 标准制造，振动技术要求为“R”，这一要求同样适用于全负荷电机，振动烈度值不大于 2. 8mm/s。电机两端轴承必须配备测温装置（Pt100）。

⑩ 辅助设备。

• 空气过滤器和消音器为镀锌钢板外壳，内设消音材料。过滤元件应根据 ISO 7744 标准的要求达到85% ~95% 的过滤精度，过滤器的尺寸应满足在最大流量时表面速度为 3m/s，且通过过滤器的压降为 300Pa。

用良好吸音材料制成的薄片状结构整体的进口消音器，安装在鼓风机进口与过滤器之间，片状内芯用以降低进口噪声，当过滤元件被污染后，通过过滤器与消音器的最大压降为 600Pa。

• 出口弹性接管。每台鼓风机的出口均应配有伸缩节，伸缩节可以降低由热膨胀引起的管道应力和压缩机引起的管道振动，伸缩节应能承受所有运行工况的压力和 0 ~200℃ 的温度。

• 每台鼓风机均应在鼓风机出口与出口管间配有扩压管，以降低空气流速至 20m/s，出口扩压管的长度应经空气动力学设计，回收动压及减小气流扰动。出口扩压管应配有法兰、测量接口及检测仪表。

• 每台鼓风机出口旁通管上的放空口应配有消音器，其外壳由碳钢制造，内部装有吸音材料，放气时的噪声应低于 85dB。

• 止回阀采用双平板型，阀门法兰公称压力 P_N = 1MPa，适用于 150℃ 温度。当阀门通过鼓风机额定出口流量时，其压力损失应不大于 1kPa。

• 过滤器配用化纤滤材的厚度 $\delta = 20 \sim 25$mm，当过滤速度 $V = 2.2 \sim 2.5$m/s 时，滤材初阻 $H_0 = 60 \sim 80$Pa。过滤效率对大于 1μm 尘粒为 $\eta \approx 70\%$，对大于 5μm 尘粒为 $\eta \approx 80\%$，对大于 8μm 尘粒为 $\eta \geqslant 96\%$。

⑪ 防腐。

• 涂层实用环境：涂层应适用于污水厂工作环境，工作温度不低于 200℃。

• 需涂层的部件（但不限于此）：

第一，鼓风机总成（包括底座、油箱、增速齿轮箱、电动机等）；

第二，进风口、空气过滤器、消声器与启动辅助件等；

第三，管道及其连接件；

第四，护罩等钢结构件。

• 表面预处理。表面喷砂处理达 Sa21/2 级（ISO 8501 - 1）。在无法喷砂处，可采用人工除锈方式，达 St3 级（ISO 8051 - 1）

• 涂层。

第一，底漆 。防腐底漆两道，主要成分为苯乙烯醇酸，湿式除法。涂层厚度最小 50μm，颜色为红色。

如果涂层厚度小于 50μm，或有可见腐蚀点，或黏结程度不足，那么此部分必须重新清理至符合 St3 标准，然后重新上底漆。

第二，面漆。主要成分为罩面漆两道，釉质，醇酸树脂，湿式涂法，涂层厚度最小为 50μm，颜色为天蓝，涂层总厚度最小为 110μm。

• 电动机。如电动机厂家提供时，已涂刷底漆与面漆，则应将电动机安装在基座之后，再进行清理，并涂上面漆。涂层总厚度最小为 100μm，颜色为天蓝色。

（2）鼓风设备采用多级离心式风机

① 供应商提供的鼓风机装置为系统性成套装置，应包括主机、增速齿轮箱、传动齿

轮及联轴器、电动机、进风口消声器、进风口空气过滤器、柔性接头、出口排放阀、排放阀消声器、止回阀、电动阀、传感器、压力表、变频器。

② 参考标准。

鼓风机验收试验和功率测定：ISO 5389。

鼓风机验收试验的允差：VDI2048。

鼓风机振动测量：VDI2056。

鼓风机旋转体平衡测定：VDI2060。

鼓风机－原动机噪声测定：ISO 3744。

压缩空气质量等级和试验：ISODP 8573。

压缩空气中残留油含量测定方法：ISO/TC118。

鼓风机安全规程：ISO 5368。

鼓风机安全技术规定：ISO 5388。

鼓风机用润滑、密封和调节油系统：DIN45635。

齿轮承载能力计算：DIN3990。

③ 资料提交。为保证系统设备的一致性，鼓风机、电机、变频器及其辅助设备和控制系统均应由主机制造商配套提供，主机制造商应具有本标书规定的资格要求。供应商至少须提交以下资料。

• 鼓风机的总体布置图。详细规格、装配结构、零件材料明细表，以及外形尺寸和安装、维修、运行所需的空间要求。

• 鼓风机的特性曲线图表。表中应表示鼓风机的流量、压力差与轴功率的函数曲线、噪声函数曲线。

• 基础螺栓布置详图。

• 土建荷载。

• 设备的安装、运行、维修手册。

• 电气及控制接线图。

• ISO 9001 质量管理认证。

• 制造商资格证明和同类设备 3 年以上使用业绩。

• 产品样本。

④ 设计性能和现场条件。鼓风机应适用于污水处理厂悬挂链生化池鼓风曝气和沉砂池曝气。

风机数量、设计运行条件及保证性能如下。

• 进口空气平均温度为 25℃。

• 悬挂链生化池用鼓风机 1 台（配有变频器控制），流量为 75m^3/min，升压为 6.0kPa，1 台配有变频器，流量为 38m^3/min，升压为 6.0kPa。

• 在运行工况条件下，不允许发生喘振现象或实际运行功率超过电机铭牌功率。

• 出口压力应平稳，不得有压力脉冲现象。

• 整机运转时，在 1m 处噪声（包括电动机）应低于 85dB。

• 鼓风机整套机器（含风机本身、电动机）的总绝对效率（在设计工况点的风量、风压，按照温度 20℃、1 个大气压、湿度 77% 调节的条件下）应不低于 67%，并且不允许有负的公差值。

⑤ 技术要求如下。

• 鼓风机应为电机驱动，并置于共同的底座上，能够每天24h连续运转。每台风机应配有整体进口过滤器、进口消音器、增速齿轮箱、卧式电动机、进出口柔性接管、出口止回阀、出口蝶阀、电动放空阀及其消音器、润滑油系统和控制系统。

• 设备应包括必需的附件，包括每台鼓风机的就地控制柜和装于控制柜内的主程序控制器。

• 过滤后的空气经风机压缩后排到集气总管，其中配有变频器的鼓风机，根据流程要求自动控制流量变化，同时每台风机启动和停车时放空阀应打开，以保证无负荷启动和停车及防止发生喘振。

⑥ 风机结构如下。

• 风机机壳采用精密铸铁，鼓风机进口通过柔性接管直接与进口过滤器、消音器相接，出口法兰按照ISO标准，PN10bar为准，机壳上的所有接口采用机加工，鼓风机应设有供起吊用的吊环。

• 叶轮应为径向反向叶片轮，用铸铝合金制成。所有表面应精细处理。叶轮和轴用热套连接，并用锁紧螺母固定。热套的收缩范围能够保证在任何情况下叶轮和轴有足够的接触，并很容易取下叶轮。对叶轮应进行静态和动态平衡。设计的线速度应超过实际最大线速度的20%。叶轮与风机外壳之间的轴向间隙用垫片调整。当调整轴向间隙时，不得对轴或外壳间隙再加工。

• 风机和齿轮轴用锻钢或热轧钢经热处理后制成。转子的横行临界速度超过正常转速至少15%。任何扭矩下的共振转速超过或低于正常转速至少10%。所有转动件通过进行动平衡。

• 轴承应采用油润滑、大尺寸，以保证长寿命。整个风机应采用滚珠轴承。轴承除承载由于叶轮风压变化引起的径向力外，保证叶轮的轴向定位。轴承最少使用寿命为10年或100000h，更换或检修轴承无须拆卸。轴密封采用碳环，可保证风机无泄漏。

• 轴密封采用碳环可保证风机无泄漏。

• 轴承以油脂润滑，无须特别的润滑系统。

• 风机通过弹性联轴器与电机连接。在任何工况下，能传递全部功率，安全系数大于1.5。联轴器通过动平衡，以精确达到ISO 1940最大连续转速为6.3级的要求。联轴器应保证电机径向力不会施加到风机上，并安装联轴器保护罩。

• 风机和电机应安装在同一机座上，并具有足够的刚性。机座应安装在制造商提供的机架上来吸收振动，并防止变形。

• 鼓风机的噪声水平在86dB或以上，通过风口设计和减小表面共鸣可以进一步降低空气噪声。

⑦ 电动机的要求如下。

• 每台风机配有变速、卧式鼠笼感应电机，在整个工作范围内，电机功率应大于或等于最大载荷。

• 电机的制造符合ISO 2327；满载时，振动的技术要求为“R”。

• 除有其他规定，电机应按照《霍夫凯协议》进行动平衡测试。

• 电机配有背噪声风扇。根据 ISO 3744，1m 处的最大声压值（SPL）为 87dB。当安装隔声装置后，风扇外向压力为 60～80Pa 的冷风。

• 电机标牌内容包括型号、结构、绝缘等级、功率、系列号、同步转子 KVA 代码、电压、润滑方式和连接图。

• 电机的包装保护适于普通货运并在室内储存超过 6 个月。

⑧ 辅助设备的要求如下。

• 入口过滤器。每台风机配有一个入口过滤器，过滤器外壳为钢制，内部有过滤材料。过滤器配有合适材料制成的垫圈，用于防止空气超越过滤器。过滤精度为 96%～98%。过滤器的尺寸应满足在最大流量 120% 和压力损失为 140Pa 的要求。通过尘粒径小于 10μm。

• 入口消音器。每台风机带有入口消音器，通过弹性连接器（伸缩节）来降低压力损失和噪声。消音器的外壳为钢制，内部装有消音材料。

入口消音器用优质层状消音材料制成，安装在风机入口和空气过滤器之间，利用片装内芯来降低入口的噪声。

• 出口弹性连接器。每台风机配有一个伸缩节，用于降低热膨胀造成的管道压力和风机造成的管道振动，能够承受整个工作范围的压力和 0～200℃的温度。

• 排气阀。每台风机配有一个排气阀，用于空载下的启动和关机，采用圆形蝶阀，适于排气。阀动器带有限位开关，并适用于在 200℃下工作，在自动运行状态下，根据风机控制板的远程开关信号，控制阀门状态。在人工运行状态下，调节阀的关闭开启状态由按钮控制。在每台风机控制板上提供阀门全开或全关指示灯。

• 排气消音器。每台风机的旁通管出口安装消音器，歪口由碳钢制造，内部装有消音材料。排气消音器的端口应为法兰式，便于与旁通管连接。

• 止回阀。每台风机配有止回阀，双平板型，装有弹性挡板，中央用铁销钉支撑。止回阀阀体用铸铁制成，阀板用铝板制成，销钉为不锈钢，密封胶圈为硅橡胶或氟橡胶。

⑨ 防腐。

• 涂层实用环境。涂层应适用于污水厂工作环境，工作温度不低于 200℃。

• 需涂层的部件（但不限于此）：

第一，鼓风机总成（包括底座、电动机等）；

第二，进风口、空气过滤器、消声器与启动辅助件等；

第三，管道及其连接件；

第四，护罩等钢结构件。

• 表面预处理。表面喷砂处理达 Sa21/2 级（ISO 8501－1）；在无法喷砂处，可采用人工除锈方式，达 St3 级（ISO 8051－1）。

• 涂层符合如下要求：

第一，底漆防腐底漆两道，主要成分为苯乙烯醇酸，湿式除法。涂层厚度最小为 50μm，颜色为红色，如果涂层厚度小于 50μm，或有可见腐蚀点，或黏结程度不足，那么此部分必须重新清理至符合 St3 标准，然后重新上底漆。

第二，面漆。罩面漆两道，釉质，醇酸树脂，湿式涂法。涂层厚度最小为 50μm，颜色为天蓝色，涂层总厚度不小于 110μm。

• 电动机。如电动机厂家提供时已涂刷底漆与面漆，那么应将电动机安装在基座之后，再进行清理并涂上面漆。涂层总厚度不小于100μm，颜色为天蓝色。

(3) 循环冷却水系统

① 安装位置：鼓风机房旁。

② 数量：1套。

③ 构成：整套装置由玻璃钢冷却塔及辅助设备组成，分为循环水冷却和循环水加压部分。玻璃钢冷却塔产品均为机械通风型，风机均安装于塔顶部，塔身壳体大多为不饱聚酯玻璃钢制作，淋水装置（俗称填料）均为斜波纹板、交错排列，斜角逆流塔为60°、横流塔为30°，材质多为改性硬聚氯乙烯。为增大换热面积，填料片的表面有的用加温－机械轧制或用化学处理的方法使表明起皱。辅助设备包括循环水加压泵、循环水池等。

④ 材质应符合以下要求。

• 主机。

类型：逆流标准型；

壳体：不饱和聚酯玻璃钢；

布水装置：尼龙1010或铝合金壳体、磷青铜芯旋转布水器；

风机叶片：铝合金压制；

风机传动机构：直接联动；

淋水装置（填料）：改性硬聚氯乙烯斜波纹片35mm×15mm×60°；

下贮水槽贮水量：1～2min；

进水管压力要求：3.5m。

• 冷却水循环泵（立式双联管道泵）。

泵壳：灰口铸铁；

轴：不锈钢；

紧固件和地脚螺栓：304不锈钢。

⑤ 技术规格。

• 主机。

进水水温：37℃；

出水水温：32℃；

水温降 $\Delta t=5$℃；

湿球温度：28℃；

流量：$30m^3/h$。

最大外形尺寸：直径1700mm，高度2625mm，填料高度1200mm；

风机叶片直径：1000mm；

风机风量：$18000m^3/h$；

电动机：1.1kW；

进水管直径：DN100mm

出水管直径：DN125mm

数量：1套。

• 冷却水循环泵；

流量：$35m^3/h$；

出口压力：2m；

数量：2 台。

3.1.2.11 半桥式周边传动污泥浓缩机

① 安装位置：污泥浓缩池；

② 功能：除满足刮泥外，还要满足缓冲搅拌作用，可提高浓缩效果；

② 数量：1 套；

③ 结构：在圆池刮泥机的刮壁上装有垂直栅条；

④ 技术规格：$D=12m$，$N=0.55kW$ 设备水上材料采用碳钢，水下材料采用不锈钢。

3.1.2.12 带式浓缩脱水机及其成套设备

① 安装位置：脱水间。

② 数量：1 套。

③ 构成：整套装置由主机及辅助设备组成，分为稀污泥浓缩和压滤两道工序。主机包括主机架、重力浓缩段、压滤段、脱水滤布、滤布反冲洗系统、滤布空气纠偏系统、滤布压力控制系统、液压控制装置、滤布驱动装置、卸料刮板、轴承、压辊、排水盘等部件。辅助设备包括絮凝剂投配系统、进泥泵、冲洗泵和空压机等。

④ 材质。

• 主机。

滤带：100% 聚脂；

框架：304 不锈钢；

滤液收集器：316 不锈钢；

压力滚子：不锈钢；

驱动滚子：不锈钢；

紧固件和地脚螺栓：304 不锈钢。

• 配药系统。

药罐及支架：碳钢；

搅拌轴：304 不锈钢；

系统管路：ABS；

紧固件和地脚螺栓：304 不锈钢。

• 污泥进料泵（偏心单螺杆泵）。

泵壳：灰口铸铁；

轴：不锈钢；

螺杆：硬化钢 1.2436；

紧固件和地脚螺栓：304 不锈钢。

• 冲洗泵。

泵壳：灰口铸铁；

叶轮：铜合金；

泵轴：316 不锈钢；

紧固件和地脚螺栓：304 不锈钢。

• 加药泵（螺杆泵）。
泵壳：灰口铸铁；
泵轴：316 不锈钢；
螺杆：硬化钢 1.2436；
紧固件、地脚螺栓：304 不锈钢。
• 无轴螺旋输送机。无轴螺旋输送机要求同前文所述。
⑤ 技术规格。
• 主机。
进料浓度：0.5% ~1% DS；
滤饼含固率：18% ~25% DS；
带宽：1.5m；
处理能力：$12m^3/h$；
PAM 投加量：3 ~3.5kg/（T_d · S）。
数量：2 台。
• 投药系统。
絮凝剂药液制备装置：$N=1.5kW$，1 套
加药泵：2 台，$Q=1\sim1.2m^3/h$，$H=0.3MPa$。
• 注泥系统。
注泥泵：2 台，$Q=9.62\sim59.3m^3/h$，$H=0.2MPa$。
• 空气系统。
空压机：1 台，$Q=0.3m^3/min$，$P=0.7MPa$。
• 反冲洗系统。
反冲洗水泵：1 台，$Q=30m^3/h$，$H=0.66MPa$。
• 无轴螺旋输送机。
输送物料：泥饼（脱水污泥，含水率为 75%）；
输送能力：$4\sim5m^3/h$；
直径：300m；
转速：15 r/min；
数量：水平安装 1 台，输送长度为 10m。
• 带式输送机。
输送物料：泥饼（脱水污泥，含水率为 75%）；
输送长度：8m；
皮带宽度：600mm；
倾角：25°。
• 供货范围。主机（含污泥混合器）、投药系统（配套管路阀门）、注泥系统、反冲洗系统、空气系统、输泥系统等有效和安全运行必需的设备与附件。

3.1.2.13　ClO_2 加药系统

范围为加氯间，主要功能为投加二氧化氯消毒。其主要设备包括计量泵、二氧化氯发生器等。

（1）计量泵

加药计量泵运行时，泵的噪声不高于80dB，轴承温度不高于65℃，无异常振动，各密封处无泄漏。

加药计量泵在出厂前，应在明显的部位贴有不锈钢铭牌。内容包括制造厂商名称、厂址，产品型号和名称，最大流量，最高排出压力，电机功率，外形尺寸，出厂系列号，出厂日期。

（2）二氧化氯发生器

① 范围。完整的二氧化氯发生器应成套地配备安全、有效及可靠运行所需的附件设计与性能。

② 概述。二氧化氯发生器应是自动控制运行的真空投加系统，操作应安全。用于生成二氧化氯的反应物是氯酸钠（或次氯酸钠）和盐酸。

水流经水射器生成发生器中的真空，使二氧化氯溶液与水射器投加水混合，加入工艺流程，流过发生器的反应物被真空抽出，由流量计测量流量。

二氧化氯发生器应配备各种安全装置，确保运行安全。

系统的所有装置均应安装在一个PVC材料柜内，免维护。

③ 设备构造及功能描述。二氧化氯发生器由供料系统、反应系统、监控系统、吸收系统、安全系统及残液自动处理系统组成；

运行时，氯酸钠水溶液与盐酸在负条件下，经供料系统设定量输送到反应系统中，在一定的温度下，经过负压曝气反应，产生二氧化氯与氯气的混合气体，经吸收系统吸收后，形成高浓度的二氧化氯混合液。

④ 供货商必须提供全套发生器、反应物罐及其连接管和连接头。需保证连接件为抗腐蚀材料制造。二氧化氯发生器柜体为PVC材料，电源为110/220V AC，50Hz。

⑤ 工艺自动控制系统。二氧化氯发生器应该安装测量与控制系统已实现对二氧化氯自动投加的控制。能实现根据处理水量自动调节投加量。

（3）氯酸钠化料器

化料器运行正常，化料充分，电机运转正常，运行噪声低于国家规定，无异常振动，各密封处无泄漏。

化料器在出厂前，在明显的部位应贴有不锈钢铭牌。内容包括制造厂商名称、厂址、产品型号和名称，电机功率，外形尺寸，出厂系列号，出厂日期。

（4）卸酸泵

卸酸运行时，泵的噪声不高于80dB，轴承温度不高于65℃，无异常振动，各密封处无泄漏。

卸酸泵在出厂前，在明显的部位应贴有不锈钢铭牌。内容包括制造厂商名称、厂址，产品型号和名称，最大流量，最高排出压力，电机功率，外形尺寸，出厂系列号，出厂日期。

（5）氯酸钠储罐和盐酸储罐

要求设备完好，外形美观，储液无泄漏，设备参数为二氧化氯发生器制药能力为10kg/h，数量为1套，氯酸钠化料器的$V=500$L，$H=1.2$m，$N=1.5$kW，卸酸泵的$Q=12.5\text{m}^3/\text{h}$，$H=20$m，$N=1.5$ kW。

3.1.2.14 起重设备

(1) 电动葫芦（用于提升泵房）

④ 范围。电动葫芦应包括控制箱和地面操纵按钮盒、封闭形滑触线等有效与安全运行所必需的附件。

② 技术参数。

• 电动葫芦运行速度为20m/min；

• 电动葫芦起升速度为8m/min，0.8m/min；

• 操作方式为地面操纵。

③ 执行标准。ZBJ80013－89。

④ 设备参数。

• 载重2t，提升高度为16m；

• 轨道型号为I28a；

• 运行长度为10m；

• 数量为1台。

(2) 电动葫芦（用于机修车间）

① 范围。电动葫芦应包括控制箱和地面操纵按钮盒、封闭形滑触线等有效与安全运行所必需的附件。

② 技术参数。

• 电动葫芦运行速度为20m/min；

• 电动葫芦起升速度为8m/min，0.8m/min；

• 操作方式为地面操纵。

③ 执行标准。ZBJ80013－89

④ 设备参数。

• 载重1t，提升高度为4m；

• 轨道型号为I28a；

• 运行长度为6.6m；

• 数量为1台。

3.1.2.15 全自动反冲洗过滤装置

(1) 全自动反冲洗过滤器

① 供货范围提供的自动反冲洗过滤器为成套设备。

② 工艺条件性能参数：流量为30m^3/h，最大工作压力为1.0MPa，粗细两级过滤，波形网面积。

• 数量：2台；

• 工作环境及介质：环境温度为0～40℃，介质为污水厂二级处理后出水；

• 工作方式：间歇运转或连续运行。

③ 材料。主要部件材料如下。

• 外壳：低碳钢外衬环氧树脂涂层；

• 内衬：环氧树脂涂层；

• 粗滤网：ABS工程塑料；

• 细滤网：不锈钢丝。

（2）中水泵

① 工艺条件性能参数。

• 流量：21.7m^3/h；

• 扬程：30m；

• 数量：2 台；

• 工作环境及介质：环境温度为 0～40℃，介质为污水厂二级处理后出水；

• 工作方式：间歇运转或连续运行。

② 材料。主要部件材料如下。

• 泵壳：灰口铸铁；

• 叶轮：铜合金；

• 泵轴：316 不锈钢；

• 紧固件、地脚螺栓：304 不锈钢。

（3）隔膜式给水罐

① 工艺条件。

• 容积：3.26m^3；

• 数量：1 台；

• 工作环境及介质：环境温度为 0～40℃，介质为污水厂二级处理后出水。

② 材料。主要部件为罐体，支架材料为碳钢。

3.1.2.16 出水堰

（1）作用及功能

出水堰用来排放污泥沉淀后的上清液。

（2）结构尺寸及外观形式

具体形式参见给排水施工图。

（3）技术要求

① 出水堰要有足够的强度和刚度，在排水时不能变形；

② 出水堰支撑点的布置、支撑结构的大小必须满足强度、刚度要求；

③ 出水堰板用螺栓固定。

（4）材　质

① 不锈钢。

② 螺栓、膨胀螺栓 M10：1Cr18Ni9Ti。

③ 出水堰口与混凝土壁及堰槽间用厚 3mm、宽 150mm 的丁腈橡胶板密封。

（5）范　围

出水堰及其附件的供货。

（6）要　求

保证密封无泄漏，制作及安装堰口、堰槽需牢固、平整光滑，有足够的强度和刚度。堰槽排水顺畅，10 年内无故障。

3.1.2.17 轴流风机

（1）使用范围

轴流风机用于对风机房、配电室和污泥脱水机房进行通风换气及将设备产生的热量排到室外。

（2）技术要求

投标商应结合施工图、各建筑物内已设轴流风机数量，以及工艺、电气设备布置情况，进行详细的计算，对本单位设备进行选型，所提供设备应结构简单、噪声小。

配套出风弯管的管径大于600mm的出口处必须带铁丝网格。

（3）材　质

投标商所提供设备应选择质优经久耐用的材质。

（4）规格、型号

① 玻璃钢排风轴流风机：共计3套，$Q=3300m^3/h$，$n=1450r/min$，$N=0.37kW$；

② 玻璃钢排风轴流风机：共计5套，$Q=3265m^3/h$，$n=1450r/min$，$N=0.12kW$；

③ 玻璃钢排风轴流风机：共计4套，$Q=826m^3/h$，$n=1450r/min$，$N=0.025kW$；

④ 玻璃钢排风轴流风机：共计3套，$Q=3300m^3/h$，$n=1450r/min$，$N=0.37kW$；

⑤ 玻璃钢排风轴流风机：共计4套，$Q=826m^3/h$，$n=1450r/min$，$N=0.025kW$。

3.1.2.18　阀门、闸门

各类阀门、闸门（渠道闸门和附壁闸门）都应配套相应的驱动装置（如渠道闸门、附壁闸门配套相应的启闭机）。应明确所选用阀门、闸门及其配套驱动装置。其他技术要求详细。

（1）阀　门

① 阀类设备材质要求（除特殊说明外）如表3.3所示。

表3.3　　阀门设备材质要求

设备类型	止回阀		闸　阀
公称压力/MPa	1		1
执行标准	GB 12236—89		DIN 3352—79
工作温度/℃	≤100		≤100
阀体、闸（蝶）板、阀盖、手轮、传动、支座、填料压盖	HT300 灰铸铁	QT500－7 球墨铸铁	1Cr18Ni9Ti 不锈钢
密封材料	丁腈橡胶	丁腈橡胶	乙丙橡胶
阀座	锡青铜	QT500－7 球墨铸铁（EPDM 衬胶）	1Cr18Ni9Ti 不锈钢
螺栓、螺母	1Cr18Ni9Ti 不锈钢	1Cr18Ni9Ti 不锈钢	1Cr18Ni9Ti 不锈钢
阀杆		1Cr18Ni9Ti 不锈钢	1Cr18Ni9Ti 不锈钢
摇杆	QT500－7 球墨铸铁		
填料		丁腈橡胶	丁腈橡胶
销轴	1Cr18Ni9Ti 不锈钢		
工作介质	详见后面内容	水或药液	空气

② 阀类设备技术要求。

• 基本要求如下：

第一，投标商应根据管法兰和阀的安装需要，负责配置连接件或紧固件；

第二，投标商应免费提供安装调试的技术指导；

第三，所有电动阀门的操作方式为就地手动及自动控制两种；

第四，工作介质为空气的蝶阀、止回阀及刀阀，适应温度不高于120℃；工作介质为污水、污泥及药液的闸门和阀门，适应温度不高于100℃。

• 各类阀门的具体要求如下。

第一，闸阀应为球墨铸铁阀体的双法兰阀门，并用锡青铜作密封面，填料函、轴、螺母和轴衬均应如表3.3选材制成。除非另有规定，闸阀应按照中国标准制造。阀门应具有带外螺纹的升杆式轴，按照顺时针方向转动为关闭。对于轴不接长的，用钥匙头操作的阀门，必须附带提供接杆式钥匙头，除非另有规定。所有闸阀在最大的压差下，从关闭到开启的手轮操作力不得大于13kg（“推－拉”力总共为26kg），如果需要，可以提供齿轮箱减速。

第二，止回阀。止回阀应由灰铸铁制成，并配有不锈钢的铰销或轴，基座面应由锡青铜制成，除非另有规定。

第三，蝶阀。蝶阀应为不锈钢阀体的双法兰或对夹式蝶阀，阀板有一可更换的密封座，轴承应采用批准的形式。阀板为刚性结构，呈流线型，以使流体阻力为最小。

第四，球阀。球阀应符合ISO 7121，大于50mm直径的阀门应为法兰连接，阀门应提供操作扳手，当阀门关闭时，扳手应与管线呈直角。

（2）渠道闸门

① 作用及工作原理。渠道闸门用于污水处理厂明渠内污水的截流。其工作原理是用人工转动手轮，通过启闭器的齿轮传动机构将闸门关上或打开。

② 结构及技术要求。

• 结构插板闸门、闸槽的过水宽度与渠道等宽，整体结构为梁板式，用止水橡胶密封，三边止水，开敞的明渠安装，闸门关闭后，门板应高于设计水位。

• 技术要求如下：

第一，门框、门板应具有足够的强度和刚度，门框用12.5号槽钢，门板用加强骨架结构，板材的厚度不小于5mm，在最大水压下，其弯曲度不大于1mm；

第二，闸门的漏水率不大于1.25L/（min·m）（在密封长度内）；

第三，启闭器采用伞齿轮的传动结构。

③ 材质。门板（板与梁组合体）、门框、闸槽、门杆（螺杆）、门架或横梁、螺栓、螺母、垫圈为不锈钢，推力螺母为铜合金。

④ 维修、保养。

• 生产厂家应提供设备并指导安装；

• 制造渠道闸门的全部材料应适用于污水的腐蚀环境。

（3）附壁闸门

① 范围生产厂家提供的附壁闸门装置为成套装置，即铸铁闸门、连杆、螺杆启闭机和护罩等有效和安全运行所必需的附件。

② 性能和技术要求如下：

• 附壁闸门应适用于墙上的附壁式安装，以及对井内的污水的截流，应符合 CJ/T3006－92 铸铁闸门的标准，另有规定的除外。

• 启闭机（含手轮机构及机座）应置于操作平台上，操作手轮的高度应适合于人工操作，并通过螺杆及连杆与闸门连接，必要时，应设置连杆导向及支承，以符合门杆的柔度要求；

• 附壁闸门应能适用于单向或双向水压条件，闸门的泄漏量不大于 1.25L/（min·m）（密封长度）；

• 闸门的门板和门框等铸件的加工均应由同一制造厂制造；

• 闸门应带有锡青铜的金属密封面和可调的楔块装置；

• 闸门应为垂直安装的明杆式，墙式安装和孔口金属密封的形式，门板、门框需整体铸造，材料为球墨铸铁，并采用树脂砂造型工艺；

• 门杆的导向支撑间距与门杆回转半径之比（柔度）应不大于 200，且门杆直径不得小于 50mm。

③ 主要材料。门板、门框为 GT500－7 球墨铸铁，密封圈、楔紧块为为锡青铜。

④ 防腐蚀。制造铸铁闸门装置的全部材料应适用于污水腐蚀环境。

3.1.3 电气系统部分的采购技术说明

3.1.3.1 高低压配电系统技术条件及要求

（1）高压开关柜

① 一般性描述。高压开关柜采用环网负荷开关柜；适用于额定电压 10kV 受电，变压器为额定电流 630A、额定频率 50Hz 的三相交流配电系统；开关柜能满足 GB3906，DL404，IEC298 等标准要求，

正常使用条件下，环境温度为－10～40℃，海拔高度不高于 1000m，相对湿度日平均不大于 95%，月平均不大于 90%。地震烈度不强于 8 度；工作场地为无火灾、爆炸危险、严重污秽、化学腐蚀及剧烈震动的场所。

② 主要技术参数如下。

• 额定电压：10kV。

• 额定绝缘水平：

第一，1min 工频耐压：42kV；

第二，雷电冲击电压（全波）：75kV。

• 额定频率：50Hz。

• 额定电流：不大于 630A。

• 额定短路电流：

第一，开断电流：31.5kA；

第二，关合电流：50kA。

• 额定峰值耐受电流：50kA。

• 防护等级：外壳 IP4X。

③ 安装要求。

• 安装方式：离墙安装；

• 维护方式：正面操作、维护、检修。

④ 投标商配套的高压开关柜制造商必须是国内大型行业企业，具有 ISO 认证，并注明制造商。

⑤ 负荷开关采用德力西产品或合资产品等以上质量的负荷开关。

⑥ 熔断器照按主接线标注配置。

⑦ 详细参数参见高压配电图纸。

（2）变压器

① 一般性描述。变压器系非包封三相干式变压器，室内安装；变压器应符合下列标准：

• IEC726—11，《国际电工委员会标准——干式电力变压器》；
• GB 6450—1986，《干式电力变压器》；
• GB/T10228—1997，《干式电力变压器技术参数和要求》；
• IEC726—11，《干式电力变压器》。

② 正常使用条件。

环境温度：不高于 40℃；

最高气温：不高于 30℃（日平均）；

最高气温：不高于 20℃（年平均）；

最低气温：不低于 -25℃；

海拔高度：不大于 1000m。

③ 主要技术参数。

• 型号：SG10-630；
• 电压组合：10.5kV（H.V.），0.4kV（L.V.）；
• 高压分接范围：±2×2.5%；
• 额定频率：50Hz；
• 联结组标号：Dyn11；
• 短路阻抗：6%；
• 绝缘等级：H 级；
• 最高工作电压：12kV；
• 测温装置：温度信号用无源触点形式输出（温控器）；
• 底压出线方式：常规出线。
• 防护等级：IP20（防护罩）。

④ 安装运行要求。

• 安装方式：落地安装；
• 维护方式：免维护；
• 冷却方式：自然风冷，额定负荷下温度不超过 70℃。

⑤ 变压器外壳采用铝合金材料。

⑥ 投标商配套的变压器制造商必须是国内大型行业企业，具有 ISO 认证，并注明制造商。

⑦ 投标商必须注明所提供产品的使用寿命，并保证最低无故障使用时间。

⑧ 详细参数参见低压配电图纸。

(3) 低压开关柜

① 一般性描述。低压开关柜采用分格式开关柜体，落地安装，适用于三相交流50Hz、额定电压660V、额定电流1000A及以下的配电系统。

② 正常使用应符合下列条件。

• 环境温度：周围空气温度不高于40℃，不低于－25℃；

• 大气条件：相对湿度不大于50%（40℃），不大于90%（20℃）；

• 工作高度：不大于1m；

• 工作场所：无火灾、爆炸危险、严重污秽化学腐蚀和剧烈震动的场所。

③ 主要技术参数如下。

• 额定绝缘电压：380V；

• 额定电流：1kA；

• 额定频率：50Hz；

• 额定短时耐受电流：50kA（1s）；

• 额定峰值耐受电流：105kA（1s）。

④ 技术性能要求如下。

• 柜高为2200mm，柜深为800mm，柜宽为800～1000mm（详见图纸）；

• 水平主母线置于柜顶；

• 外壳防护等级为IP40。

⑤ 安装符合要求。

安装方式：离墙安装；

维护方式：正面维护、维修。

⑥ 投标商配套的低压开关柜制造商必须是国内大型行业企业，具有ISO认证，并注明制造商。

(4) 电缆及桥架技术的条件

① 一般性描述。双流县华阳镇污水处理厂首期工程所用电缆包括10kV高压、各工艺段动力与照明、厂区综合线路的动力电缆、控制电缆及电缆桥架。

② 投标商配套的电缆制造商必须是国内大型行业企业，具有ISO认证，并注明制造商。

③ 技术规范。

• 电压等级应符合下列要求。

第一，高压电缆：10kV；

第二，低压电缆：450V/750V；

第三，电缆桥架：10kV。

• 环境温度：0～60℃。

④ 同型号电缆在标准长度内不能有接头。

⑤ 投标商报价要求。投标商根据材料清单列出各种规格的单价、总价和合计价格，合计价格包括运输费、包装费和税费。

(5) 照明器材

① 总则。照明器材包括各工艺段的室内照明、室外照明和厂区照明的灯具。

② 供货范围。照明灯具型号规格和要求参照货物需求表，数量根据各部分照明平面布置图和厂区综合管线布置图计算，注意一体化生物反应器为一组，取消每组的庭院灯。

③ 室外灯具要求美观大方，灯竿防护类别达到 IP40 级。

④ 室外同类型灯具投标商必须提供 5 种式样以供业主选择，并附彩图。

⑤ 采用 PHILIPS 产品或更高质量产品。

⑥ 投标商报价要求。投标商根据材料清单列出各种规格的单价、总价和合计价格，合计价格包括运输费、包装费。

3.1.3.2 自控系统的采购技术说明

(1) 工作范围及要求

① 一般要求。自控系统的总体技术方案包括以下内容：

- 控制系统的构成及各部分的功能描述；
- 每个 PLC 站的控制对象描述；
- 对设备进行控制前的准备措施描述。

在实施过程中，承包商仍然有责任根据实际需要进行优化和改进。

② 工作内容及范围。

- 工作范围主要有以下内容：

第一，提供系统的二次设计工作；

第二，相关自控系统包括各级网络上连接的设备的供货、安装、编程、调试；

第三，自控系统及相关部分电控箱柜供货、安装、编程、调试和培训指导；

第四，电视监控系统的设备供货、安装调试；

第五，对系统的操作和维护人员的培训；

第六，系统投运后的保障与服务。

- 承包商二次设计主要有以下内容：

第一，自控箱布置图、端子接线图等；

第二，所有单体设备的安装图；

第三，工程中需要但是业主未明确提出的工程二次设计图；

第四，由于中标商提供的系统或设备与原设计施工图不一致而引起的改动或变更；

第五，由于现场可能发生的与原施工图不一致而引起的改动或变更。

③ 自控设备生产厂家的资历。提供上述控制系统的生产厂家必须具备国家 ISO 9001 质量保证体系认证，提供上述设备及器件的生产厂家为国内外著名厂家，产品技术先进，质量优良。

④ 自控系统验收。供货商提供的设备材料到达现场后，由业主会同监理、供货商进行现场验收，设备材料安装调试运行完成后，进行最终验收。

⑤ 技术文件和图纸资料。承包商应提供但不限于各种设备和所有附属设备的技术文件与图纸资料，主要包括下列内容：

第一，提供设备、材料、系统采用标准的资料；

第二，提供设备安装图、装配图、样本图、电路图和详细描述系统、设备、性能、材料的技术资料；

第三，设备的详图及说明、安装尺寸、土建要求和相互间的联系等；

第四，设备操作、保养和维护手册；

第五，设备合格证书和测试报告；

第六，提供安装调试后的竣工图纸和技术说明资料；

第七，供货商认为必须提供的和业主认为必要的其他技术资料；

第八，详细的系统操作说明、维护说明等。

(2) 自控系统及仪表采购的技术要求

① 一般要求。

• 供货商提供的设备应符合 ISO，IEC，DIN 标准和设备生产厂家所在国家的现行标准，或其他与之等效的标准，还应符合有毒气体、腐蚀性气体、易燃易爆气体专业标准、安全标准等，电器元器件和控制设备应选用高质量的产品；

• 室外安装设备的防护等级高于 IP65 的可以直接安装，其他必须加装防护罩（箱）；

• 所有仪表自控设备必须考虑电源及信号配置防雷、防浪涌电流冲击设施。

② 自控系统技术应符合下列要求。

• 工作电源为 220VAC ± 10%，50Hz，24VDC。

• UPS 供电，所有计算机必须考虑 UPS 供电。

③ 防护等级。机箱设备外壳等级严格按照 IEC529 标准执行，室内地面上设备等级不小于 IP54，室外地面上设备等级不小于 IP65。

④ 信号接口。所有控制或监测设备应采用以下电平信号：

• 控制检测设备的模拟量信号为 4 ~ 20mA 直流电流信号；

• 状态及报警数字量输入信号为高电平 24VDC，低电平 0VDC；

• 控制用数字输出为独立的无源触点，触点容量为 220VAC/5A ~ 10A；

• 室外采集信号和控制信号必须考虑信号屏蔽与防止外来干扰。

⑤ 自控系统应遵循以下原则。

• 在污水处理过程中，要求整个自控系统必须安全、实用、经济、高效可靠运行，达到当前污水处理自动化先进水平，PLC 选用西门子或更高质量的产品。

• 污水处理厂的自控系统采用 PC + PLC 分级分布式控制形式，以集中监测为主、分散控制为辅，中控室可对全厂的各工况实现实时监控，生产的工艺过程自动控制采用就地单独控制。

• 为保证污水处理厂的安全运行，自控系统设立三级控制层，即就地手动控制、现场控制和远程监控。就地手动控制是指通过设备本地控制箱手动控制设备的开启或关闭；现场控制是指由现场各分控站 PLC 执行自己的控制程序，完成控制功能；远程监控是指由中控室通过现场总线对全厂的生产过程进行控制、监测和记录。三级控制层的关系为：中控室上位机可通过各现场的 PLC 子站直接控制有关设备和主要设备，如果中控室或网络发生故障，不会影响各 PLC 分站的控制功能；如果 PLC 网络中某个 PLC 子站发生故障，操作员可通过就地控制箱对设备进行控制，控制方式通过相应的选择开关切换。

• 设备发生异常、故障或报警时，系统可以自动切除相关故障设备或切换到现场手动操作方式。同时记录事故内容，并对相关参数进行事故追忆。

• 电源系统可装串联式防雷保护装置，当出现断电状态时，主要设备应由 UPS 供电，弱电系统可加信号通道防雷保护器。

• 电视监控系统可对生产现场和重要设备实现远程监视。

（3）自动控制系统的组成及功能

① 中控室和网络的具体技术要求为：中控室配置高性能工业控制计算机，打印机 1 台，3kV · A 在线式长延时 UPS 电源 1 台；具体配置符合下列要求。

• 工业级计算机。CPU 为 Pentium 4，时钟主频不小于 2.6 GHz；显示器为 21″；内存不小于 256 MB；独立显卡，显存不小于 128 MB；硬盘不小于 120GB；光驱为 40 倍速，650MB；软驱为 3.5 英寸，1.44MB；相对湿度为 10% ~80%（无冷凝）。

• 打印机。分辨率 1200 ×1200 DPI，缓存不小于 8MB，打印页面为标准 A4 图纸。

• 不间断电源。在线、正弦波输出，输出输入完全隔离，CPU 控制，LCD + LED 显示，通讯接口可与控制系统实现网络连接；有开机自检测功能、自动旁路功能。技术指标如下：输入电压为 AC 160 ~270V，50Hz 5%，单相；输出电压为 220V，50Hz 0.5%，单相；功率因素为 0.95（满载）；后备时间不小于 60min（额定负载）；过载能力为 110% ~140% 条件下 20s；150% 条件下 10 个周波；波形失真度小于 3%；噪声不大于 45dB；容量为 3000V · A；环境温度为 0 ~40℃；相对湿度为 95%，无冷凝。

• 投影仪。选用三洋或其他更高质量产品；分辨率为 1024 ×768，亮度不小于 2000 流明；高对比度，画面清晰细腻；多媒体显示，既可以显示计算机图文，又可以显示视频图像；满足 7d 24h 连续使用的要求；安装调试简单、使用简单、可靠性好、少维护、运行成本低；金属外壳。

② PLC 控制站。

• 概述。现场 PLC 控制站与中央监控计算机以网络形式相连，中控室能够观察到一些重要的运行状态和工艺参数，对现场设备进行操作及控制参数的设置和修改。

• 对可编程序逻辑控制器（PLC）有如下要求：所用元器件是西门子或更高质量的产品，应考虑选择货源充足、中文资料丰富、备品备件方便、技术服务方便、国内有维修处的生产商的产品。PLC 的选型应充分考虑其可靠性、先进性、可扩充性，应能满足中高控制性能的要求，能承受工业环境的严格要求。PLC 的输入输出控制点应有余量，输入和输出模块均需具备隔离性能。

第一，电源模块。允许输入电压为 187 ~264VAC；允许输入频率为 47 ~63Hz；输出额定值与机架和选用的模块相配。

第二，数字量输入模块。输入点数为 16 点、32 点；输入电压为 220VAC 或 24VDC；各模块具有隔离功能，每个输入点都具有状态指示；连接方式必须采用可拆卸式端子排或接线器连接。

第三，数字量输出模块。输出点数为 16 点、32 点；最大开闭能力为 250VAC，2A；各模块具有隔离功能，每个输入点都具有状态指示；连接方式必须采用可拆卸式端子排或接线器连接。

第四，模拟量输入模块。输入点数为 8 点、16 点；输入范围为 1 ~5V，0 ~10V，-10 ~10V，0 ~20mA，4 ~20mA；分辨率不小于 11 位加 1 位符号位；各模块具有隔离功能，每个输入点都具有状态指示；转换速度不大于 1ms/点；精度不大于 0.4% 满量程

(25℃)；绝缘耐压为1000Vrms，1min外部连接必须采用可拆卸式端子排或接线器连接。

第五，模拟量输出模块。输出点数为8点、4点，输出范围为1～5V，0～10V，4～20mA，分辨率不小于12位或以上，隔离功能不小于1500VAC，50Hz或60Hz，端子和外壳间的转换速度不大于1Ms/点，精度不大于0.4%满量程25℃，外部连接必须采用可拆卸式端子排或接线器连接。

第六，设备自带PLC，所有挂在现场控制站下面的设备自带PLC必须符合下列要求：选用现场控制站同一品牌的PLC；可通过数据共享功能实现PLC间的数据进行高速、可靠传送；具有信息服务功能，实现网络间的点对点特定数据发送；对于网络故障能够做到实时记录所发生故障的类型、时间和细节；当网络中任意一个节点发生故障后，不会影响网络中其他节点的数据通信。

第七，操作显示面板：显示器件为TFT彩色；有效显示区域为10.4英寸；显示分辨率为800×600点；显示文字为英文、数字、中文；通讯接口为RS－422A/RS－485口、RS－232C口、打印机口、profibus－DP、MPI；电源电压范围为DC20.4V～DC26.4V；支持工具软件Windows 2000以上环境。

③ 预处理自控系统。预处理控制系统主要控制有粗格栅、提升泵和细格栅沉砂池设备，由1号PLC站控制，自控仪表、各设备运行状态及各种故障报警信号全部进入控制系统。

④ 生化池自控系统。生化池和鼓风机房设备由2号PLC站控制，自控仪表、各设备的测量信号、运行状态和各种故障报警信号全部进入控制系统，配置现场操作人机界面。风机的调节方式采用变频器调节，控制电机转速，达到调节送入管道风量的目的。

⑤ 污泥脱水机房自控系统。污泥脱水机房采用带式一体化浓缩脱水成套设备，本次设脱水设备2套，为3号PLC站，仪表、设备运行状态、各种故障报警信号全部进入控制系统，并能与中控室上位机通讯。

⑥ 消毒及中水处理自控系统。消毒车间及中水处理系统设备由4号PLC站控制 。

⑦ 数字闭路监视系统。闭路电视监控系统设置监控点4个，其中细格栅沉砂池1路、一体化反应池1路、污泥脱水机房1路、鼓风机房1路，可以实现厂区重要设备的监控及厂区安防，便于中控室值班人员及时发现现场问题和处理，保证生产的正常运行，提高管理效能。

监控系统主要设备有彩色摄像机、10倍变焦镜头、云台防护一体机、解码器、8路硬盘刻录机、视频信号防雷器、电源防雷器、云台防雷器等。

具体性能要求：摄像机采用一体式摄像机，具有黑白/彩色转换功能。彩色模式扫描线数不小于480，黑白模式扫描线数不小于600。

室外云台水平旋转角为360°，垂直旋转角不小于60°，防护等级为IP60，带防雷功能。视频信号和电源必须考虑防雷。每个摄像监控点全方位监视生产现场运行情况，并能定点扫描重要监控点。监控系统对现场监视画面进行存储和回放。

⑧ 避雷措施。承包商应提供和安装避雷保护装置，以减轻线路受雷击和电气干扰的影响。承包商应提供可靠的避雷系统，每个户外安装的设备应有经认可的冲击保护装置，以维持户外和控制室终端的电压在一安全值内，避雷过压保护装置采用DEHN或同等质量的产品。

接地系统的设计要考虑能驱散瞬时雷击，并采取一定的预防措施，以避免雷击进一步损坏污水厂内其他设备。

⑨ 电控箱柜技术。室内外的电控柜及 PLC 控制柜要求采用威图或同等质量的产品，具体要求如下。

• 设备外壳的保护等级应遵照 IEC529，在室内的设备用 IP54，在户外的设备用 IP65；阀门井、测量井、水中或在地下的传感器或其他设备用 IP68。

• 所有设备的机箱应有可锁的门，任何通风口或百叶窗都应有有效的滤尘装置，任何冷却风扇都设有风扇故障报警触头，连接到相应的报警系统。

• 配电柜的布局、配线、外接线等按照有关标准和规范执行。

• 所有进出控制柜的电线电缆均应从接线端子引出，接线端子采用魏德米勒或更高质量的产品，电箱内元件的布置、接线方式、线号标记、槽板排列、端子排列应统一、合理、美观、维修方便。

• 供电系统为 TN－S－C 系统。

• 现场控制用按钮为防水控制按钮。

3.1.3.3 测量仪表采购技术要求

（1）范　围

① 污水处理工程设计要求配备的相关自动控制系统所需仪表；

② 承包商应负责仪表运输到现场和仪表调试与 PLC 完整系统的试运行。

（2）总体要求

① 仪表工作环境为 －25～55℃，所有仪表应防尘、防水、防冻，能承受偶尔的高压水冲洗，外壳的防护等级至少为 IP56。

② 所有户外安装的仪表为不锈钢标签，标签上应刻上仪表编号。

③ 安装在户外的仪表与其他控制设备要适当地安排，做到协调、美观。户外指示器、变送器等要留有工作通道，以便更换和维修。

④ 所有仪表输出应为 4～20mA，直流负载阻抗不小于 500Ω。

⑤ 除特殊规定外，所有仪表工作电源为 220VAC ±10%，50 ±1Hz。

⑥ 所有户外装设仪表电源应安装避雷器，信号应加过电压冲击保护装置，均采用 DEHN 或同等质量的产品。

⑦ 所有仪表采用 E＋H、HACH 或更高质量的产品，并在投标报价表中注明生产厂家。

（3）技术要求

① 提升泵房。分体型超声波液位计（2 套）。

• 传感器。传感器材质为聚丙烯；工作介质为生活污水；测量范围为 0～6m；测量精度为 0.25%；测量盲区为 0.3m；防护等级为 IP68；传感器电缆长度为 15m；安装方式为池顶法兰安装，配法兰。

• 变送器。工作方式为微处理器；测量范围为 0～6m；信号输出为 4～20mA 单通道；带高底液位报警和故障报警继电器输出 3 路；继电器触点容量为 220VAC5A；显示方式为带背光液晶显示，面板具有操作键，环境温度为 －25～55℃，保护等级为 IP65，电源电压为 220VAC ±10%，50Hz；安装方式为立柱式安装，配镜面不锈钢变送器箱（宽

300mm、高 500mm、厚 270mm）和不锈钢立柱（长 1500mm、壁厚 2mm）

② 总平。分体型电磁流量计（1 套）。

• 传感器。测量范围为 0.3～12m/s 范围内任意设置，并保证测量的准确无误；测量精度为 0.5%；管口直径为 DN600mm；电极材料为哈氏合金；管内压力为 4.0MPa；工作介质为沉砂池出水；环境温度为 -25～55℃；保护等级为 IP65；安装方式为管道安装，配套法兰。

• 变送器。输出信号为 4～20mA，带现场操作和 LCD 显示，带开关量和自身故障报警，继电器输出 3 路，继电器触点容量 220VAC5A，配有 RS485 通讯接口；电源电压为 220VAC ±10%，50Hz；安装方式为管道安装，配套法兰；现场外壳保护等级为 IP65；电源电压为 220VAC ±10%；50Hz；安装方式为立柱式安装，配镜面不锈钢变送器箱（宽 300mm、高 500mm、厚 270mm）和不锈钢立柱（长度 1500mm、壁厚 2mm）。

③ 总平。分体型电磁流量计（1 套）。

• 传感器测量范围。0.3～12m/s 范围内任意设置，并保证测量的准确无误；测量精度为 0.5%；管口直径为 DN400（mm）；电极材料为哈氏合金；管内压力为 4.0MPa；环境温度为 -25～55℃；保护等级为 IP65；安装方式为管道安装，配套法兰。

• 变送器。输出信号为 4～20mA，带现场操作和 LCD 显示，带开关量和自身故障报警，继电器输出 3 路，继电器触点容量 220VAC5A，配有 RS485 通讯接口；电源电压 220VAC ±10%，50Hz；安装方式为管道安装，配套法兰；现场外壳保护等级为 IP65，电源电压 220VAC ±10%，50Hz，安装方式为立柱式安装，配镜面不锈钢变送器箱（宽 300mm、高 500mm、厚 270mm）和不锈钢立柱（长度 1500mm、壁厚 2mm）。

④ 生化反应池。分体型溶解氧分析仪（DO 仪）1 套。

• 溶氧探头 1 套。测量原理为覆膜式，电流测量传感器；工作介质为生活污水；测量范围为 0～15mg/L；测量精度为 0.2%，环境温度为 25～55℃，压力要求为常压；防护等级为 IP65；电缆长度为 15m；安装方式：沉入式支架安装，传感器沉入水下 0.5m，配沉入式导管 2m。

• 溶氧变送器 1 套。测量范围为 0～15mg/L；电流输出负载为 4～20mA，带开关量和自身故障报警，继电器输出 3 路；继电器触点容量 220VAC5A；显示方式为带背光液晶显示，面板具有操作键和状态指示；现场外壳保护等级为 IP65，电源电压为 AC220V ±10%，50Hz；安装方式为立柱式安装，配镜面不锈钢变送器箱（宽 300mm、高 500mm、厚 270mm）和不锈钢立柱（长度 1500mm、壁厚 2mm）。

⑤ 污泥脱水机房。一体型电磁流量计（2 套）。

• 传感器测量范围。0～0.2m^3/s 范围内任意设置，并保证测量的准确无误；测量精度为 0.5%；管口直径为 DN125（mm）；电极材料为哈氏合金；管内压力为 4.0MPa；工作介质为剩余污泥；环境温度为 -25～55℃；保护等级为 IP65；安装方式为管道安装，配套法兰。

• 变送器。输出信号为 4～20mA，带现场指示表头，带开关量和自身故障报警，继电器输出 3 路；继电器触点容量 220VAC5A；电源电压 AC220V ±10%，50Hz；安装方式为立柱式安装，配镜面不锈钢变送器箱（宽 300mm、高 500mm、厚 270mm）和不锈钢立柱（长度 1500mm、壁厚 2mm）。

3.1.3.4 总 平

涡街流量计1套，参数为DN250，PN1.6MPa，IP65。

3.1.4 设备安装调试及试运行

3.1.4.1 施工准备

设备安装前，组织有关施工技术管理人员认真熟悉设计施工图纸，技术规范，生产厂家的安装技术数据和产品说明书、装配图等。邀请设计单位及有关管理单位到施工现场进行设计交底，充分领会设计意图和全部技术要求，事先对重点安装工程制订相应的符合现行有关安全技术标准和产品技术文件规定的安全技术措施及安装方案。

设备安装前，组织有关施工技术管理人员进行现场勘察，配合土建施工人员清出预埋管和预埋件，核测其位置高程，并进行详细记录。为组织施工做好准备。

工程施工前，对水源、电源、照明、主要材料、机具、劳动力等作充分准备，作出合理的安排。备齐安装施工中使用的符合计量法规规定的计量器具和检测器具、仪器仪表，精度不低于要求的精度等级。

根据安装的需要，备齐专用工具，如力矩扳手、尼龙吊带、套胶管钢丝绳、抬镐、框架水平、专用辅助胎具。

根据总体工期要求及现场条件，制订总进度计划，根据总进度计划作出本工程的总材料需求计划，分别报送建设单位和监理单位核准、审定。

3.1.4.2 设备开箱检查及保管

（1）现场开箱、清点和设备交接

设备的开箱、清点和交接按照有关协议，由承包方组织，建设单位、代理厂商和监理方等有关人员参加。在设备进厂后，根据设备装箱单，逐箱及时进行数量清点，对设备的外观逐一进行检查拍照，并作好登记记录，办好交接手续。对运输过程中发生的问题，协商解决。在清点过程中，发现不能互换的零部件，按照安装位置和次序作好标记，为顺利安装创造条件。

设备开箱检查记录包括以下内容：

① 箱号、箱数和包装情况；

② 设备的名称、型号、规格和数量；

③ 装箱清单、设备技术文件、数据及专用工具；

④ 设备有无缺损件，表面有无损坏和锈蚀等。

（2）材料和设备的搬运、贮存及保护

按照生产厂商的书面说明规定，搬运和贮存设备及其零件、部件与专用工具，并根据合同条件，采取有效的保护措施，防止设备损伤和损坏。在安装前，不得提前揭掉制造厂家为防止部件损坏而包装的防护贴。

3.1.4.3 设备基础土建与安装中间交接验收

设备安装是安装工程中的关键，在安装过程中，预埋件和设备基础的标高及轴线偏差均应符合设计要求及施工规范规定。所以，在设备安装前，安装队应与土建施工队进行中间交接验收，以确保安装质量。

① 设备基础顶标高的允许偏差为 -10mm，但不应高于设计标高；

② 预埋螺栓顶端标高不宜低于设计标高，允许偏高 $5\sim25$mm。

③ 埋设有中心标板的重要设备基础，其中心线由竣工中心线引测，同一中心标点的偏差为 ±1mm。纵横中心线应进行垂直度的检查，并调整横向中心线，同一设备基准中心线的平行偏差或同一生产系统的中心线直线度应在 ±1mm 以内。

④ 一般设备基础基准点的标高偏差应在 ±2mm 以内。

⑤ 传动装置有联系的设备基础，其相邻有基准点的标高偏差，应在 ±1mm 以内。

⑥ 清除设备基础表面和地脚螺栓孔中的油污、碎石、泥土、积水，并找出预埋钢板的顶面，二次混凝土浇筑的接触面按照设计和规范要求进行凿毛。

3.1.4.4 水泵及其配件安装

(1) 螺杆泵安装

螺杆泵安装前按规范规定进行清洗和检查。整体出厂泵在防锈保证期内，只清洗外表。当超过防锈保证期或有明显缺陷需拆卸时，其拆卸、清洗和检查符合设备技术规范的规定。泵的主要零件、部件和附属设施、中封面和套装零件、部件的端面不得有擦伤与划痕；轴的表面不得有裂痕、硬伤等其他缺陷。清洗洁净后，去除水分，并将零件、部件和设备表面涂上润滑油，按照装配顺序分类放置。

(2) 螺杆泵基础

将设备基础预留洞清理干净，用磨光机将基础面磨平，用水平尺找平，水平度偏差在允许范围之内。

根据构筑物、建筑物平面尺寸和离心泵的平面位置，在离心泵基础上放出其安装轴线。对于有预留洞的基础，在预留洞放入地脚螺栓（保证地脚螺栓垂直固定好），浇筑地脚螺栓混凝土。

(3) 螺杆泵就位

待地脚螺栓混凝土达到要求强度后，采用尼龙带吊装设备就位。

① 找平在基础面和设备底座间安放铜片进行调平。对于整体安装的泵，采用框架式水平仪在泵的出口法兰面进行量测，保证纵向安装水平偏差不大于 0.10/1000，横向安装水平偏差不大于 0.20/1000。对于解体安装的泵，保证纵向和横向安装水平偏差均不大于 0.05/1000，并在水平中分面、轴的外露部分、底座的水平加工面上进行测量。

② 泵的找正（以泵的轴线为基准找正）。

• 电动机轴与泵轴、电动机轴与变速器轴与联轴器一起连接时，两半联轴器的径向位移、端面间隙、轴线倾斜均符合设备技术档的规定。当无规定时，符合现行国家标准《机械设备安装工程施工及验收通用规范》的规定。

• 电动机与泵（或变速器）连接前，先单独试验电动机的转向，确认无误后，再连接。

• 电动机轴与泵轴找正、连接后，盘车检查是否灵活。

• 泵与管路连接后，复核找正标准，当与管路连接而不正常时，调整管路。

(4) 安装要求。

填料箱与泵轴间的间隙在圆周方向均匀，并按照样本规定其类型、尺寸和要求压入填料，填料压入后盘动转子，转动灵活。

(5) 检验和调试

① 安装后，按照技术指标进行检验，电动机的转向与泵的转向相符，各固定连接部

位无松动，各指示仪表、安全保护装置及电控装置灵敏、准确、可靠，盘车灵活，无异常现象。

② 在供货商指导下加注润滑油。

③ 泵启动时，应符合以下要求：打开吸入管路阀门，关闭排出管路阀门；泵的平衡盘冷却水管路畅通，吸入管路充满输送液体，并排尽空气；泵启动后，快速通过喘振区；转速正常后，打开出口管路的阀门，出口管路阀门的开启不超过3min，并将泵调到设计工况。

④ 泵调试时，应符合下列要求：

- 各固定连接部位紧固；
- 转子及各运动部件运转正常，无异常声响和摩擦现象；
- 附属系统的运转正常，管道连接牢固无渗漏；
- 滑动轴承的温度不高于70℃，滚动轴承的温度不高于80℃，特殊轴承的温度符合设备技术文件的规定；
- 各润滑点的润滑油温度、密封和冷却水的温度均符合设备技术文件的规定，润滑油无渗漏和雾状喷油现象；
- 泵的安全保护和电控装置及各部分仪表均灵敏、正确、可靠；
- 机械密封的泄漏量不大于5mL/h，填料密封的泄漏量不大于表3.4的规定，并且温升正常。

表3.4　填料密封的泄漏量

设计流量/（m^3/h）	≤50	50～100	100～300	300～1000	>1000
泄漏量/（mL/min）	15	20	30	40	60

3.1.4.5　潜水泵安装

① 依据土建工程给定的定位线及设备安装图纸给出的尺寸线，画出各台泵的泵座两个方向中心线。

② 依据设备图纸给定的尺寸做模具，保证精确就位。

③ 泵基座以下预留20mm以上的二次混凝土浇筑高度，待泵座安装调平后，灌无收缩混凝土。

④ 将泵座上的地脚螺栓装在模具上，平垫铁固定在模具的下平面，平垫铁上平面为泵座底设计标高面，保证平面位置偏差不大于±10mm，标高偏差不大于±20mm。

⑤ 经复测后，进行地脚螺栓的混凝土浇筑，混凝土灌注到平垫铁上平面处。

⑥ 当混凝土达到设计强度的75%后，拆除模具，将泵座安装就位，用铜片精确调整到验收标准的水平度（铜片不得超过3片）。

⑦ 组织泵座的平面位置、水平度验收，组织工序验收，合格后，泵座上平面做保护，开始浇筑二次混凝土并安装出水管。注意，出水管的重量必须由管道支架承受。

⑧ 出水管安装完成后，利用其脚手架进行导杆安装，以泵的出水弯头与导杆连接处做基准点，分别以垂直的两个方向挂线坠，在导杆的下端点、中间支撑、上端点用钢板尺测量，调整导杆的垂直度偏差小于1/1000，全程内偏差不大于4mm，若为双导杆，平行偏差小于2mm，达到标准后固定。

⑨ 清理泵腔。手动盘车合格后，将电缆与吊链固定在一起（当所用电缆较长时，征

求供货商的意见后，进行适当的固定），用汽车起重机进行泵体吊装（利用泵体上的吊环），使泵沿导杆顺直滑下、就位。调整水泵出水口与出水弯头结合处对正、平直密合，适当地调整链条的松紧度，做好校验准备工作。

⑩ 检验要符合下列要求：

• 安装后，按照技术指标进行检验并符合要求；

• 在供货商指导下，加注润滑油脂；

• 清理现场，根据池中容量进行调整带负荷运行，检测泵的流量、扬程及效率是否符合设计要求，并且运转平稳，无异常声音和振动，电机电流正常。检测电机安全保护装置是否符合潜水泵技术要求。

⑪ 与泵连接管道安装。

参照钢管安装，并符合下列要求：

① 严格按照设计图纸加工、安装支架，管重量不能直接作用于水泵上；

② 管子内部清洗干净，密封面无损坏；

③ 管道与泵连接后，不再进行焊接和气割，防止焊渣进入泵内。

3.1.4.6 格栅除污机安装

① 按照图纸要求进行定位放线。

② 钢板预埋件由设备厂家提供，设备安装时，打胀管螺栓，将预埋钢板固定，格栅安装后，底部如有间隙，可用符合标号要求的水泥封住固定。

③ 整体将格栅吊装就位，用临时支承固定，验证预埋件的正误或标出支架的位置，进行支架安装，支架安装时，应保证支架不与输送机本体较劲，同时保证输送机本体在一个平面和一条直线上。

④ 经找正，应保证设备的安装角度，安装水平度误差小于5mm。

⑤ 格栅框架的垂直度偏差不应大于1‰，若超差，就以斜垫铁楔入调直。

⑥ 机架上的支座与地面上预埋钢板对正，然后将框架与预埋板用不锈钢焊条先点焊牢固，再断续焊接。

3.1.4.7 格栅除污机的试运转

① 检查滑动轨道内无异物。

② 在接通电源以前，先用摇把插入电机尾部方榫内，按照安全罩上箭头方向摇动电机，盘动格栅启闭灵活，无卡阻现象。

③ 检查减速机的润滑油是否到油面线，不足时，用30号机械油加至油面线。

④ 电气安装后好同甲方进行试运，上下搓动自如，无异常声响和振动。

⑤ 卸去安全罩，放松涨紧链轮，卸下减速机端链条，通电试运行，检查减速机的转向是否与安全罩下所示箭头方向相一致，严禁反转。用涨紧链轮调整链条的松紧度，并用涨紧螺杆调整耙齿链的松紧度。

⑥ 接通电源空载运转，应无抖动、卡阻及异常噪声，拖动电机温升正常，工作电流不大于额定电流。空载试验运转后，再投入负载运行。

3.1.4.8 蝶阀、闸阀安装

阀门安装按照制造厂的安装说明书进行。安装阀门之前，按照设计要求检查型号，清除阀内污物，检查阀杆是否灵活，以及阀体、零件等有无裂纹、砂眼。进行试压、试漏试验，试验合格，才能进行安装。安装方式为法兰连接。各种阀门安装应注意以下要点。

（1）蝶阀安装要点

① 安装碟阀时，阀板停在关闭但不关紧的位置上，或根据供货商要求，其手轮便于操作，开启位置按照阀板的旋转角度确定；

② 碟阀重量不能作用于管道上；

③ 碟阀法兰所用的垫片质量合格，且不加双垫或偏垫；

④ 法兰的焊接符合有关焊接要求；

⑤ 安装好的碟阀，根据设计要求设置牢固的基础。

（2）闸阀安装要点

① 闸阀安装后，手轮的方位便于操作；

② 闸阀重量不能作用于管道上；

③ 闸阀两侧的法兰与管道上的法兰相平行；

④ 闸阀法兰所用的垫片符合介质性能，并且不加双垫或偏垫；

⑤ 法兰上螺栓的规格、大小符合技术要求；

⑥ 法兰采用焊接，符合焊接有关技术规定；

⑦ 闸阀有流向要求的，不得装反。

3.1.4.9 闸板阀安装

闸板阀的安装根据供货商和制造厂的技术要求，闸板框采用二次灌浆方式。

① 按照设计安装标高，在出水口墙面上标出出水口竖直中心线及闸门底部标高线，偏差不大于 ±5mm。同时检查闸体起吊孔中心与启闭机混凝土支座孔是否对中，如不对中，则应先调整支座孔。

② 将板闸吊装到位（注意水压方向），并立稳靠实。

③ 支搭脚手架，使其便于作业且安全牢固。

④ 将板闸吊起贴墙就位，调整板闸推力螺母中心线及底部与所作标记吻合，并用多功能垂直校正器调整闸体的水平度和垂直度（门框底槽、侧槽的水平度和垂直度偏差不大于 1/1000，且全程内偏差不大于 2mm），将板闸临时定位固定。以板闸螺栓孔为基准点，标出膨胀螺栓孔的位置。将板闸吊离墙面，用冲击钻或水钻成孔。

⑤ 将二次混凝土范围内的墙体先行凿毛，以利一、二次混凝土的紧密结合，不致渗漏。

⑥ 装上螺栓，将另一端插入螺栓孔。再将闸体起吊就位，将膨胀螺栓与墙体固定牢靠后，用多功能垂直校正器将板闸调整到验收标准，将固定螺栓拧紧。

⑦ 安装闸板推力螺母及启闭机座。以启闭机孔为中心，利用多功能垂直校正器，调整启闭机中心，使其与闸板推力螺母中心位于同一垂直线。其垂直度偏差不大于 1/1000，且全程内偏差小于 2mm，连接闸板推力螺母。以闸板推力螺母板闸端为基准，将闸板推力螺母调垂直后，固定启闭机座，启闭机座用垫铁垫实。然后进行闸体和启闭机的二次混凝土浇筑。

⑧ 检验。

• 安装闸门后，检查安装精度是否符合安装要求，各紧固件连接部位不松动。对手动启闭器内的润滑油脂进行检查和加注。

• 在无水的条件下，进行3次门板启闭试验，达到操作灵活，动作到位，手动闸板手感轻便，电动闸板轻捷，螺杆旋合平稳，门板无卡位、突跳、异响现象。

• 在设计水位下，闸板启闭轻巧自如，无突跳现象。

• 协助供货商按照有关规定进行现场泄露测试，在最大设计水位条件下，闸门的泄漏量符合规定。

3.1.4.10 起重设备安装

(1) 电动单梁桥式起重机安装

土建工程进行到最为合适安装起重设备时，提前28d向监理工程师提出申请，并经监理工程师批准后进行安装。

起重设备安装由具有起重设备安装资质的专业队伍进行。工程施工、试运行及验收按照《起重设备安装工程施工及验收规范》GB 50278—98，并符合其他有关国家标准规范的规定或满足当地劳动主管部门的要求。起重设备安装完成并通过监理工程师、当地劳动部门验收，施工方负责办理相关的一切手续。

(2) 导轨安装

采用Φ48钢管及专用卡具沿天车导轨方向搭设作业脚手架（支搭脚手架时，考虑操作人员和工字钢的重量，以及工字钢的进室和提升空间），脚手架上搭防护栏，满铺大板。同时，搭设专用调试平台进行导轨调直，导轨调直后，用吊链将其吊到脚手架上面，按照《悬挂运输设备轨道》87SG359中的方式进行连接、导轨安装。

使用经纬仪放出导轨轴线，水平仪测量高程，并在每根房梁预埋铁上焊一块连接板。用吊链吊起导轨就位找正，顺直后连接板点焊焊牢，然后加满连接板、筋板、点焊，用经纬仪与水平仪进行检验，检验合格后方可焊接。

(3) 天车安装

在车间内搭设平台，进行天车梁组装，并按照产品说明书和装配图安装配套电气组件与附属部件。检验合格后，用2个吊链平稳起吊，使天车就位，安装调整行走轮间隙在允许范围之内。

(4) 附属装置安装

防撞装置等其他附属装置的安装按照设备安装技术手册进行。

(5) 检　验

① 准备工作有以下几项。

• 设备技术档、合格证书完整齐备，安装记录、电气记录齐全；

• 所有连接部件紧固无松动，钢丝绳端固定牢固，在卷筒上缠绕正确；

• 清除轨道上的所有杂物。

② 无负荷试车的操作程序如下。

• 接通电源，点动，并检查各传动机构、控制系统和安全装置。操纵机构的操纵方向与起重机的各机构运转方向相符。

• 各机构的电动机运转正常，大车和小车运行时不卡轨，钢丝绳无硬变、扭曲、压扁、跳槽现象，各制动器能准确及时地动作，各限位开关及安全装置动作准确、可靠。

• 当吊钩下放到最低位置时，卷筒上钢丝绳的圈数不少于2圈（固定圈除外）。

• 用电缆导电时，放缆和收缆的速度与相应的机构速度相协调，并能满足工作极限位置的要求。

• 以上各项试验不应少于 5 次，且动作准确无误。

③ 静负荷试车的操作程序为。

• 开动起升机构，进行空负荷升降操作，使小车在全行程上往返运行不少于 3 次，并且无异常现象发生。

• 将电葫芦停在起重机跨中，逐渐加负荷作起升试运转，直至加到额定负荷后，使小车在桥架全行程上往返运行数次，各部分无异常现象，卸去负荷后，桥架结构无异常现象。

• 将小车停在桥式起重机跨中，无冲击的起升额定起重量为 1.25 倍负荷，在离地面高度为 100 ~ 200mm 处。悬吊停留时间不少于 10min，并无失稳现象。然后卸去负荷，将小车开到跨端或支腿处，检查桥架金属结构，无裂纹、焊缝开裂、油漆脱落及其他影响安全的损坏或松动的缺陷。此项试验不超过 3 次，第三次无永久变形。测量主梁的实际上拱度大于 0.7×10^{-3}mm。

• 检查起重机的静刚度。将小车开至桥架跨中，起升额定起质量的负荷离地面 200mm，待起重机及负荷静止后，测出其上拱值，此项结果与上一项结果之差为起重机的静刚度，其值符合规范规定。

④ 动负荷试车

各机构的动负荷试运转分别进行，有联合动作试运转时，按照设备技术档的规定进行。各机构的动负荷试运转在全行程上进行，起重量为额定起重量的 1.1 倍，累计启动及运行时间符合规定，各机构的动作灵敏、平稳、可靠，安全保护、联锁装置和限位开关的动作准确、可靠。

3.1.4.11 曝气系统安装

曝气器安装根据厂家指导说明书制订详细的施工措施，指派专人负责操作，进行安装。

(1) 安装顺序

安装顺序为：清理池底—预埋螺栓拉力试验—布气管安装—曝气管安装—附属装置安装—调试。

(2) 预埋螺栓拉力试验

按照规定要求对预埋螺栓进行拉力试验，符合设计规定后，进行曝气管固定支座安装。

(3) 调节曝气管池底固定支座的高度

以曝气管支托（管托）为定位点，从池底最高点开始调节曝气管高低，把支座拧到最低处，然后调节其他所有支座到同一高度。

(4) 安装前准备

安装前，清洗管膛，对管身和曝气孔进行外观检查，包括外观，孔的大小、形状应一致，无破损、堵塞及其他肉眼可见的缺陷。

(5) 曝气管、布气管安装

用水平仪在生物滤池侧墙上打出布气管安装位置线，用水平尺和毫米塔尺调整布气管水平度。提起布气管放到管托的下半部上。将曝气管靠近布气管放到曝气管固定底座上。用布气管固定支座的螺母调节布气管的高度。调整布气管路整体水平，且与曝气管成直角相连。管路安装时，用水平尺和连通管调整所有管道水平。

(6) 管道吹洗

每组曝气管安装完毕后，进行管道吹洗。吹洗风速不小于20m/s，管中无尘土即可。吹洗后，应立即将管孔封住，以防杂物进入管内。

(7) 下落管安装

用压缩空气清理布气管和下落管中的所有脏物，封住布气管法兰盘管口，防止脏物掉到布气管中。管道清理完毕后，把下落管上的法兰盘和布气管法兰盘连接到一起，紧固法兰盘时，确保布气管不移动。下落管用支托固定到池壁上，使布气管和法兰盘不受力。下落管顶端用延伸连接套管连接。

3.1.4.12 附属装置安装

按照供货商有关技术文件安装附属装置，保证安装正确，空气流量计核定准确。

曝气管安装完毕后，进行清水调试。

① 向池内注入清水至穿孔曝气管上沿，然后将曝气管的排水管球阀打开，将曝气管内的水全部排出；

② 开启鼓风机，检查曝气是否均匀，如有不均，及时调整，直至曝气均匀；

③ 继续注入清水至设计水位，鼓风机房的风量加大，检查曝气是否均匀，如有不均，及时调整，直至曝气均匀；

④ 清水调试完成后，将池内水位降至曝气管高度以下，防止对曝气管造成可能的堵塞，并采取一定的措施，对已安装过的曝气管加以保护。

3.1.4.13 鼓风机安装

磨光基座顶面，采用水平仪、毫米塔尺核测。

(1) 安装前准备

鼓风机安装前，将房内彻底清理干净，鼓风机房电动单梁桥式起重机试车交验完毕。复测预埋套管及预留孔的尺寸、中心高程及间距；校核基础施工的实际中心、标高和几何尺寸，并检查减震器支撑板着地处的水平度、高程是否符合安装要求。

(2) 鼓风机安装

① 将减震器用螺栓紧固在设备底座上。

② 将鼓风机用起重机吊在基础上，调整其位置，使其纵横误差在允许范围内，在混凝土基础上用色笔画出减振器支撑板在混凝土基础上的位置。

③ 将鼓风机吊起，在标记支撑板位置处涂抹专用黏合剂（厂方供货），涂抹应适当，厚度均匀，注意保护标记不被破坏。将机组再次吊起放在混凝土基础上，减振器支撑板应与其抹胶前位置标记严格对正，禁止水平方向移动，减振器与基础接触面良好，其接触面积符合厂家规定要求。

(3) 进风管过滤器的安装

① 用调节器的调节机构调节过滤器箱体高度，使出风口与鼓风机进风口中心在同一轴线上，符合厂家规定要求。

② 调整过滤器与鼓风机的距离，使过滤器出风口端与鼓风机进风口端平行且有一定

的缝隙，二者平行度偏差及缝隙宽度符合有关规定要求。

③ 调节完毕，用膨胀螺栓将过滤器固定。

④ 将过滤器与进风口连接。

⑤ 把空气管道内清理干净，各连接部件的连接部分用胶带密封，以防尘土进入。

(4) 具体安装

润滑、冷却系统及其他附属设备按照厂家安装手册进行安装。

(5) 出风口伸缩器安装

伸缩器用法兰与鼓风机相连，并用螺栓紧固，伸缩器两端管道上的法兰中心应在同一轴线上，允许偏差为2mm，法兰连接时应保持平行。其偏差不大于1mm，不得用强紧螺栓的办法消除倾斜。安装完毕后，伸缩器不得承载扭矩。

(6) 止回阀、手电动蝶阀安装

采用对夹式组装。分别安装在法兰之间，止回阀必须注意其方向性，并使其阀瓣活动良好。各组件法兰应平行，螺栓受力均匀。

(7) 检　验

① 鼓风机安装完毕后，应进行全面检查，全部合格后，可无负荷试运行。

② 试运行前，如果鼓风机需要解体检查，按照设备技术档的规定，先进行解体及各部位检查，解体由供货方主持，施工方配合，积极做好准备工作，按照要求做好每一部件的清洗及调整工作；解体时应严格听从指挥，杜绝乱拆乱卸，注意对设备部件的保护，做好保卫工作，严禁无关人员入内。

③ 根据设备技术档规定向各润滑点加入润滑油（脂）。

④ 鼓风机无负荷运行不少于规定时间，正常运转后，调整至工作压力下，电动机电流不得超过额定值。如无异常现象，则将风机调整到最小负荷，继续运转到规定时间为止。

3.1.4.14　污泥脱水机安装

(1) 脱水机基础

每台脱水机基础有4块预埋钢板，在浇筑二次混凝土之前，将每块预埋钢板点焊在4根预埋钢筋上，同时用水平仪和框架水平将预埋钢板（顶面机加工找平）调平，并使其顶面高程误差不超过1mm，将预埋钢板与钢筋焊牢，然后浇筑二次混凝土。待混凝土达到设计标号后，复核预埋钢板的高程和水平度。合格后，将脱水机就位。

(2) 设备搬运、就位

根据脱水机房的平面尺寸和脱水机的平面布置，在脱水机基础上，放出脱水机的安装轴线。在大门外搭设方木平台，用20#槽钢通连至脱水机房内，利用脱水机房内的电动悬挂起重机和电动葫芦，将脱水机按照安装方向吊装在基础上，拆掉包装，与预埋钢板焊接固定。

(3) 检　验

① 各类设备和天车安装完毕后，应进行全面检查，全部合格后，可无负荷试运行。

② 试运行前，如果设备需要解体检查，应按照设备技术档的规定，先进行解体，各部位检查，最后向各润滑点加入润滑油（脂）。

③ 各类设备无负荷运行不得少于规定时间，正常运转后，调整至工作压力下，电动

机电流不得超过额定值。如无异常现象，则将脱水机调整到最小负荷，继续运转到规定时间为止。

3.1.4.15 启闭机安装

（1）安装前准备

① 检查丝杠垂直度偏差，不得超过1/1000，全长小于2mm。

② 将丝杠从启闭机底座穿入，穿锁母螺扣后，吊入预留口，与闸门连接。

③ 将丝杠调整到垂直状态，启闭机水平偏差不应大于0.5/1000，标高不应超过±5mm。

④ 将垫铁与启闭机底座和预埋件焊牢。

（2）闸板阀密封性能调整

① 采用透光法或塞尺插入法，检查闸门的严密性，间隙限于300mm长条段内应不大于0.1mm。

② 调整滑块和门框的预埋螺栓，必要时可在门框后楔入斜铁，以达到校正门框之目的。如闸门闸板本身质量有问题，也可在征得甲方同意的情况下，研磨铜条。

3.1.4.16 螺旋输送机安装

① 现场整机安装，并对进料口与格栅机卸料口的密封护罩用螺栓进行连接组装。各部件之间的配合关系和安装要求以制造厂安装手册为准。

② 在安装前，不得提前撕掉制造厂为防止部件损坏而包装的防护贴。

③ 螺旋槽直线度每米允许误差为1mm，全长不超过3mm。

④ 设备就位的安装基准线与建筑轴线偏差小于±20mm，与设备平面位置偏差小于±10mm，与设备高差小于+20mm/－10mm。

⑤ 设备的纵向水平度小于1/1000，相邻机壳法兰面连接间隙小于0.5mm。

⑥ 检查和加注润滑油脂。

⑦ 空载运行2h，螺旋叶片和槽体应正常跑合，驱动装置应转动灵活，运行平稳，轴承温升不得超过70℃。

⑧ 物料的输送功能应保证符合性能指标。

⑨ 密封罩和盖板处保证无物料外溢现象。

3.1.4.17 潜水搅拌器

① 所有潜水搅拌器和电机都应在制造厂进行测试，测试的目的是检查搅拌器和电机是否满足招标文件与招标文件图纸规定或承包人提供的技术要求。

② 将供货方提供的全部测试试验报告交业主代表批准。

③ 潜水搅拌器安装完毕后，进行搅拌器的试验，以证明其符合所规定的技术要求。

具体施工方法和注意事项如下。

• 在达到试车条件后，以水代料，将水充满到工作液位且没过最上层搅拌叶片后，通入空气，启动机器，并仔细观察电机、减速机是否有异常现象，倾听运转声音的变化情况，运转4h后，再使罐内压力达到工作压力，继续运转8h。

• 注意事项，在整个试运转过程中，要对机器的运转性能进行全面检查，设备平稳，不得有不正常的噪声或振动等不良现象；严禁在非工作液位下或空载下试车；试车完毕后，要对螺栓的紧固力、底轴承的三角架进行再检查；发现问题，及时解决；必要时，可再次试车。

3.1.4.18　调试方案

（1）调试小组的建立

为保证调试一次成功，应组织长期从事调试工作并具有丰富经验的专业人员组成调试小组，专业涵盖环保、给排水、机械、自控等，共投入13人。

各岗位职责分工如下。

① 组长1人，高级工程师，负责调试工作的整体安排计划及实施。

② 工艺2人，给排水或环境工程师，负责工艺调试，根据相关工艺参数变化情况调整调试方案。

③ 设备2人，机电高级工程师和工程师，负责设备的检查维护，保障设备正常工作。

④ 自控2人，自控高级工程师和工程师，负责自控系统的调试，根据工艺参数要求调整自控方式。

⑤ 电气2人，电气高级工程师和工程师，负责电气设备的检查维护工作。

⑥ 化验2人，化学工程师，负责水质化验分析。

⑦ 调度1人，给排水工程师，负责现场多方协调及联络工作。

⑧ 专职安全员1人，负责调试过程中的安全防护。

（2）调试方案

调试方案按照设备调试（单项调试）、系统设备调试（清水联动调试、生产联动调试）顺序进行。

① 单项调试。在整个工程系统调试前，必须进行各单体设备的试车及构筑物的通水、试压试验。

检查设备安装是否满足要求，包括相关电气安装、控制箱、管道阀门等配套设施是否合乎要求，并填写相关的验收记录。经验收合格后，进行单机无负荷点动试车。试车成功，经相关人员确认后，进入单机带负荷试车；若发现问题，则应找出原因，现场修复或调换至运行完全正常为止，再进行系统设备调试。

② 清水联动调试。在单体调试符合设计要求的基础上，按照设计工艺顺序、设计参数和生产要求，将所有单体设备和构筑物连续性地依次从头到尾进行清水联动试车。联动试车调试流程按照设计图纸进行。如运行正常，经确认后，则可进入生产联动调试；如发现问题，则应找出原因，现场修复至运行完全正常为止。

在清水试车的同时，对构筑物的抗压、抗渗性能进行试验，按照有关规定验收合格后，进入联动调试；否则，采取相应的措施，现场修复，至合乎要求为止。

③ 生产联动调试。在清水联动试车经确认正常后，开通污水管道，使污水进入污水处理系统，进行系统工艺总调试。与此同时，正式取样、化验、分析，得出各采样点水质分析指标后。确定水处理效果，当总出水指标达到设计要求后，即完成调试任务。

（3）调试前的准备工作

① 土建及设备安装检查。

• 根据设计图纸，按照工艺流程逐一检查，土建是否彻底完工、设备安装是否完好一致，如有不符之处，则必须立即整改。符合设计要求后，方可进行单体调试。对所有阀门、仪器、仪表进行外观检查及手动开启，如有不灵活之处，则必须就地维修。

• 单项设备（如格栅、污泥处理设施、插板闸门、砂水分离器、潜水搅拌机、曝气头、鼓风机、电动闸阀、电动蝶阀等）在单体调试前安装完毕，并按照设计图纸和产品安装说明书检查其他安装情况是否合乎要求，必须做到各自运转正常，为工程系统设备调试作好准备。

② 电气验收。

• 电气装置安装施工及验收应符合电气、消防等现行的有关标准、规范的规定。

• 电气工程验收时，应对下列项目进行检查：漏电开关安装正确，动作正常；各回路的绝缘电阻应小于10MΩ；保护地线（PE线）与非带电金属部件连接应可靠；电气器件、设备的安装固定应牢固、平整；电器通电试验、灯具试亮及灯具控制性能良好；开关、插座、终端盒等器件外观良好，安装牢固平整，安装方式符合规定；并列安装的开关、插座、终端盒的偏差和暗装开关、插座、终端盒的面板、盒周边的间隙符合规定；弱电系统功能齐全，满足使用要求，设备安装牢固、平整。

• 工程验收交接时，应提交下列资料：

第一，配线竣工图，图中应标明暗管走向（包括高度）、导线截面积和规格型号；

第二，漏电开关、灯具、电器设备的安装使用说明书，合格证，保修卡等；

第三，仪表、弱电系统的安装使用说明书，合格证，保修卡，调试记录等。

③ 管道阀门检查。

• 检查管道阀门安装情况是否与管道设计一致；

• 管道与阀门连接紧密程度；

• 检查跑、冒、滴、漏（关闭阀门时）；

• 进行阀门的开启、关闭，检查阀门的使用情况；

• 对电动阀先进行手动盘车，再通电试车。

④ 其他准备工作。

• 三通检查。根据设计图纸及工艺流程，检查水、电、气是否畅通无阻，即生产用水、排水管道、空气管路、照明等是否正常；

• 自控系统必须安装完毕；

• 检查、检修完毕后，在调试前，对现场全部场地及设备进行清洁工作，所有管道阀门也要清扫，创造良好的现场环境，并防止意外事故发生。

(4) 设备调试

设备调试、清水联动调试和生产联动调试均要求建设单位、监理单位、设计单位、施工单位、供货单位及调试人员在现场进行。试车均以清水注入；调试按照附件《工程调试单体、联动试车程序图》进行。

① 格栅试车。

• 作用。格栅分为粗细两级，为污水处理流程的预处理（物理处理）。粗格栅主要用来去除污水中颗粒较大的固体物质和一些漂浮物，以保证污水提升泵的正常运行；细格栅进一步去除污水中的较细颗粒和漂浮物（包括有机物），有利于后续处理的正常可靠运行，并可降低生化处理的负荷。

• 运行方式。自动兼手动。手动为就地控制；自动为由现场PLC自动控制，每台格栅前后各装一台液位差计，PLC 根据格栅前后的液位差和时间两个条件控制自动启闭机械栅耙，并联动螺旋输送（压榨）机，水位差控制优于时间控制。

• 调试步骤。检查安装牢固程度，固定螺栓连接是否紧固；由合格的电工检查设备电气线路是否接线正常；检查润滑油是否注满；点动设备，观察转向是否与标识一致；当前期工作完成无误后，进行通电正式试车；进行通电试车，观察电压、电流是否符合设备要求（电流牌上标出的额定电压的 ±10%）；观察设备的振动、噪声是否正常；将运行各项参数做好记录。

② 曝气装置。

• 作用。即搅拌和供氧，推动水流作竖直方向不停的循环流动，防止活性污泥沉淀，使有机物、微生物和氧三者充分混合接触，满足微生物生长、呼吸所需氧量。

• 运行方式。自动兼手动控制供气管路上的手动和电动阀门及鼓风机。手动为就地控制；自动为根据现场 PIC 进行自动控制，根据生物反应池运行工艺进行参数设定，自动运行。

• 调试步骤及方法。检查安装牢固程度，固定螺栓连接是否紧固；由电气工程师检查管道及供风的鼓风机电气线路是否接线正常；电机按照要求注润滑油；点动设备，观察转向是否与标识一致；当前期工作完成无误后，进行通电正式试车；进行通电试车，观察电压、电流是否符合设备要求，如不符合，应及时检修；观察设备是否有异常振动、噪声，如有，应及时检查检修后，再次试车，并做好记录；通过一定水深观察曝气分布是否均匀，调节供气支管的手动阀门及曝气头高度，使池内气泡分布均匀。

（5）污水联动试车

清水联动试车之后，应进行生产性污水联动调试。主要是生化池的启动。

① 生化池的启动。

• 启动阶段。此阶段的实质是污泥的培养驯化阶段。其培养驯化采用常规的培养法。开始培养活性污泥时，首先接纳 2/3 池污水，然后将接种污泥尽快投加到池中（3d 内）。由于池容较大，需要泥量大，为了保证先投入的污泥不厌氧，在投泥过程中进行间歇曝气。当接种污泥全部投加到池内以后，闷曝一天，然后连续进水连续曝气，进水量控制在设计水量的 1/3。

每天对活性污泥镜检，观察生物相及微生物的生长情况，测定并记录各池在各时间段混合液悬浮固体浓度（MLSS）和污泥沉降比（SV30），并计算出相应的污泥体积指数（SVI）。根据结果调整进水量及曝气时间。

为了使活性污泥反应正常进行、污泥中的微生物能良好地生长繁殖、保持较高的活性，需要投入一定量的含有氮、磷的营养物质，经过计算并通过实际观察，可向相应池段（因各池曝气情况不同而有所不同）投加一定量的尿素和磷酸氢二铵。

生活污水中成分较单一，但 BOD 和 COD 浓度较低，在污泥的培养驯化时，根据具体情况，投加适量的营养物，使微生物迅速生长。

当污泥浓度超过 1000mg/L（或 SV30 大于 10%）时，开始按照设计流量进水。

• 负荷增加阶段。污泥培养驯化的过程包含负荷增加的过程，随着微生物对水质的适应及数量的增加，废水 COD 负荷逐步提高，经过一段时间的运行，达到设计负荷。

② 生化池运行的注意事项。

• 水温。水温控制在 15～35℃。温度过高或过低都会对污泥的活性产生影响。

• 溶解氧。培养初期，供氧量不宜过多，否则有机物氧化过快，培养出的活性污泥质轻，容易膨胀，随着污泥的增长，要逐步加大供氧量，一般溶解氧控制在 2～4mg/L。

• 营养。要满足废水中的 BOD: N: P = 100: 5: 1。

• 污泥浓度。污泥浓度保持在 2000～6000mg/L。

③ 生物脱氮工艺运行的控制要点。

• 溶解氧的控制。脱氮过程中的硝化反应必须在好氧条件下运行，其混合液中的 DO 浓度一般应维持在 2～3mg/L，当 DO 浓度低于 0.5～0.7mg/L 时，硝化过程将受到抑制。在缺氧区反硝化过程中，混合液的溶解氧应控制在 0.5 mg/L 以下，才能保持正常的反硝化速度。

• 污泥负荷。污泥负荷是影响系统去氮效果的重要因子。当污泥负荷过高时，系统硝化作用不全，出水硝态氮浓度及硝态氮所占比例不断下降，从而影响到总氮的去除效果。

• 碳源（C/N）的控制。污水的 C/N 是影响系统去氮效果的另一重要因子。一般认为，当污水中的 BOD5 与 TKN 之比为 5～8 时，可以认为废水中的碳源是足够的，此时不必考虑外加碳源。

④ 生物除磷工艺运行的特点。

• 注意废水的碳磷比（BOD5/TP）：废水的碳磷比（BOD5/TP）是影响生物除磷系统去磷效果的重要因素之一，BOD5/TP 的比值过低，使得污泥中的积磷微生物在好氧池中吸磷不足，从而使得出水磷含量升高。一般废水的 BOD5/TP 应大于 20 才能够保证有较高的去除率。

• 控制溶解氧。从生物除磷系统的原理可知，整个系统中各段吸磷、放磷控制主要是由 DO 值决定的，因此，DO 值的控制是影响去磷效果最重要的一个因子。经试验，好氧池中 DO 应大于 2mg/L，以保证积磷微生物利用好氧代谢、氧化磷酸化中释放出的大量能量充分地吸磷。厌氧放磷池中的 DO 值应小于 0.21mg/L。为了防止污泥停留时的厌氧放磷作用，以致影响去磷效果，出水池底部污泥应控制得稍低，以防止污泥因累积厌氧而放磷。

• 控制合适的泥龄。系统的泥龄短可提高污泥产率，从而通过排放剩余污泥而达到去除更多的磷。

• 降低 NO_3-N 浓度。生物除磷系统中 NO_3-N 的存在会抑制积磷微生物放磷作用，故应提高系统中 N 的去除率，降低出水 NO_3-N 浓度。

(6) 调试引用的规范及标准

调试引用的规范与标准如表 3.5 所示。

表 3.5　调试规范与标准

序　号	标准名称	标准号
1	电气装置安装工程电缆线路施工及验收规范	GB 50168—92
2	电气设备交接试验标准	GB 50159—91

续表 3.5

序 号	标准名称	标准号
3	电气装置安装工程电梯电气装置施工及验收规范	GB 50182—93
4	电气装置安装工程施工及验收规范	GB 50254—96
		GB 50255—96
		GB 50256—96
		GB 50257—96
		GB 50258—96
		GB 50259—96
5	漏电电流动作保护器	GB 6829—86
6	电气装置安装工程盘、柜及二次回路结线施工及验收规范	GB 50171—92
7	电气装置安装工程旋转电机施工及验收规范	GB 50170—92
8	运动设备及系统术语	GB /T14429—93
9	运动终端通用技术条件	
10	电力变压器运行规程	DL/T 572—95
11	电力设备预防性试验规程	DL/T 596—1996
12	继电保护微机型试验装置技术条件	DL/T 624—1997
13	编制电气安全标准的导则	16499—1996
14	高压开关设备的共用订货技术导则	DL/T 593—1996
15	户内交流高压开关柜订货技术条件	DL/T 404—1997
16	架空绝缘配电线路设计技术规程	DL/T 601—1996
17	架空绝缘配电线路施工及验收规程	DL/T 602/1996
18	交流电气装置的过电压保护和绝缘配合	DL/T 587—1997
19	微机继电保护装置运行管理规程	DL/T 587—1996
20	运动设备及系统工作条件	GB/T 15153—94

3.1.4.19 调试所需设备及仪器

为确保调试顺利进行并如期完成，在调试过程中，将使用一些必备的工具，主要有COD 测定仪 1 套、BOD 测定仪 1 套、电子显微镜 1 套、pH 计 1 套、便携 DO 仪 1 套、恒温箱 1 个、分析天平 1 台、MLSS 测定系统 1 套、N/P 测试系统各 1 套、标准信号源 1 台、信号发生器 1 台、示波器 1 台、手提电脑 1 台、对讲机 4 对。

3.1.4.20 人员培训

为了使操作人员更快地掌握操作技能，在调试过程中，要进行人员培训，为污水厂的正常运行奠定良好的基础。

(1) 培训目标

经过培训，使污水处理厂的员工能达到污水处理初级工水平。而技术人员、班组长等骨干人员经过培训，能达到污水处理中级工的水平。基本能够掌握污水处理厂日常的生产管理、工艺运行、设备维护和成本核算。污水处理厂在承包商移交后，能独立保证污水处理厂的正常安全运行。如以后再发生问题，承包商可以继续提供相关的咨询和服务。

（2）培训方式和内容

培训分为课堂理论培训、现场实际操作培训和外出参观学习 3 种方式。

① 工艺方面。

• 水质污染指标及意义；
• 污水的物理处理；
• 污水处理的微生物基础和生物处理；
• 污水的深度处理和污泥处理；
• 讲解工艺规程、安全防护规范、设备操作规程。

② 水质分析。

• 污水厂常规项目的分析方法、实验技巧；
• 化验室综合知识传授，如器皿洗涤方法、标准标量方法、废液处理方法、数据修约方法和安全防护技巧等。

③ 机械设备方面。

• 设备概述及分类；
• 泵类设备原理及常规维护维修；
• 格栅清污除渣设备原理及维护；
• 沉砂、分砂设备原理及维护；
• 鼓风机原理及维护；
• 阀门、闸门类设备原理及维护；
• 脱水机原理及维护。

④ 电气方面。

• 电和电路的基本知识，供配电基本知识；
• 常用电子电器元件识别及参数判断，选型和代换；
• 常用供配电线路和控制电路原理与检修；
• 电动机原理和常见故障检修；
• 安全用电及常见火灾救护。

⑤ 自控方面。

• 污水处理厂常见仪表原理、维护和记录；
• 计算机及计算机类设备基本知识；
• 网络基本组成和部件功能；
• 常见控制系统组成；
• 网络操作和常规维护。

（3）培训时间、地点安排

培训时间从设备安装开始到试运行完成结束。在设备安装阶段，主要安排 3 个方面的培训。

① 组织培训人员到污水处理厂进行参观和学习，对已建成的构筑物进行现场讲解，

同时参观了解设备安装情况，增加对污水处理厂的认识。

② 对员工进行基本理论和安全教育培训。

③ 在设备安装之前或之后，组织相关人员到设备生产厂家参观考察，学习操作、维修、保养知识技能。

在污水处理厂设备调试和试运行阶段，课堂授课和现场试运行应结合进行，在培训过程中，特别要加强安全教育，防止人身伤害和发生设备事故。

3.1.4.21　安全措施

目前，我国城市污水处理厂仅有数百座，大型城市污水处理厂更是屈指可数，但已经发生多起人身安全事故，而且事故性质雷同，这应引起管理部门和操作人员的高度重视。

污水处理厂有高压电路、高速风机、易燃气体和压力容器等，安全操作特别重要。从以往教训中应该明确，没有安全措施、未经批准不得进入地下井室或管道中。

污水处理厂各岗位操作人员和维修人员必须经过技术培训与生产实践，并经考试合格后方可上岗。

具有有害气体或可燃性气体的构筑物或容器进行放空清理和维修时，应将甲烷含量（体积分数，下同）控制在5%以下，H_2S 含量、HCN 和 CO 的含量分别控制在4.3%，5.6%和12.5%以下，同时含氧量不得低于18%。

污泥处理区域严禁烟火，并严禁违章明火作业；具有有害气体、易燃气体、异味、粉尘和环境潮湿的车间必须通风；有电气设备的车间和易燃易爆的场所，应按照消防部门的有关规定设置消防器材。

启动设备应在做好准备工作后进行。电源电压大于或小于额定电压的5%时，不宜启动发动机。操作人员在启闭电器开关时，应按照电工操作规程进行；维修各种设备时必须断电，并应在开关处悬挂维修标志后方可操作。

遇降雨或冰雪天气时，操作人员在构筑物上巡视或操作时应注意防滑。

污水处理厂各种机械设备应保持清洁，无漏水、漏气等现象。水处理构筑物堰口、池壁应保持清洁、完好。根据不同机电设备的要求，应定时检查、添加或更换润滑油或润滑脂。各种闸井内应保持无积水。清理机电设备及周围环境卫生时，严禁擦拭设备运转部位，冲洗水不得流到电缆头和电机带电部位及润滑部位。

各岗位操作人员应穿戴齐全劳保用品，做好安全防范工作，防止传染病的发生和流行。起重设备应有专人负责操作，吊物下方严禁站人。应在构筑物的明显位置配备防护、救生设施及用品。严禁非岗位人员启闭该岗位的机电设备。

当污水处理厂的变、配电装置在运行过程中发生气体继电器动作或继电保护动作跳闸、电容器或电力电缆的断路跳闸时，在未查明原因前，不得重新合闸运行。在电气设备上进行倒闸操作时，应遵守“倒闸操作”制度及有关的安全规定，并应严格按照程序操作。变压器、电容器等变、配电装置在运行过程中发生异常情况不能排除时，应立即停止运行。电容器在重新合闸前，必须使断路断开，将电容器放电。如隔离开关接触部分过热，应断开断路器，切断电源，不允许断电时，则应降低负荷，加强监视。在变压器台上停电检修时，如变压侧不停电，则工作负责人应向全体工作人员说明线路有电，并加强监护。所有高压电气设备应设有标示牌。

有关污水处理厂安全操作的规定见国家行业标准《城市污水处理厂运行、维护及其安全技术规定》（GJJ60—94）。

3.1.4.22　调试阶段划分和进度表

调试阶段划分和进度表如表3.6所示。

表3.6　调试阶段划分和进度表

时间/d	阶段划分	程　　序	目　　标	配合单位	测试内容及方法
1	准备阶段	各单位参与调试人员开碰头会，介绍参与人员及调试计划	各单位明确职责和调试的规划	甲方 安装公司 设备供应商	
2～8		检查各设备、仪表安装是否正确，各生产设备是否正常运转	了解设备性能及状态	甲方 安装公司 设备供应商	按照规范测试各相关设备的相关参数
9～20	系统调试阶段	进行清水联动试车	设备负荷运转情况及自控状态	甲方 安装公司 设备供应商	
21～26		解决清水联动试车中存在的问题	保证调试的正常进行	甲方 安装公司 设备供应商	
27～29		做好污泥接种的准备工作	保证污泥接种的基本条件，以利于污泥的培养	甲方 安装公司	按照国家标准测量污泥相关生物指数和进水各污染指标
31		初步设定提升泵、细格栅、曝气沉砂池、鼓风机等设备的运行参数		甲方 安装公司	
32		引入一定量的污水到生化池中，并从污水厂引进接种污泥，开始污泥培养及驯化	活性污泥生成	甲方 安装公司	按国家标准测污泥相关生物指数
33		根据实际情况进行各设备参数调试，确定最佳运行条件，检查各设备及自控系统是否正常	调节设备、仪表的工作状态至最佳	甲方 安装公司	按照国家标准测定水中各污染指标（如COD，BOD，TN，TP等）的去除情况

续表 3.6

时间/d	阶段划分	程　　序	目　　标	配合单位	测试内容及方法
34～64	验收阶段	设定最佳运行参数，编写污水厂各主要设备的操作规程	污水达标排放，污水厂正常运行	甲方	
65～72		邀请环保局进行连续72h的监测	监测出水水质达标，验收合格后，移交给甲方运行	甲方	按照国家标准测定水中各污染指标（如COD，BOD，TN，TP等）的达标情况
73～75		污水厂运行人员培训	使运行人员初步了解污水厂生产和控制，并能掌握生产运行的基本操作	甲方	

注：调试进度按照正常情况编排，如遇各配合单位或不可抗拒的因素影响进度，则计划向后顺延。

3.1.4.23 调试表格

（1）单机无负荷试车质量评定表

时间：　　年　　月　　日

设备名称	
作用	
设计参数	
运行参数	
试车记录	
故障及原因	
结论	

调试人员：　　　　负责人：

（2）单机带负荷试车质量评定表

时间：　　年　　月　　日

设备名称	
负荷状况	
设计参数	
运行参数	
试车记录	
故障及原因	
结论	

调试人员：　　　　负责人：

（3）无负荷联动试车评定报告

时间：　　年　　月　　日

系统名称		
各设备状况	设备一：	
	设备二：	
	设备三：	
	……	
故障分析		
解决办法		
结论		

调试人员：　　　　负责人：

(4) 带负荷联动试车评定报告

时间：　　年　　月　　日

系统名称		
负荷状况	水量	
	水质	
各设备状况	设备一：	
	设备二：	
	设备三：	
	……	
故障分析		
解决办法		
结论		

调试人员：　　　　负责人：

(5) 质量或安全事故处理报告

时间：　　年　　月　　日

事故名称	
事故经过	
原因分析	
事故责任认定	
解决办法	

事故当事人：　　现场监理人：　　项目负责人：

3.2 管道安装工程施工工艺

3.2.1 概 述

污水处理厂管道工程包括给排水管网、热力管网、工艺管线等工程。管道材料包括钢管、不锈钢管、玻璃钢管、钢筋混凝土管、UPVC 管等。

3.2.1.1 施工参照标准

本节所叙述的管道工程和附属工程应符合表 3.7 所示标准或其他相当的标准。

表 3.7 管道工程和附属工程应符合的标准

型 号	标准名称
GB 770—88	普通碳钢技术标准
GB 223（1—8）—84	金属的化学分析法
GB 228—87	金属拉力试验法
GB 241—90	金属管水压试验法
GB 1047—90	管子和管路附件的公称直径
GB 1048—90	管子和管路附件的公称压力与试验压力
GB 2651—89	焊接接头拉伸试验法
GB 2652—89	焊缝金属拉伸试验法
GB 3091—82	低压流体输送用镀锌焊接钢管
GB 4675.1—84	焊接性试验
SY5037—83	用于低压的一般螺纹埋弧焊钢管
GB 50236—98	现场设备、工业管道焊接工程施工及验收规范
JB1152—81	用超声波检查焊接接头标准
GB 9112—88	钢制管法兰类型
GB 9126.1—88	平面型钢管法兰用石棉橡胶垫片
GB 9125—88	钢制管法兰技术条件
GB 50268—97	给水排水管道工程施工及验收规范
JC130—67	用于排水系统的混凝土管和钢筋混凝土管

3.2.1.2 材料要求

所有管材进场均应附带制造厂商的质量证明书，而且符合设计文件的规定，钢管的质量证明书上有合同号、供方的名称或印记、产品标准号、钢的牌号、炉罐号、批号、重量和件数、品种名称规格质量等级、技术监督部门的印记。

对于大直径的钢管，检查每根管端应有印记，印记包括钢的牌号、产品规格、产品标准号，供方印记和注册商标等应齐全，合金钢管的钢的牌号后有炉号、批号。

对于小直径的钢管，成捆供货，检查其标牌，应标明供方印记或注册商标、钢的牌号、炉号、批号、合同号、产品规格、标准号、质量、根数、制造日期、供方监督部门的印记等应齐全。

全部管子、管件应进行外观检查，其表面应无裂纹、结疤、麻点、夹杂物、折皱、重皮、划痕、严重锈蚀等缺陷。对玻璃钢复合管不能有压碎、断裂、凿痕等现象。

玻璃钢管和钢衬胶管的堆放地点要避免阳光与热源的辐射，且室内温度在5～40℃范围内。搬运和堆放时，要轻拿轻放，避免强烈的震动或碰撞。

所有存放的材料均要作出明显标识，注明规格、材质、合格证号、数量等内容。

3.2.1.3 安装方案

（1）测量放线

① 管道工程施工前，严格按照图纸设计、确定好管道走向、坡度和标高。依据业主提供的坐标、高程基准点，确定管道的位置后，作好标记（临时桩或白灰划线）。

② 对临时水准点、管道轴线控制桩、高程桩等要校核标识，并加以保护。与市政管网、构筑物内管道连接时，要校验其平面位置、高程。

（2）沟槽开挖

① 管道沟槽底部的开挖宽度按照下式计算

$$B = D_1 + 2(b_1 + b_2 + b_3)$$

式中：B——管道沟槽底部的开挖宽度，mm；

D_1——管道结构的外缘宽度，mm；

b_1——管道一侧的工作面宽度，mm；

b_2——管道一侧的支撑厚度，mm；

b_3——管道一侧模板的厚度，mm。

② 采用机械开挖管沟、配合人工清底。严格控制沟槽开挖质量，不扰动天然地基或地基处理符合设计要求；槽壁平整，边坡坡度符合规定；沟槽中心线每侧的净宽不小于管道沟槽底部开挖宽度的一半；槽底高程允许偏差为－20～20mm。

③ 沟槽开挖要与管线施工一致，以保证整个工期高效完成。沟槽始终保持无水，底部保持密实并做好放坡，避免塌方。

④ 机械开槽时，一次挖到距槽底标高200mm处，不允许超挖。

⑤ 该工程重力管较多，开挖沟槽时，严格控制沟底坡度，使其符合要求。

（3）沟槽支撑

① 对采用放坡施工困难的部位，采用钢板支撑。支撑的施工质量要符合下列规定：支撑后，沟槽中心线每侧的净宽不小于施工设计的规定；不得妨碍下管和稳管；安装要牢固，安全可靠；钢板桩的桩线位移不大于50mm，垂直度偏差不大于1.5%。

② 上下沟槽设安全梯，不得攀登支撑。

③ 拆除钢板桩支撑时，符合下列规定：回填达到规定要求高度后，才能拔除钢板桩；拔除钢板桩后，及时回填桩孔；回填桩孔时，采取措施填实。

（4）管道交叉处理

① 钢筋混凝土预制圆形管道与其上方钢管交叉且同时施工时，当钢管内径不大于400mm时，在混凝土管道两侧砌筑砖墩支撑。

② 钢筋混凝土举行灌渠与其上方钢管交叉，当顶板与其上方管道底部的净空在70mm及以上时，在侧墙上砌筑砖墩支撑管道；当顶板与其上方管道底部的净空小于70mm时，在顶板与管道之间采用低强度等级的水泥砂浆或细石混凝土填实，其荷载不应超过顶板的允许承载力，且其支撑角不应小于90°，如图3.3所示。

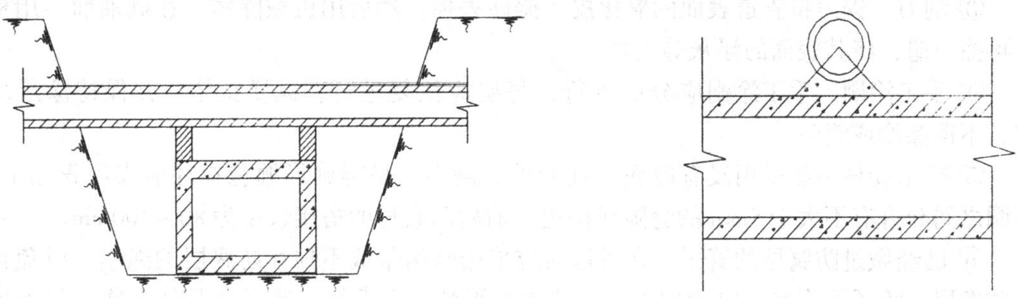

图 3.3

③ 如遇特殊情况，排水管道不得已敷设在其他管道上时，其他管道应安装高密度聚乙烯套管加以保护。

④ 当管道与其上方的电缆管块交叉时，宜在电缆管块基础以下的沟槽中回填低强度等级的混凝土、石灰土或砌砖。其沿管道方向的长度不应小于管块基础宽度加 300mm。

（5）进入构筑物的管道

穿过井、窨井或其他构筑物的任何管道，应在构筑物外面提供 2 个柔性接头。首先当接头与外墙面相距不小于管径或 500mm 时，选择较大的；当 2 个柔性接头之间的短管长等于 2 倍管径或 1000mm 时，应选择较大的。

在地面上的管道，提供柔性的短管自行支承。柔性接头可为柔性承接插头或可卸的柔性连接器。

通过阀门井或其他构筑物墙的压力管道，并带有与墙锚固的法兰，外套管设计成足以抵御测试压力，外套管结构形式的示意图提交业主代表批准。

钢管在通过存在构筑物或阻水构筑物时，如没有详细说明用锚固法兰，管子在管壁铸有或栓有熟铁凸缘，防止水沿管子流入混凝土墙，熟铁凸缘至少比管外壁凸出 50mm。

要求固定在构筑物上或穿过其他构筑物的管子和异形管按照图纸或业主代表批准的安装定位。支架、钢构件、吊架和类似的固定件用热浸镀锌低碳钢制作，除业主代表另有要求，支架和固定件涂 2 层沥青涂料。

（6）铺　管

① 管道敷设前，要在管沟内放出管道中心线，并挖好工作坑，报请监理、甲方验收。

② 管道采用起重机吊装；对使用起重机有困难的部位，采取搭设龙门架配合倒链或卷扬机进行吊装。

③ 管道施工要自下而上，即首先安装埋深最大的管道，并分层夯实，一直到上一层管底，使土壤密度大于 95%；然后施工上层的管道。相距较近的两根管道同时开挖施工，以免开挖时相互干扰。

（7）管道除锈、防腐

① 钢管内防腐 DN500 管径以上采用水泥砂浆衬里，DN500 管径以下（含 DN500）采用无毒环氧树脂涂刷 3 道。

② 埋件及钢管件的除锈质量标准达到 ST3 级，埋地钢管外防腐采用环氧煤沥青四布三油做法，阀门井等处地下明设钢管及钢管件使用酚醛防锈底漆 1 道、面漆 2 道。

③ 刮刀、锉刀将管道表面的氧化皮、铸砂去掉。然后用机械除锈。在刷油前，用棉丝再擦一遍，将其表面的浮灰等去掉。

④ 手工涂刷。手工涂刷应分层进行，每层应往复进行、纵横交错，并保持涂层均匀，不得漏涂或流坠。

⑤ 防水卷材一般采用浸有冷底子油的玻璃网布，呈螺旋形缠包在环氧煤沥青层上，每圈之间允许有不大于 5mm 的缝隙或搭边，前后两卷材的搭接长度为 80 ~ 100mm。

⑥ 已经做过防腐层的管子，在吊运时应采用软吊带或不损坏防腐层的绳索，以免损坏防腐层。管子下沟前，要清理管沟，使沟底平整，无石块、砖瓦或其他杂物。如上层十分坚硬时，应先在沟底铺垫 100mm 松软细土；管子下沟后，不许用撬杠移管，更不得直接推管下沟。

⑦ 防腐层上的一切缺陷、不合格处及检查和下沟时弄坏的部位，都应在管沟回填前修补好，回填时，宜先用人工回填一层细土，埋过管顶，再用人工或机械回填。

（8）管道的连接

① 钢管的焊接。

• 管道安装前，管节应逐根测量、编号。将管内污物清除干净，并将管口边缘与焊口两侧打磨洁净，使其露出金属光泽。

• 管节焊接前，应先修口、清根，焊缝 20mm 内不得有杂物并保持干燥。不得在对口间隙夹绑条或用加热法缩小间隙施焊。管端端面的坡口角度、钝边、间隙应符合表 3.8 中的规定。

表 3.8　　管端面各数据规定

<table>
<tr><th colspan="2">修口形式</th><th rowspan="2">间隙 b/mm</th><th rowspan="2">钝边 p/mm</th><th rowspan="2">坡口角度 α/（°）</th></tr>
<tr><th>图　示</th><th>壁厚/mm</th></tr>
<tr><td rowspan="2">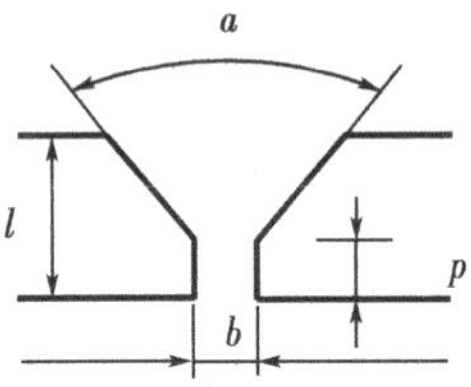</td><td>4 ~ 9</td><td>1.5 ~ 3.0</td><td>1.0 ~ 1.5</td><td>60 ~ 70</td></tr>
<tr><td>10 ~ 26</td><td>2.0 ~ 4.0</td><td>1.0 ~ 2.0</td><td>60 ± 5</td></tr>
</table>

• 对口时，使内壁齐平。对口检查合格后，进行点焊，沿管子圆周方向点焊 3 处，其厚度与第一层焊接厚度一致。点焊后，进行环向整体施焊。

• 管径大于 800mm 时，应采用双面焊。

• 钢管焊接所用的焊接材料应符合国家标准的规定，并应具有出厂合格证书，焊接材料使用前，按照厂家规定的方法存放。

• 钢管焊接工艺符合《现场设备、工业管道焊接工程施工及验收规范》（GB J236—82）的有关规定。现场手工焊接的钢管管端按照 GB J236—82 标准表 3.8 作 V 形坡口，双面焊接。

• 在管沟里的钢管焊接采取手工电弧焊，且遵照 AY5037—83 中的技术要求。

• 焊接工作由经业主代表认可的焊工担任。已焊接部分由焊工作上辨别记号，以识别自己的焊件。所有的弯头、三通管接头和其他异型管均由制造商提供。

② UPVC 管的连接。

• 塑料管的对口。将塑料管放入夹具内夹牢，用刷子和棉布块将管口的氧化层、油污、尘埃清除干净。将两管端的接口对正，对口间隙不得超过 0.5mm，用卡尺检查两对口的端面是否平行，必须保证两连接管接口的两个端面完全重合，不得有缝隙。同时，调整好对口的两连接管间的同心度，其误差应小于管壁厚的 10%。对口达到要求后，将夹具夹紧。

• 加热接口。用热平板模加热两个管口，将加热温度及加热压力调至需要位置，加热时间及压力表 3.9 和表 3.10 所示。经加热后的两个管口熔化 1～2mm，当加热至熔融状态，即完成了吸热过程。然后去掉加热的电热平模板，在规定的时间内，以规定的压力加压，促使两接触面压紧，熔成一体。

表 3.9　熔接加热时间

管径/mm	50	63	75	90	100	110	125	150
时间/s	15	15	20	20	20	20	25	25

表 3.10　熔接压力值

管径/mm	50	100	150	其他管径可现场试验，参照表中压力
压力/MPa	0.5	0.8	1.2	

③ 玻璃钢的连接。本工玻璃钢管分为通风方管和圆形出臭管，用螺栓连接方式。

• 法兰的规格分别符合规范的有关规定，其螺栓孔的间距不得大于 120mm，风管法兰的四角处应设有螺孔。

• 法兰规格不应小于《通风与空调工程施工质量验收规范》的规定。

• 管道安装前，必须清除内部污垢和杂物；安装中断时，应及时封闭敞开的管口。

• 管道与设备的连接应在设备安装完毕后进行，与水泵、制冷机组的接管必须为柔性接头，柔性短管不得强行对口连接，与其连接的管道设置独立支架。

• 法兰面与管道中心线垂直并同心。法兰对接应平行，其偏差不得大于其外径的 1.5/1000，且不得大于 2mm，连接螺栓长度一致、螺母同侧、均匀拧紧。螺栓紧固后，不低于螺母平面。

• 管道安装的坐标、标高和纵、横向的弯曲度应符合规范的有关规定，在吊顶内等安装的管道位置应正确，无明显的偏差。

• 支、吊架的形式、位置、间距、标高应符合设计或有关技术标准的要求，支、吊架的安装应平整牢固，与管道接触紧密。管道与设备连接处设置独立支、吊架。

④ 不锈钢管道焊接、安装。

• 母材下料和坡口加工：

第一，采用等离子切割机或专用砂片切割下料；

第二，坡口采用 V 形，具体按照 GB 50236—97 中的形式加工；

第三，所有接头和邻近母材表面应将污物、夹渣、油液、锈蚀等清理干净，坡口须打磨光亮，采用不锈钢钢丝刷和锤子清理；

第四，坡口加工应均匀，避免焊接错边。

• 焊接操作：

第一，点固焊高度不得超过壁厚的2/3，点固焊长度及间距按照常规确定；

第二，采用直流反接；

第三，焊接时，采用小电流、快运条、窄焊道，以防止晶间腐蚀、热裂纹及变形的产生；

第四，避免焊接飞溅黏在母材上；

第五，短弧焊时，收弧要慢，填满弧坑；

第六，多层焊时，要清渣，并控制层间温度（低于100℃）；

第七，焊后空冷；

第八，焊后焊缝进行酸洗。

• 阴雨天气，相对湿度大于90%或手工焊风速大于8m/s、氩弧焊风速大于2m/s或焊件温度低于0℃时，必须采取防护措施（如搭设棚子、预热15℃以上等），否则严禁施焊。焊接不锈钢管时，层间温度应控制在60℃以下，氩气的纯度应达到9.99%。焊接时，应在焊道处引弧，避免在母材上引弧。点固焊应由合格焊工完成，焊接所用的材料及焊接工艺与正式焊接工艺相同。应彻底地清除焊缝上或热影响区内的飞溅物、熔渣，不锈钢坡口两侧各100mm范围内应涂上白垩粉，以防焊接飞溅物污染管道表面。需要透视的焊缝焊完后，碳钢管要打上焊工代号，不锈钢管要用记号笔标注（记号笔应不含氯等有害物质），透视焊口应在单线图上标注焊口的位置、编号、焊工代号、透视报告号等。需要返修的焊缝应准确找出缺陷位置，返修焊缝焊接时，按照原焊接工艺进行，并对补焊处用原规定的方法进行检验。

• 焊接检验。

第一，对接焊缝的内部质量。输送剧毒流体的介质管道要进行100%的射线探伤，其质量等级不得低于Ⅱ级。输送有毒流体的管道的抽查比例不得低于5%，其质量等级不得低于Ⅲ级。其余管道的焊缝可以不进行射线探伤检验。

第二，质检人员应对所有焊缝的外观进行检查，焊缝的外观质量应符合GB 50236—97的要求。发现焊缝缺陷超过规定时，必须进行返修。

第三，所有焊缝随时接受外方代表的检查。

第四，当抽样检验未发现需要返修的焊缝缺陷时，则该次抽样代表的一批焊缝应认为全部合格。

⑤ 混凝土管安装。钢筋混凝土管的安装采用胶圈柔性接口，管道安装流程为：管材检验—沟槽开挖—管墩—管道敷设—对口—抹带—管基施工—闭水试验—回填土。

依据设计及给定坐标、高程参照点，经双方负责人复测验收后，方可定位开槽。

• 管道基础。根据设计要求施工。沟槽开挖验收后，敷设混凝土条形基础前，将天然地基整平。

• 管道安装。

第一，采用吊车下管就位、找正、对口。管道安装时，宜自下游开始，承口朝着施工前进方向。

第二，管节内底高程及管口间的纵向间隙符合规范要求，承口内工作面、插口外工作面应清洗干净。

第三，管节接口采用橡胶圈，其应平直、无扭曲，均匀滚动，放松外力后，回弹不大于10mm，且在承、插口工作面上。

第四，采用水泥砂浆填缝及抹带接口时，应清除落入管内的接口材料。

第五，闭水试验合格后，做好隐蔽工程记录。

第六，作混凝土条形基础，基础角度为180°，做法详见95S516—6。

第七，签字齐全后，及时回填土至自然地平，应保证回填土质量并分层夯实。

⑥ 管道支、吊架的制作与安装。

第一，现场制作的管架严格按照规范和图纸进行，并涂漆保护，对拉杆吊架和弹簧吊架的吊耳支撑应按照钢结构制作标准进行焊接，并进行100%的渗透或磁粉探伤。

第二，应在单线图中标明所有管架的位置。

第三，安装管道时，应及时固定和调整支架，支架位置应准确，安装应平整牢固，与管子接触应紧密。

第四，固定支架应按照设计文件要求安装，并应在补偿器预拉伸之前固定。

第五，导向支架或滑动支架的滑动面应洁净平整，不得有歪斜和卡涩现象。其安装位置应从支承面中心朝反方向偏移，偏移量应为位移值的1/2或符合设计文件规定，绝热层不得妨碍其位移。

第六，管道安装使用临时支架时，不得与正式支架位置冲突，并有明显的标记。在管道安装完毕后，应予拆除。

第七，UPVC管道与管架（包括支座）之间不得直接进行黏接或焊接固定。UPVC管道固定管架的管道配合件（管卡、管托或管夹）与管道外壁之间应垫有厚度不小于3mm的橡胶块或其他软垫。

第八，管道安装完毕后，应按照设计文件规定，逐个核对支架的形式和位置。

(9) 试　验

工艺管道的试验压力为0.9MPa，管道渗漏量严格按照GB 50268—97执行。风管试验压力为0.2MPa，以发泡剂检验不泄漏为合格。

管道系统安装完后，进行综合水压试验。水压试验时，放净空气，充满水后进行加压，当压力升到规定要求时，停止加压，进行检查，如各接口和阀门均无渗漏，持续到规定时间，观察其压力下降在允许范围内，通知相关人员验收，办理交接手续。

① 有压管道水压试验。

• 管道水压试验前，编制试验设计，具体包括以下内容：

第一，后背及堵板的设计；

第二，进水管路、排气孔及排水孔的设计；

第三，加压设备、压力计的选择及安装的设计；

第四，排水疏导措施；

第五，升压分段的划分及观测制度的规定；

第六，试验管段的稳定措施；

第七，安全措施。

• 水压试验前，除接口外，管道两侧及管顶以上回填高度不应小于0.5m，且管件的支墩、锚固设施已经达到设计强度。

• 水压升至试验压力后，保持恒压 10min，检查接口、管身无破损及漏水现象时，管道强度试验为合格。

② 无压管道严密性试验。试验管段按照井距分隔，长度不大于 1km，带井试验。管道闭水试验应符合下列规定：

• 管道及检查井外观质量已验收合格；
• 管道未回填土且沟槽内无积水；
• 全部预留孔已封堵，不得渗水；
• 管道两端堵板承载力经核算应大于水压力的和力；
• 当试验管段上游设计水头不超过管顶内壁时，试验水头应以试验段上游管顶内壁加 2m 计；
• 当试验管段上游设计水头超过管顶内壁时，试验水头应以试验段上游设计水头加 2m 计；
• 当计算出的试验水头小于 10m，但已超过上游检查井井口时，试验水头应以上游检查井井口高度为准。

测渗水量小于允许渗水量时为合格。

（10）沟槽回填

① 管道在实验合格后，及时回填。

② 回填土时，根据需要，对管道沟槽的整个宽度分层进行回填和压实，每一回填层在未经压实前，不得超过 150mm，压实完成后的厚度在管道顶部以上 250mm。

③ 回填时，采用人工夯实，每次填方厚 15cm。用尖头铁锤夯打 3 遍，做到夯夯相连。管两侧应同时回填，以防管线产生位移。夯填中不得掺有碎砖、瓦砾等杂物或直径大于 10cm 的土块。

④ 管顶以上回填时，对管顶以上 50 ~ 80cm 以内的覆土采用小铁锤夯打。管顶以上 80cm 以上采用蛙式打夯及夯填，每层虚厚 30cm。

3.2.2 电气工程

污水处理厂安装工程包括建筑电气及动力电气。

3.2.2.1 配电柜安装

① 基础的制作要根据配电屏底部的实际尺寸下料、钻孔。制作安装的允许偏差为：不直度为 1mm/m，水平度为 1mm/m，5mm/全长。基础安装用水平尺调平。

② 基础型钢应用扁钢与接地网焊接相连，保证接地可靠。

③ 配电屏的安装要按照先内后外的顺序进行。就位调整要采用水平尺和磁力线坠，允许偏差如表 3.11 所示。

表 3.11 配电屏安装允许误差

序号	项目		允许偏差/mm
1	垂直度		1.5
2	水平度	相邻两柜顶部	2
		成排柜顶部	5
3	柜面不平度	相邻两柜面	1
		成排柜面	5
4	柜间接缝		2

3.2.2.2 桥架安装

桥架安装要从始端到终端找好水平线和垂直线，均分档距，并用笔标出具体位置。

① 托臂固定的间距不大于2m，在转角、转弯的两端500mm内增设托臂。托臂安装不得左右倾斜、上翘下塌，偏差不得超过2mm；同一条直线上的托臂高低偏差不得大于±5mm。

② 桥架安装要求横平竖直，固定可靠。每一条直线上水平倾斜不得大于±5mm，中心线左右偏差不得大于±10mm，高低偏差不得大于±5mm。

③ 桥架过墙，不得被抹死，桥架开孔，禁止采用气焊开孔。

3.2.2.3 电缆沟

① 电缆沟应在其走向上工艺地下管道基本完成后开挖，开挖应采用机械方式，为防止坍塌，应按照规定的边坡系数放坡。

② 电缆沟施工应严格按照标准图集《95J331》进行，不得偷工减料和擅自改变材料的强度。

③ 电缆沟两侧不应有浮土堆积，防止下雨时沉降积压电缆沟。

④ 电缆沟内设集水井，坡向集水井的坡度应不小于规定值。雨后排水要及时。

3.2.2.4 电缆、电线敷设

① 线缆敷设方向应从高到低，从盘柜到设备。要求敷设一根，整理一根。线缆端头要挂标志牌，注明电缆编号、规格型号及电压等级。

② 线缆敷设采用铁丝作为带线，穿线前要先套护口，对于较长或弯曲较多的管路，可向管内吹入适量的滑石粉润滑。

③ 线缆敷设完毕，及时做电缆头。接线端子要求与电缆规格相同，压接时要涂适量的导电膏。

④ 电缆如与其他管线交叉或平行间距不符合要求时，要穿保护管。敷设完毕后，应该在行进方向及转弯处设示桩。

⑤ 线缆在敷设前，要求进行一次绝缘测试，安装接线后再进行一次绝缘测试。复查接线，确定无误后，才能够送电试运行。

3.2.2.5 光缆布设

① 光缆型号规格、程式、形式应符合设计要求及施工规范规定。金属线槽及其附件应采用经过镀锌处理的定型产品。其型号规格应符合设计要求。线槽内外应光滑平整，无棱刺，不应出现扭曲、翘边等变形现象，并应有产品合格证。各种模块设备型号规格、数量应符合设计要求，并应有产品合格证。

② 施工前对所用器材进行外观检验，检查其型号、规格、数量、标志、标签、产品合格证、产品技术文件资料，有关器材的电气性能、机械性能、使用功能和有关特殊要求，均应符合设计规定。

③ 信息插座底座的固定方法因施工现场条件而定，宜采用扩张螺钉、射钉等方式。信息插座应有标签，以颜色、图形、文字表示所接终端设备类型。

④ 缆线布放前，应核对型号规格、程式、路由及位置与设计规定相符。缆线的布放应平直，不得产生扭绞、打圈等现象，防止受到外力的挤压和损伤。缆线在布放前，两端应贴有标签，表明起始和终端位置，标签书写应清晰、端正和正确。

⑤ 光缆布放时应有冗余。在交接间、设备间对绞电缆预留长度一般为3～6m；工作区为0.3～0.6m；光缆在设备端预留长度一般为5～10m；有特殊要求的，应按照设计要求预留长度。

⑥ 光缆的弯曲半径应至少为光缆外径的1.5倍，在施工过程中，应至少为20倍。布放光缆时，光缆盘转动应与光缆布放同步，光缆牵引的速度一般为15m/s。光缆出盘处要保持松弛的弧度，并留有缓冲的余量，但不宜过多，避免光缆出现背扣。光缆与电缆同管敷设时，应在暗管内预置塑料子管，将光缆设在子管内，使光缆和电缆分开布放，子管的内径应为光缆外径的1.5倍。

⑦ 光缆在终端前，必须检查标签颜色和数字含义，并按照顺序排列终端。光缆中间不得产生接头现象。光缆终端处必须卡接牢固、接触良好。光缆终端应符合设计和厂家安装手册要求。光缆剥除护套均不得刮伤绝缘层，应使用专用工具剥除。

3.2.2.6 电动机的检查接线、调试与试运转

① 电动机在接线前应检查引出线编号是否齐全，接线是否正确可靠。

② 电动机的地线截面选择要正确，接地要可靠，绝缘应良好。

③ 当绝缘电阻和吸收比不满足要求时，应对电动机进行干燥处理。

④ 交流电动机应进行以下实验项目：测量绕组的绝缘电阻和吸收比，测量绕组的直流电阻，检查定子绕组的极性及其连接的正确性，电动机的空载试运转检查。

⑤ 电动机的绝缘电阻接近运行温度时的绝缘电阻时，即可送电试运行。试运行时，应检查电动机的转向，注意是否有杂声，并测量其空载电流。

3.2.2.7 变压器安装

变压器运输途中及安装前应有防雨及防潮措施，避免严重的震动和冲击。变压器到达现场后，要及时进行设备验收和外观检查，变压器外观检查要符合规范GB J148—90要求，检查完毕后，要妥善保管；变压器投入运行前，要进行下列检查和试验。

① 电气试验。按照《电气装置安装工程电气设备交接试验标准》中规定的试验项目进行试验，不合格则不得送电。

② 送电前的检查。要进行全面的检查（包括温控系统），如不符合运行条件，应立即处理。

③ 空载投入冲击试验。五次冲击合闸，应无异常情况，第一次冲击时间不少于10min，并进行检查，无异常情况时，再每隔5min进行冲击一次，最后一次进行空载运行24h。

3.2.2.8 照明设备及灯具安装、配管

① 根据设计图纸找出配电箱位置，按照箱的外型尺寸进行弹线定位，确定固定点。配电箱调好水平和垂直后，要固定牢靠。

② 配电箱安装的垂直偏差不大于1.5/1000。

③ 配电箱安装完毕后，要将各个回路挂上标志牌，标明各个回路的名称和用途。接地螺栓要与接地网连接。

④ 灯具固定要牢靠，接地螺栓要与接地网连接。

⑤ 灯位盒要统一弹线，保证灯具安装整齐美观。开关、插座安装一定要牢靠，位置准确，高度一致。

⑥ 电气配管的弯曲半径不小于管外径的6倍，弯扁度不超过管子外径的0.1倍。电气管水平、垂直敷设，任意2m内，垂直度和平直度均不大于3mm。管卡与终端、转弯中点、电气器具或箱盒边缘的距离为150~500mm，钢管中间管卡的距离为1.5~2m。

⑦ 管路连接采用管箍、活接或接线盒，其两端要跨接地线。管路要横平竖直，固定牢靠。

3.2.2.9 保证工程质量的技术组织措施

① 认真熟悉和审查施工图纸与有关的技术资料。参加施工的人员必须认真熟悉电气安装工程施工图纸和有关的技术资料，做到心中有数。着重看交叉、跨越、节点、取样测试点，以及相互间的位置、标高、间距等有无问题，发现问题后，应迅速研究解决的办法。

② 严格遵守施工程序，按照《电气装置安装工程施工及验收规范》进行施工。为了保证工程质量，班组应设兼职质检员，会同班组长搞好自检和互检，杜绝工程质量通病。施工过程中的隐蔽工程记录、测试记录、设计变更等原始记录，要经规定的检查验收人员到现场进行检查并签字，防止单方办理、个人签字的错误做法，杜绝搞回忆录的做法。所有施工验收资料均应及时办理，存档保管。

③ 安装配电箱、盘、柜，应用水平仪或水平尺找平，电气配管要用吊线坠的方法找垂直度，保证配管横平竖直，整齐美观。

④ 角钢的切断可采用锯断、砂轮切割机切割，严禁使用气焊切割。所有配电箱、控制柜、桥架的开孔均使用开孔器开孔，不允许使用气焊。

⑤ 建立对工程质量进行定期和不定期的检查制度，发现问题后，及时解决。

⑥ 建立设备、材料的采购、运输、入库等交接检查制度，不合格的劣质产品不准验收入库，不得运往现场。

⑦ 安装好的工程要加强保护，防止丢失或缺件。

3.2.3 施工重点、难点工艺分析及解决方案

根据工程特点，将曝气系统安装、鼓风机安装、脱水机安装、管道除锈防腐、配电柜安装作为施工重点、难点，进行专项工艺分析，重点解决。

3.2.3.1 生化池曝气系统

生化池是污水处理的关键环节和核心部位。污水中的污染物主要通过生化池进行氧化分解。所以，生化池污水中充氧量的多少和是否均匀，直接影响到污水处理的程度，而曝气系统作为污水的供氧系统，其曝气头的布局是否均匀、管道是否通畅均直接影响到污水处理的效果。

生化池曝气系统的具体解决方案如下。

① 在设备安装前，对池体的构筑物结构尺寸（基础尺寸、平面位置、标高）进行精确的复核。

② 对设备进行开箱验收，开箱逐台检查微孔曝气器及配套管件的外观，按照装箱单清点零件、部件、附件、合格证及其他技术文件，检查有无因运输途中受到震动而损坏、脱落、受潮等情况，并作出记录。

③ 构筑物内必须清理干净（干净的池底可以使水平调节座定位尺寸更精确，而且便于作标记）。

④ 确定水平调节器的固定点位置（按照设计图纸），进一步确定膨胀螺栓的位置，做好标记，膨胀螺栓需要在一条直线上，这一点非常重要，否则管子在安装时将被强制歪到一边。

⑤ 在做好标记的位置，采用与膨胀螺栓相配的钻头钻孔，在孔中插入螺栓，使其与池底充分接触，用手握住螺栓，用锤子敲打其顶部。当膨胀螺栓固定好后，将水平调节器支座套入膨胀螺栓，放入垫圈和六角螺母并拧紧。在这个过程中，要避免损伤塑料，确保调节器底座下面的池底干净。用不锈钢化学螺栓固定支架，当拧紧螺母后，螺栓必须露出螺母的1.5~5个螺距。

⑥ 为了达到最大的充氧效率，曝气器必须尽量安装在接近于池底的某一个平面上，在已经安装好的管网中，各个曝气器之间的高度偏差不小于10mm。在不同池底的曝气器的高度尽量保持同一水平。采用的方法为：调整一个水平调节器的高度（布气支管不需移动），使之达到理想高度，再以它为参考点，旋动装在池底上的其他水平调节器的螺纹，需用加长套的用上加长套，以高者降、低者升为原则，最终将所有的水平调节器调整到同一高度。

⑦ 安装空气分配干管。当安装空气分配干管及其水平调节器时，将螺母拧到螺栓上，旋到抱箍一半的位置，把空气分配干管放到抱箍中，然后布置布气支管，用抱箍把空气分配干管固定好，空气分配干管的高度用螺栓上的螺母调整，将异径四通的接头与布气支管相接，且必须保持水平和垂直。

⑧ 安装布气支管。安装布气支管时，以空气分配干管到环通边管为顺序进行装配，待其他所有组件已在适当的位置安装好后，才可以安装环通边管。具体操作顺序是：将需用伸缩节连接的各段布气支管先用伸缩节连接好，再把布气支管和干管相连的一端与空气分配干管相对应的四通接嘴连接好（事先要在连接部位涂上黏接剂），同时注意要使布气支管上与曝气器连接的接嘴水平朝上。然后用水平调节器上的带子把布气支管勒紧在水平调节器上。带子需在微热的条件下安装，在温度低于5℃的条件下，带子变得坚硬，安装时易断，在安装前，带子可在温水中加热。布气支管暂时不用水平调节器固定，使布气支管留有一定的移动空间，以便于安装环通边管和调节管子水平高度。

⑨ 进气立管与清除装置的安装。在供气总管和进气管连接之前，打开阀门，用压缩空气吹扫供气总管内的杂物，尤其是铁锈，同时封闭进气立管上的法兰口，防止杂物进入管网，堵塞曝气器。在供气总管吹干净后，把进气立管通过法兰与之连接，并在中间加上橡胶垫圈，用螺栓旋紧，确保法兰连接处不漏气。进气立管必须用支架固定在池壁或在池底装上其他支撑件，确保空气分配干管不承受任何荷载。把清除装置的橡胶软管的下端与干管或环通边管上的采集器相连接，橡胶软管的另一端则沿池壁垂直向上到水面以上适合开关排水阀的高度位置，而且管子必须每隔1~1.5m固定在池壁或其他结构上。

3.2.3.2 鼓风机安装

鼓风机房安装重点是鼓风机单机水平度、机组位置。安装质量直接影响机组能否正常运行。

① 设备就位之前，需将各设备基础表面清理干净，再次检查各地脚螺栓孔内是否有杂物，并清理干净。各地脚螺栓孔两边分别放置一组垫铁，每组由一块平垫铁、两块斜

垫铁组成，垫铁选用供货商所供设备自带垫铁，下面要铲出麻面，并使用水平仪对垫铁初步找平。在吊装时，将地脚螺栓穿入设备底座，并拧上螺母，就位时使各地脚螺栓进入相应的螺栓孔，设备底座放置在垫铁上，检查设备纵横中线是否与设备基础墨线吻合，风机安装允许偏差见表3.12。

表3.12 风机安装允许偏差 mm

中心线的平面位移	标高	皮带轮轮宽中心平面位移	传动轴水平度		联轴器同心度	
			纵向	横向	径向位移	轴向位移
10	±10	1	0.2/1000	0.3/1000	0.05	0.2/1000

② 转子吊装用专用工具。吊装时，必须保持水平，避免碰撞损坏轴向推力面。转子上各轴颈与定子相应的各轴孔要保持同心。

采用压铅丝法检查轴衬间隙与轴衬压盖的过盈值，要求过盈值为50~70μm，轴衬的顶间隙、侧间隙及推理面间隙值应符合说明书上的要求值。

各梳齿形密封和油封的轴向间隙应符合产品证明书上的规定值。装上导向杆，将定子上半部吊装上，用塞尺检查其水平中分面的自由间隙，其允许误差为80μm，为防止运转时漏气，允许在其中分面上涂一层极薄密封涂料。

③ 变速器在运转时，由于受到大小齿轮作用力的相互影响，使变速器两齿轮轴的中心位置产生差异，因此必须对鼓风机电动机的轴中心位置进行修正，在修正时，仍以变速器的齿轮中心为基准来调整鼓风机与电动机，但联轴器端面的轴向间隙允许误差仍应保证在20μm。

④ 安装进出气管及阀门时，管路及阀门等重量不应作用在鼓风机上。在出气管路中，还应设置偶旋启式止回阀和闸阀，防止气体倒流而造成事故。在出气管路中，还应设置两条旁通管路，分别安装排气阀或安全阀和闸阀，作为机组启动和进入喘振区工作时放空用，输入煤气等介质的鼓风机的旁通管路均接至鼓风机吸气管路。

⑤ 安装调整各种仪表，并检查其灵敏性。检查各机体内部是否有遗留的安装工具、料头等，并彻底清除干净。确认试车前的准备工作已经完成，首先脱开耦合器与电动机端的联轴器，单独对电动机进行试运转0.5~1h，检查电气系统转向、轴承温度是否正常。然后脱开变速器与耦合器端的联轴器，对耦合器单独试运转0.5~1h，并对耦合器的转速输出进行操作，检查耦合器的运转情况，再脱开变速器与鼓风机端的联轴器，对耦合器与增速机进行试运转0.5~1h，检查轴承温度、振动和齿轮啮合时的噪声等。在上述试运转均为正常后，才能对机组试车。

⑥ 一般无负荷运行1h即可停车。检查全部轴衬、齿轮等，并清除在试车过程中遇到的问题。然后无负荷运行4h，运行正常后，进行带负荷运行4h，随后即可投入生产。

3.2.3.3 脱水机安装

安装重点是调节设备支点处高程及水平度，整机水平就位。

(1) 安装要求

① 脱水机在供货商现场安装指导下进行安装。

② 安装人员上岗前，必须阅读和掌握脱水机的安装指南、安装手册，明确安装程序和注意事项，并参加专门的技术培训。

③ 安装人员必须拟定安装工作的技术、计划、人力组织的方案，保证脱水机安装的顺利完成。

（2）安装注意事项

① 基座安装。

• 脱水机必须严格固定在底座结构上，底座用预埋铁固定。

• 机座在垂直和水平方向所允许的最大偏差为 1mm，设备标高的允许偏差为 ±2mm，设备水平度为 1‰。

• 离心机的 4 个机座支腿已随机配带机械减振器，安装时，将减振器下由供货商提供的地脚板的螺栓、螺母上好。整机找正后，将地脚板与预埋铁焊接。为保护离心机漆面，可以先将每个地脚板点焊 4 点，然后卸下地脚螺母，将离心机吊开。将地脚板完全焊好、冷却后，再将离心机吊回复位，并上紧地脚螺母。

② 设备吊装。

• 起吊离心机组装时，必须使用 4 个长度相同的圆形吊链，并将其连接在离心机机座的吊眼上，吊链应有足够长的度。

• 不得起吊转鼓，不可使用轴承室上的吊眼。

• 安装时，防止转鼓或任何旋转部分触及离心脱水机的底部。

• 设备吊装时，必须使用设备原装提供的吊耳。

③ 工艺管路安装。

• 脱水机的进泥、出泥管道必须同进、出料口对准，连接处加橡胶绝缘片，保持弹性连接；管道宜短些，便于拆装。

• 液体排出通道的管路应注意避免管道的弯头太多或小转弯半径；管径不大于 200mm，且大于排出口直径；排出管应有一定的倾斜度。

• 所有外接管与进料管的接头必须采用高质量的工业软管及接头。

• 离心机与进泥管、加药管、滤液排放管和泥饼刀阀的连接全部采用由供货商提供的弹性部件进行弹性连接。

• 所有管、缆应有专用的承重支承结构，如线缆桥架或管廊、支架，不允许采用设备承载其重量。

3.2.3.4 管道除锈防腐

管道作防腐处理之前，应先将管道表面的氧化沟、锈蚀、毛刺等清理干净，以提高涂层的附着力和防腐性能。本工程除锈质量等级为 ST3 级，即用电力工具彻底地除掉钢表面上所有松动或翘起的氧化皮、疏松的锈和其他污物。对于 DN500 以下的管子，采用水泥砂浆衬里防腐，施工遵守《化工设备、管道防腐蚀工程施工及验收规范》的规定。

① 工程除锈时，拟采用电动钢丝刷进行除锈，操作方法是将圆形钢丝刷固定在角磨机上，然后通电进行除锈，效果较好，工作效率高。

② 环氧树脂应附带出厂质量证明，喷涂时喷射的漆流应和喷漆面垂直，喷漆面为平面时，喷嘴与喷漆面应相距 250～350mm，喷漆面如为圆弧面，喷嘴与喷漆面的距离应为 400mm 左右。喷涂时，喷嘴的移动应均匀，速度宜保持在 10～18m/min，喷漆使用的压缩空气压力为 0.2～0.4MPa。

③ 工程埋地钢管外防腐采用环氧煤沥青四布三油做法。施工应遵循以下要点：

• 在涂敷环氧煤沥青之前，必须先作好除锈；

• 底漆或面漆在使用前必须充分搅拌，使其混合均匀；

• 底漆干后即可涂面漆，在室温条件下，涂底漆与第一道面漆的间隔时间不应超过20min；

• 包玻璃布时，各层玻璃布的网孔要为面漆所灌满，不得有干面；

• 防腐层的黏附力检查应在环氧煤沥青固化后进行，固化过程一般为7d。

3.2.3.5 配电柜安装

① 设备及材料均应符合国家或部颁技术标准，符合设计要求，并有出厂合格证明。

② 根据设计要求找出配电箱的位置，并按照配电箱的外形尺寸进行弹线定位。

③ 配电柜内设备的导电接触面与外部母线连接处必须接触紧密。应用力矩扳手紧固。

④ 配电柜的试验调整结果必须符合施工规范规定，高压瓷件表面严禁有裂纹、缺陷，低压绝缘部件完整。

⑤ 二次小线接线正确，固定牢靠，导线与电器或端子排的连接紧密，标志清晰、齐全。

⑥ 配电柜内母线色标均匀完整；二次接线排列整齐，回路编号清晰、齐全，采用标准端子编号，每个端子螺丝上接线不超过两根。

4 季节性及临时用电施工技术

4.1 雨季施工措施

4.1.1 雨季施工总要求

4.1.1.1 确保信息畅通

由于夏季施工暴风雨等恶劣天气的不确定性和突发性，对破坏程度难以进行预测，需要加强对气象信息的控制管理，及时采取有效的安全措施、加强防范。

4.1.1.2 防护的全面性

施工现场涉及面较广，包括现场各部位和临时设施的安全防护以及全部人员的安全，因此在制定安全措施时一定要细致周到，不可因事小而不为，以致留下隐患，带来损失。

4.1.1.3 科学组织施工

编制施工组织设计时充分考虑雨期施工的特点，将不宜在雨季施工的工程提前或延后安排。根据天气情况合理搞好室内外作业安排，风雨天气尽量安排在室内作业；搞好工序穿插，提高工效和施工速度；遇到较大暴风雨天气应停止施工。

4.1.1.4 做好雨季施工准备

在雨季施工时，各种防护措施要进一步加固，对脚手架以及仓库、防护棚、临时设施等采取有效的加强措施，确保抢险救灾物资人员到位，发生险情及时采取相应措施。

4.1.2 雨季施工准备措施

4.1.2.1 合理安排作息时间

夏季施工作业时间尽量向两端压缩，避开中午的高温，气温超过37℃时，停止室外作业，在室内作业时应有通风降温措施。遇较大的暴风雨天气应停止所有的作业，人员撤至安全区域。

4.1.2.1 做好现场排水

（1）根据施工平面图、排水总平面图，利用自然地形确定排水方向，按规定坡度挖好排水沟，确保排水畅通无阻。

（2）雨季施工现场临近高地，应在高地边挖好排水沟，处理好危石防止发生滑坡、塌方等灾害。

（3）保证道路畅通，路面根据实际情况分别硬化或加铺砂砾、炉渣或其他材料，并按要求加高起拱。

（4）原材料、成品、半成品的防护。对材料库全面定期检查、及时维修，四周排水良好，墙基坚固，不漏雨渗水。钢材等材料存放采取相应的防雨措施，确保材料的质量安全。

（5）严格按防汛要求设置连续、畅通的排水设施和应急物资，如水泵及相关的器材、塑料布、油毡等材料。

4.1.3　做好物资准备

各项目根据雨季施工的具体组织安排，详细编制雨季施工物资准备计划，包括所需物资的名称及具体数量等，同时加强雨季施工物资的管理，见表4.1。

表4.1　雨季施工物资准备表

序号	物资名称	单位	数量	进场时间	备注
1					
2					

4.1.3　施工组织管理措施

建立健全雨季施工组织管理机构，成立领导小组，并建立相应的管理责任制。

项目技术部编制雨季施工组织设计，对于在雨季施工的工程要做到技术上可行，工艺上先进，安全有保障，工期不延误。要明确雨季施工的技术、质量监控点。对于施工中可能发生的问题或灾害要有充分的对策，避免对工程造成较大的损失。

项目部成立由项目现场经理为组长的雨季施工领导小组，成员由生产经理、物资部、技术部、工程部及班组成员等组成。主要任务是组织定期现场雨季施工检查、例会、施工材料及半成品保护、场地排水、施工现场防护等。

4.1.4　分部分项工程施工技术措施

4.1.4.1　测量工作

（1）外出测量时要随时携带雨伞，防止大雨侵袭，将仪器淋湿，已淋湿的仪器要尽快擦干。

（2）雨季也正是高温季节，测量工作时要考虑温度对仪器的影响值。野外施测时仪器要用伞遮盖，防止太阳曝晒，采用适当的观测方法消除大气折射光的影响，提高观测精度。

（3）对现场的测量控制点要经常进行检查、校核，发现问题及时处理。对控制桩要采取必要的加固措施，防止桩位移动。

（4）对库内存放的仪器要相隔适当时间，将仪器置于通风干燥处，以防仪器受潮。

4.1.4.2　土方工程

（1）土方开挖：基槽土方开挖前应该先在四周做好截水沟或挡水堤，防止雨水倒灌，基槽内应按常规设排水沟和水井，将积水及时排出，防止泡槽。雨季开挖基槽应适当放缓坡度或增加可靠的护坡措施，深基坑开挖前必须做好基坑支护计算，开挖时要加强对支护结构的观测监视，槽边不宜堆土和材料，严防坍塌事故的发生。

（2）回填土：土源要用防雨材料覆盖保护，加强回填土含水率测定工作，超过含水率规定者不准回填。回填土应分层夯实，未经夯实遇水浸泡须将浸泡土挖除，晾晒符合要求后重新回填夯实。

4.1.4.3 钢筋工程

（1）钢筋原材料、半成品不得堆放于地势低洼处，不得与泥土直接接触，受污染钢筋必须清洗干净。雨天钢筋视情况进行防锈处理，严禁把锈蚀钢筋用于结构上。

（2）钢筋堆放应设置垫木或砖垛等支垫，防止锈蚀、油污。

（3）雨天不得露天电焊，电气焊应采取措施防止触电、引爆。

（4）雨天避免进行钢筋焊接施工，遇小雨天气时，在施工部位应采取措施，可采用塑料布搭设临时防雨棚，不得让雨水淋在焊点上，待完全冷却后才能撤掉遮盖，以保证钢筋焊接质量。如遇大雨天气则视情况将梁内钢筋接头改为绑扎接头以保证工程进度的顺利进行。

（5）在潮湿地带作业时，操作人员应站在铺有绝缘物品的地方并穿好绝缘鞋，焊好的钢筋不得放在有积水处。

4.1.4.4 模板工程

（1）模板支撑柱要支撑在可靠的地梁或地基上，不能立在未经夯实处理的回填土上。

（2）支好的模板经风雨后，在浇筑混凝土前必须进行检查，如有变化必须采取加固纠正措施。

（3）刷好隔离剂的模板或胎模，在风雨来临之前用塑料布或其他防雨材料覆盖，防止模板变形和粘模，隔离剂被冲刷的模板，雨后必须返工重刷。

（4）在地面上预制构件时，地面必须进行夯实处理，场地及其周围不能积水，防止场地地基长期受雨水浸泡产生沉陷变形，影响构件质量。

4.1.4.5 混凝土工程

（1）施工期间要随时注意天气变化情况，准备好防雨的各种设施，合理安排施工。混凝土浇筑前要对所有的电器、机具设备、道路及上人马道进行安全检查，以保证施工安全及施工的连续进行。

（2）砂石料雨后易被泥土污染，造成含泥量、含水率加大，施工过程中要注意清除砂石料中泥块，配合比要根据实际情况调整用水量。浇筑混凝土前应备足够的防雨材料，如塑料薄膜、苫布等，保证所浇筑的混凝土不受雨水淋泡。

（3）浇筑混凝土时，如遇下雨应合理留置施工缝，并对运送混凝土的车辆、料斗及浇筑完的混凝土进行防护，用塑料薄膜覆盖，清理干净，去掉松散石子、沉积的浮浆等，先铺一层与混凝土同配合比的水泥砂浆，再开始浇灌混凝土。

（4）混凝土浇筑完毕，要采取可靠的防护措施，保证新浇筑的混凝土不被雨淋而降低强度，特别是施工缝部位不受雨水侵袭。

4.1.4.6 脚手架工程

（1）脚手架必须搭设稳固，特别是外脚手架必须要有足够的支撑，下面要有足够的垫板。马道必须按要求搭设，并钉防滑条。天气变化前后要进行检查，发现问题要立即加固整改，防止大风吹倒架子及雨后土质松动，使架子倾斜而发生事故。

（2）脚手架上必须设置防雷接地装置，大风雷雨天气严禁继续施工作业。

4.1.4.7 砌筑及抹灰工程

（1）要适当减少砂浆用水量，防止砂浆太稀。砌筑用砂浆应根据砂的含水率合理配制，砂浆应随搅随用。

（2）对运送过程中及灰斗中的砂浆要作好防雨准备，用塑料薄膜覆盖防水。如受淋应根据情况进行二次搅拌，每天砌筑完毕要用塑料布进行防护，防止雨水冲刷砂浆影响砌筑质量。

（3）大风、大雨后继续砌筑前，应复查墙体垂直度有无变化，有无裂缝和不均匀沉降发生，砂浆冲刷等现象对雨水淋过的墙要进行检查，严重的应拆除重砌。

（4）雨季砌筑每天不宜超过1.4m。过湿的砌筑材料不可上墙，雨季砌筑内外墙宜同时进行，并注意转角，丁字墙的连接要同时跟上，独立墙与迎风墙应加设临时支撑保护，以避免墙倒砸坏楼板发生伤亡事故，风雨后继续施工应复查墙体垂直度，过湿的墙体不得勾缝、抹灰。

4.1.4.8 防水工程

（1）屋面防水不宜在雨季施工，确实需要在雨季施工的，要有适当的防雨措施，或根据气象预报，利用连续晴天时间确保施工质量。

（2）卷材铺贴前要找平层和保温层含水率进行测定，符合要求后方可铺贴卷材。

（3）卷材防水后及时安好水落管，防止雨水冲刷外墙面。

4.1.4.9 基坑围护结构

（1）为保证桩壁面的平整度、垂直度，护坡桩施工时，必须严格控制桩孔的位置、垂直度，随时检查钻机的平稳及钻杆的垂直度。

（2）在土方开挖时，桩壁面禁止机械挖方，应用人工清除，以避免桩间土因机械开挖，而造成过度坍塌及超挖。

（3）定期（重点在雨后）对基坑支护桩等进行沉降及位移监测。通过对监测所取得数据及时分析，了解基坑边坡、邻近建筑物、土体的沉降变形状况，以便及时采取恰当的补救和控制措施。

（4）雨季施工期间，注意支护桩外侧基坑上部的排水措施，避免地表水过于集中地沿护壁桩间倒灌至基坑内，同时引起护壁塌陷。雨后定期对支护桩护壁进行检查，针对存在的泄水点及时进行处理，排除安全隐患。

（5）施工现场要配备足够的排水设施，确保基坑排水及时，防止基坑坍塌。

4.1.5 其他雨季施工措施

4.1.5.1 设备防护

（1）雨季前，项目部要组织管理人员对机电操作人员进行一次雨季安全技术教育，对所有施工机具、设备进行一次全面检修，保证正常使用运转，对龙门架、外用电梯、塔吊及其他起重设备采取接地、接零、防雷等防范措施。

（2）机械作业区域要有良好的防雨、通风、排水条件，要搭设机械防雨棚，保证机械不被雨淋，电器设备要接地接零，保证安全运行，适当垫高机械，防止受水浸泡。

（3）机械运输设备进入现场，要注意防滑，雨后禁止吊车在低洼积水区作业。吊车作业时先进行小高度重载试验，确认安全可靠后，再正式作业。

（4）机动翻斗车作业时，制动要灵敏有效，坑边作业要采取防滑措施。

（5）雨期要经常检查现场电气设备的接地、接零保护装置是否灵敏，雨期使用电气设备和平时使用的电动工具应采取双重保护措施（漏电保护和绝缘劳保工具），注意检查电线绝缘是否良好，接头是否包好，不要把线浸泡在水中。

（6）每日下班时塔吊塔臂应停在顺风方向，松开回转制动装置；将吊钩收回至大臂最上端，将小车行至大臂根部。大臂在回转过程中，与障碍物干涉的，必须将塔吊吊钩固定在地锚上：关好驾驶室门窗，卡紧、卡牢轨钳，切断配电箱内的电源开关，关好箱门上好锁。

（7）遇暴雨或6级以上强风等恶劣天气时，应停止塔吊、外用电梯、提升架的起重和露天作业。外用电梯、提升架等作业完毕后，吊笼必须降至地面。

4.1.6 临建设施

4.1.6.1 检查办公室、宿舍及料库屋面有无漏雨现象，对漏雨的部位及时修理完好。室外地面全面硬化，道路场地等排水坡向正确、排水沟畅通无阻，确保施工现场无积水。检查食堂、厕所等的排水沟，及时疏通污水管道。施工现场人员宿舍、围墙等的基础应高出自然地面，室内地面应出室外，防止雨水等浸入。

4.1.6.2 对于地表水，采取“堵”和“疏”结合的办法：在距基坑边适当距离砌筑挡水墙，墙下设排水明沟，防止基坑外水灌入基坑，同时沿基坑四周距坑边一定距离（不小于1.5m）埋设排水管（埋深不小于500mm），沿排水管每隔15～20m设一雨水井，井口加设铁篦子；在施工硬化地面时，向雨水口方向作成流水坡（坡度不小于1%），将地表水引流至雨水井内。场地内应保持向外排水畅通，没有大坑洼或向建筑物一侧倒坡，同时应检查排水路线管道是否畅通。

4.1.6.3 施工机械设备停放在地形较高、排水顺畅的地方。将料库、变配电设备等布置在雨水影响最小的部位，水泥库地面加高处理。

4.1.7 防雷措施

雷电是一种常见的自然现象。雷电产生时常伴随着强烈的闪光和霹雳。如果雷电击中施工现场的建筑物、设备或人，就会造成建筑物、设备的破坏或人员的伤亡。

施工工地特别是有高大建筑物的施工工地，其防雷与接地问题值得重视。由于高层建筑物施工工地四周的起重设备、钢管脚手架等突出很高、木材堆积很多，一旦遭受雷击，不但对施工人员的生命构成威胁，而且很容易引起火灾。

4.1.7.1 施工现场内的塔吊、施工电梯及龙门架等机械设备，应根据现场情况及相关规定安装防雷装置。

4.1.7.2 钢管脚手架随建筑物的升高而不断增高，当钢管脚手架不在相邻避雷装置的保护范围之内时，则必须根据相关规定对钢管脚手架采取防雷保护措施。

4.1.7.3 施工现场变配电设备除了可能遭受直击雷以外，还有可能被雷电波沿着线路侵入而威胁变配电设备的安全。施工现场临时用电的变配电设备的防雷应包括防直击雷和防雷电波侵入两部分，根据现场实际按照相关要求采取防雷措施。

4.1.7.4 其他用电设备的防雷措施

4.1.7.5 无金属外壳或保护罩的用电设备应处在接闪器的保护范围内。

4.1.7.6 从配电箱（屏、柜）引出的线路应穿钢管。钢管一端与配电箱（屏、柜）相连，另一端与用电设备外壳、保护罩相连，并就近与屋顶防雷装置相连。钢管因接设备而中间断开时应跨接。

4.1.7.7 在配电箱（屏、柜）内，应在开关的电源侧与外壳之间装设过电压保护器。

4.1.7.8 为防止雷电波侵入，严禁在独立避雷针、避雷网和避雷线或支柱上悬挂各种电气线路（包括通信线路）。

4.1.8 防汛措施

4.1.8.1 加强对基础开挖、土石方施工的检查、监控。重点检查基坑壁的有效支护，在施工现场要设置观测点，随时观测基坑边坡及毗邻建筑物、构筑物的变化，及时消除安全隐患。要配备足够的排水设施，确保排水及时，防止基坑坍塌。

4.1.8.2 搞好脚手架的安全防范，要重点检查立杆基础与排水措施的落实情况及拉结状况，做到基础平整、坚固，排水通畅，拉结有效，确保脚手架稳固、牢靠。

4.1.8.3 要强化对施工现场临时建筑和塔吊、施工用电等危险性较大部位和环节的检查，重点检查塔吊等大型机械设备固定状况和各种安全装置灵敏程度，提高设备抗风、防雨、防雷击和防倒塌性能。

4.1.8.4 施工现场临时用电必须严格遵守标准规范，尤其要对变（配）电室做好防雨措施，汛期所有施工现场临时用电除照明、排水和抢险用电外，其他电源必须全部切断。在雨后继续施工前，首先要检查所有用电设施和线路的安全性，经检查符合要求后，方可投入使用。

4.1.8.5 大风、暴雨等恶劣天气结束后，应对施工现场各个部位、各个环节进行认真细致的检查，符合开工条件要求并经总监签发开工令后，方可进行重新施工。

4.1.9 现场道路畅通措施

4.1.9.1 根据现场平面情况设置施工便道，应注意排水坡度，道路两侧须根据现场需要设置一定数量排水井，以便地表水集中外排至指定位置。

4.1.9.2 加强现场施工道路管理，严禁施工材料、建筑垃圾等随意堆置于现场，同时做到雨天不泥泞、不打滑，保持运输畅通无阻。

4.1.9.3 施工现场设置清洗池，对出入车辆轮胎等进行清洗，同时对施工道路及时进行清扫，做好现场道路及周边施工场地的扬尘控制措施。

4.2 冬季施工技术

4.2.1 冬季施工措施

4.2.1.1 冬季施工阶段划分

根据冬期气温变化规律，冬季施工一般分为初冬、严冬、初春三个阶段，平均气温变化为5~10℃，有寒流天气时，气温可降到-30~-25℃。

由于冬季气温多变化，无明显的分界线，所以各阶段气温变化不稳定，同时历年来冬季施工皆有数次寒流天气，突发性强，急剧降温，温度可降到-25~15℃。为防止冬季施工工程遭受冻害，保证工程质量，确保人员安全，冬季施工期间，计划调度室需要安排专人随时与当地气象部门取得联系，记录、汇报、公布天气预报，以便采取应急措施，做到有备无患。

4.2.1.2 准备工作

要搞好冬季施工，计划准备工作是关键，各有关部门一定要引起足够的重视，必须在入冬前做好各项准备工作 。

① 由技术质量部编制冬季施工方案。方案确定后，要组织有关人员学习，并向队组进行详细告知。

② 进入冬季施工前，对测温保温人员等组织专业培训，学习本工作范围内的有关知识，明确职责，经考试合格后，方准上岗工作。

③ 安排专人进行气温观测记录。及时接收天气预报，防止寒流突然袭击。

（1）图纸准备

复核施工图纸，查对能否适应冬季施工要求。

（2）材料准备

① 要提前做好准备好保温材料、塑料布、阻燃稻草被等，要求10月中旬基本备齐；

② 备好冬季施工用的测温记录表格、温度计，燃油料要及早做好准备，做到有备无患；

③ 根据工程进度施工要求，分期分批组织保温材料、有关机具进场；

④ 应提前做准备好冬季施工搅拌砂浆使用的干砂及砂浆防冻剂。

⑤ 备好砌体、砂浆混凝土施工完后用的覆盖材料。

（3）现场准备

① 根据实物工程量，提前组织有关机具、保温材料等进场。

② 要求实验室做好冬季施工混凝土及掺外加剂的试配试验工作，正确地提出施工配合比。

③ 做好冬季期现场办公室、职工宿舍的取暖准备工作。

④ 施工用给水管道、消防给水管、混凝土泵管等用夹心玻璃岩棉保温管壳（3cm厚）外捆彩条布保温 。工地所有外露水管、水龙头，11月初全部进行保温。水管阀门砌墙内填锯末保温，水平管尽量敷设在冻土层以下，明管采用胶皮管，随用随收，防止入冬后水管阀门冻坏，影响生产、生活用水。

⑤ 冬季施工用电量加大，要计算变压器容量，接通电源。

⑥ 试块标养室要求做好保温工作，温控系统调试正常，具备标养条件，砂浆搅拌机应搭设保温作业棚。

⑦ 消防水泵房也要做好水箱保温，砌120mm砖墙，内缝宽4cm，填锯末保温。

（4）机械设备

① 入冬前，对工地所有在用、停用、待修、在修及库存的机械设备，进行一次全面、彻底的检查，如有问题，应及时整改，切实落实冬季施工期间机械设备的管理、维护及管理工作。

② 不用的机械设备入库存放，对各封闭和暂时停用的机械设备、车辆，要将水放净挂好牌，防止冻坏、冻损伤。调整油电路，清除积灰，换用冬期燃润油料，检查保温设施，放水开关是否完好，提高蓄电池液的密度，确保冬季施工中的机械设备完整齐备，各部件性能良好可靠。

③ 各种内燃机械启动前先预热，对汽油机应用手摇柄空摇发动机20转感到轻松为

止。

④ 多班作业的机械设备应按照规定严格执行交接班手续，收班前认真做好班后的保养工作。

⑤ 备好入冬物资。车辆机械设备应加设保温套，配好防冻液、防滑液等，准备冬季使用的各种燃料和润滑油料。

4.2.1.3　主要技术措施

（1）砌筑工程

① 一般规定。冬季施工砖石材料应清除冰雪；石灰膏、黏土膏应防止受冻；拌制砂浆的砂不得含有直径大于1cm的冰块和冰结块；拌合砂浆时，水的温度不得超过80℃，砂的温度不得超过40℃；冬季施工砖不浇水，砌砖砂浆稠度为10~12cm，砌石砂浆稠度为5~6cm；最低温度低于-20℃时，不应砌石；在解冻期间，应经常对砌体进行观测和检查，如发现有裂缝、不均匀沉降等情况，应分析原因，马上加固。

② 常用技术措施。砌砖常用掺氯盐砂浆法和冻结法施工，砌石必须采用掺氯盐砂浆法，如表4.2所示。

表4.2　掺氯盐砂浆掺量、砂浆温度、砂浆最低标号表

日最低温度/℃	掺盐量/%	使用时的最低温度/℃	砌筑砂浆最低标号
不低于-10	3	+5	M2.5
-11~15	5	+8	M2.5
-16~20	7	+10	M5.0
低于-20	7	+15	M5.0

• 砌砖优先选择掺防冻剂法，如温度继续降低，在无筋施工中，采用掺氯盐的方法保证冬季施工质量。

冬季如无设计要求时，当日最低气温等于或低于-10℃时，对承重砌体的砂浆标号提高一级。

• 冻结法。采用冻结法施工时，应会同设计院制定施工解冻期内的加固措施。砂浆使用时的最低温度不应低于10℃。

• 为保证砌体在解冻时间的正常沉降，要求做到以下几点：每日砌筑高度及临时间断处的高度差不得大于1.2m；在门框上部应留出缝隙，其厚度在砌体中不小于5mm，料石砌体中不小于3mm；砖砌体水平灰缝厚度不易大于10mm。

（2）抹灰粉饰工程

① 一般规定。冬季施工的室内白灰砂浆、混合砂浆和粉饰工程必须采暖热作，基面温度不低于5℃，要做到门窗封闭。

室外水泥砂浆中级抹灰，除在大面积混凝土基层和地面工程外，可在最低气温不低于-10℃时，采用掺盐砂浆法施工。粉刷和地面工程不得在负温下进行，如果必须施工，可以采用掺防冻剂和早强剂的技术措施。

② 常用技术措施。砂浆的搅拌应在采暖的房间或保温棚中进行，砂浆随拌随运，不可积存二次倒运，砂浆的储存时间不宜超过20min。施工过程中，注意天气变化，砌筑砂浆稠度适当提高1~3cm，但不宜超过13cm，确保砂浆与砖的粘合力。采用掺防冻剂法，

使砂浆在负温条件下硬化，降低砂浆冰点，获得早期强度。优先选择对钢筋、铁件无腐蚀作用的防冻剂。

（3）钢筋工程

在负温条件下，钢筋的力学性能发生变化，屈服点和抗拉强度增加，伸长率和抗冲击韧性降低，因此要加强施工过程中的管理和检验工作。钢筋在运输和加工过程中应注意防止碰伤、刻痕等缺陷。

① 钢筋焊接。

• 做好钢筋焊接过程中的保温工作，钢筋对焊要在保温棚中进行，电渣压力焊焊接长筋时，要尽量晚些拆除药盒，确保焊头的缓慢冷却，一般接头药盒拆除时间宜延长2min左右，接头焊渣壳宜延长5min，方可打渣。

• 负温下使用钢筋焊接接头，优先采用闪光对焊接头，当采用电弧焊接头时，在构造上应防止在接头处产生偏心受力状态。在焊接过程中，严格防止产生过热、烧伤、“咬肉”和裂纹等缺陷。加强对钢筋的质量检验和施工过程中的管理工作，在加工过程中，严防产生碰撞、刻痕等缺陷。

• 冬期钢筋的焊接应安排在室内，如必须在室外焊接时，其最低气温不应低于-20℃,而且应有防雪挡风措施。焊后的接头严禁立即接触冰雪。

② 钢筋冷拉和冷弯。

• 钢筋冷拉温度不低于-20℃；

• 在负温条件下采用控制应力方法冷拉钢筋时，由于伸长率随着温度降低而减少，因此，在负温下冷拉的控制应较常温提高。

（4）混凝土工程

① 主要施工方法。混凝土的冬季施工应以综合蓄热法为主，严冬时以蒸汽加热法为主，钢筋混凝土工程严禁采用冷混凝土法施工。

② 混凝土配制必须遵循以下规定。

• 水泥标号不小于325#，要注意掺合料对混凝土抗冻和抗渗等性能的影响。

• 无筋混凝土中热材料拌制时，氯盐掺量不得大于水泥重量的3%，用冷材料拌制时不得大于拌合水重的15%。

• 拌制混凝土，骨料中不得带有冰雪和冻固物，搅拌时间比常温延长50%，在浇筑前，必须清除模板内的杂物和冰雪。

• 混凝土浇筑温度应符合热工计算和技术措施。

• 运输和浇筑混凝土要有保温措施，混凝土不得在平板上浇筑。

• 混凝土施工缝和接头，在严寒情况下要先将接头、基面、模板和钢筋预热。

③ 冬季施工的主要技术措施。

• 蓄热法。根据规定要求进行测温控制，搞好质量预测，及时采取有效的措施，蓄热法是在混凝土中加入早强剂、减水剂及加热措施，主要方法有：蓄热+早强剂；蓄热+早强剂+减水剂；蓄热+短期加热；蓄热+早强剂+短期加热；蓄热+早强剂+减水剂+短期加热。

• 综合蓄热法。热拌混凝土中加入防冻剂，对构件进行保温，利用混凝土预热和水泥水化热在正温条件下达到一定的强度，继续在负温条件下达到强度要求。综合蓄热法适用于最低气温不低于 -20℃，有可靠的保温措施和防冻剂，经热工计算、编制可靠的技术措施。冬季施工时，少量混凝土搅拌优先采用加热水和砂的方法，水和砂加热温度如表4.3所示。

表4.3　　拌合水和骨料最高温度表　　℃

项　次	项　目	拌合水	骨料
1	标号小于525的普通硅酸盐水泥	80	60
2	标号大于或等于525的普通硅酸盐水泥	60	40

• 气温中优先选用蒸汽养护法。特别是桁架、框架排架结构、构筑物等重要钢筋混凝土结构。蒸汽养护混凝土采用普通硅酸盐水泥，温度不超过80℃，宜在混凝土中加入早强剂、减水剂。

• 电气加热法。电气加热法是用电能转化成热能的方法，一般采用电极电热法、工具式电热法、电磁感应加热法、远红外线电热法，电气加热法必须进行热工计算，提出工艺设计。

④ 混凝土施工过程中的应急措施。

• 施工及养护中受寒潮袭击。在混凝土浇筑过程中，后方人员及时为前方人员提供防寒保暖设施及用品，保证施工人员在恶劣的环境中能够正常作业；及时对浇筑完成的混凝土进行保温覆盖，保证混凝土不受冻；加快浇筑速度，提高混凝土的出罐、入模温度，增加混凝土抗冻剂掺量，保证混凝土在当时的环境下不受冻：在混凝土养护过程中，强化温度的测量、监测工作，保证混凝土在正温养护外表面与环境温差不大于20℃，当环境温度超过预定方案条件时，应考虑采取加热措施。

• 当混凝土浇筑过程中，突然有设备损坏时，应采取以下应急措施：及时调换设备，保证混凝土在已浇筑混凝土初凝前正常浇筑；当混凝土已初凝，无法与后浇混凝土接槎时，应按照留施工缝或后浇带的要求进行处理，施工缝处理要处理到能留施工缝的位置，并按照要求凿毛；对停止浇筑混凝土前的混凝土要进行保温养护。

⑤ 混凝土冬季施工的质量检验。

• 检验水和骨料的用量；

• 检验外加剂的质量和用量；

• 检验混凝土的浇筑温度；

• 增加两组与结构条件养护的试块，一组用于检验混凝土受冻前的强度，另一组用于检验养护28d后转入标准养护28d的强度。

（5）电气工程

① 电线管敷设前，必须清除管内积雪、积水和其他杂物，以免敷设内冻结，堵塞管路，并采取适当的措施烘干处理，不得进行穿线。

② 铁管烘炉煨弯时，必须烘干管内灌砂。

③ 黏接配线时，要认真清除墙面或板面的水汽和冰霜，并将其表面加热至70℃左右，方可进行黏接。

④ 硬质塑料管敷设在 -15℃以下禁止施工。

⑤ 采用塑料配线时，应保证施工现场温度在5℃以上。

⑥ 电缆工程冬季施工必须遵守下列规定：

• 在冬季敷设电缆时，要保证电缆本体温度在5℃以上，达不到温度要求时，应提前将电缆热保温，预热后的电缆要及时敷设，一般不要超过1h；

• 冬季敷设电缆时，其弯曲半径要比规程适当加大，并要清除电缆沟内的积雪和冰块；

• 电线端头及中间接头制作的环境温度要保证在5℃以上，并做好防潮层。

（6）暖卫工程

① 合理安排施工工序，尽量使水泥捻口的给排水管道施工和各种管路系统的水压实验避开寒暑季节。

② 入冬前要，认真检查暖卫器材，严防雨水或现场集水进入器材腔内冻坏。

③ 各种散热器的组成和水试验安排在冻结前进行，冬季施工应在50℃以上的室内进行。

④ 入冬前安装完的采暖系统、给水系统和水压试验，必须抢在冬季前施工完毕，并打开所有的放风、放水阀门，放出所有的试压水。

⑤ 水压试验严格按照当地有关试验要求在冬季施工。

⑥ 水暖系统冬季送水，水暖负责人必须作出周密的送水技术方案，送水要根据采暖系统形式，分环、分层、分段、分区进行。

⑦ 冬季施工的水泥捻口应尽量扩大预制范围，并在正温度下进行，使用的管材、管件应提前运入室内缓冻。撵口水泥要加抗冻剂。管口接完后，要用保温材料保护。

⑧ 预埋各种卡子、钩子等要用热拌水泥砂浆并加防冻剂，孔洞要用热水浇好。

⑨ 设备、管道支墩不得直接铺在冻土和未经处理的松土上。

⑩ 冬季停工前，封闭好所有的地沟口和管道井。

（7）防冻剂的应用和管理

① 总则。冬季施工必须严格控制防冻剂的应用，自行配方必须有可靠的技术试验依据，经单位技术负责人批准。新型防冻剂要报公司工程部批准；定型产品必须由固定厂家供应，具备材料出厂合格证、说明书和省级鉴定书。

② 常用的防冻剂。有氯盐防冻剂、氯盐复合防冻剂（含阻锈剂、减水剂、早强剂）、非氯盐防冻剂。

③ 施工应用。选择防冻剂应根据混凝土的使用目的、气温条件、施工方法、保温措施确定，一般与蓄热法相结合，可用于大气温度低于－20℃的条件下施工。

④ 防冻剂掺量和掺入方法。以水泥重量比表示，定型产品按照材料说明书配制。施工所用防冻剂为定型粉状产品时，按照计量要求直接随水泥投入搅拌机中。

各组分应符合技术规定，应及时进行检验，避免滥用、错用和代用。$CaCl_2$、$Ca(NO_3)_2$、$Ca(NO_2)_2$ 溶液不得与 Na_2SO_4 溶液混合使用，减水剂、引气剂溶液不得与 $CaCl_2$ 溶液混合，应分别投入搅拌机。防冻剂混凝土的搅拌、振捣方法与普通混凝土相同。粉状与骨料同时加入搅拌机，应按照规定延长搅拌时间。施工气温低于－50℃时，可加热水搅拌，或用热水配制防冻剂溶液，用热水搅拌混凝土，应首先将骨料与水或加热的防冻剂溶液拌合，然后加入水泥。气温低于－10℃时，需要将骨料移入暖棚或用蒸汽直接加热骨料，加热所带入的水分需从搅拌水中扣除。

⑤ 防冻剂混凝土的养护。必须注意防冻剂混凝土的早期养护温度不得低于防冻剂设

计的温度。在规定使用温度下，允许受冻的养护时间如表4.4所示。

表4.4　受冻养护时间

防冻剂规定的使用温度/℃	最短养护时间/d
-5	5
-10	10
-15	14
-20	25

⑥ 对防冻剂的管理。施工应优先选择定型产品，必须与生产厂家签订合同，以防发生质量事故；施工单位不得乱选、乱用非定型产品；防冻产品要有标明的产品名称、类型、生产厂、批号、生产日期、净重体积、有无毒性和腐蚀性，在外包装外标志合格证；各类防冻剂产品要分别包装、堆放，避免混淆。

4.2.1.4　冬季施工安全技术措施

项目部冬季施工应严格按照国家及地方安全操作规程执行，项目质安部门应加强安全教育，认真对各专业、各工种的施工、操作人员进行安全技术交底，并执行冬季施工关于“五防”的特殊规定。

(1) 防　火

① 冬季取暖、生产用火，必须事先申请，经保卫或安全部门检查批准，发给生火证方可使用。

② 禁止用易燃液体、可燃液体生炉子、火墙、火坑；禁止使用锅炉、炉子、火墙、火坑、烘烤衣服和其他可燃物品。

③ 施工生产现场的生产和生活用火，必须做到“四有”，即有生火证、有制度、有消防器材和工具、有专人看管，做到“火灭人走”。

④ 施工现场的送电室、材料库等易燃易爆部位，要和用火点保持一定的安全距离，防止火灾事故发生；仓库、木工房、木工棚等部位要做到严禁烟火。

⑤ 一切电源、线路必须按照规定架设，并由专人经常检查维护，生活用灯不准超过60W，生产、生活一律不准点长明灯。

⑤ 禁止在灯头上使用纸、布和其他可燃材料做灯罩。

⑥ 消防设备和灭火工具要有专人管理，保持完整好用。

⑦ 消防水桶必须保持一定的水量，在冬季，消防桶（缸）、消防栓、灭火器要采取防冻措施。

(2) 防　寒

① 一线生产工人的棉服、棉安全帽必须按照规定及时供应，确保职工人身安全。

② 施工（生产）现场、休息室要有取暖设备，职工要喝到开水，吃到热饭菜。

③ 固定场所的施工机械等要搭设防寒棚，要进行全面检查、维修，确保冬季正常施工。

(3) 防　毒

① 生火用的明火焦炉、炭炉、煤炉必须有专人看管，防止发生中毒事故。

② 加强对有毒物品的管理，特别是亚硝酸钠的管理，有毒有害物品仓库必须由专人

负责，严格出入库手续。

③ 有毒、有害作业场所和煤炉取暖场所必须设通风孔，保持空气畅通。

（4）防　滑

① 各种脚手架应架设斜道，必须有严格的防护栏杆和围网，斜道钉好防滑条，要及时清除霜雪，现场主要通道应撤炉灰、锯末等，防止滑倒伤人。

② 凡是列入冬季施工的单位工程，事先检查好供电线路和机械工具设备，做好维修，防止受冻肇事。

（5）防　爆

① 乙炔发生器、保险链、保险壳、保险针必须良好有效，遇有冻结情况，应用热水熔化，禁止用明火烘烤。

② 锅炉在使用前，必须经过技术、安全、设备等部门检查合格后，才能够使用，未经批准和发证的不准使用。

加强对雷管、炸药、导火索和液化气缸的运输保管使用，设专人监管确保使用安全。

4.2.1.5　越冬维护施工技术措施

（1）现场维护措施

① 越冬期间，现场水源全部停止使用，进行越冬维护。现场仅留部分必需的生活用电，其余电箱全部上锁，并且封闭维护。停工前，落实电源、水源、水管、管道、消火栓等部位用岩棉裹紧，以铁丝绑牢保温。

② 给水、排水管道做好保温，以防冻坏或堵塞。给水管埋地处理，排水主水管的埋置深度不小于170cm，保证冬期不受冻。给水支管露出地面的部分和漏出地面的接头部位采用100mm厚岩棉保温。

③ 加强冬季安全工作，建立健全冬季值班岗位责任制，做好防火、防盗、防冻工作。雪天后，及时清扫场区内临时道路。

④ 机械设备拆除电源，并量存放于仓库内。

⑤ 现场钢筋、钢管、扣件等全部按照区域划分置放，分类、分规格用木方垫起，并用五彩布加盖草袋子存放。

⑥ 胶合板、木方等材料及放置于室外的设备一律分类集中堆放，并在各处配备两台以上的灭火器。

⑦ 现场值班人员每日对现场进行巡视，并提前了解近期的天气情况，在天气突变之前，对现场越冬维护状况进行一次全面检查，发现问题后，及时解决或上报。

⑧ 电源开关、控制箱等设施要加锁，并贴封条。电缆线路要架空敷设，并设接地防护。

（2）结构维护措施

① 对建筑物的施工控制坐标点、水准点及轴线定位点采取100mm厚岩棉包裹胶合板覆盖保护。

② 所有板上的预留孔洞均用胶合板覆盖，楼梯间等较大预留孔搭架子覆盖胶合板封闭。

③ 冬季停工前，对现场安全情况进行一次全面的大检查，尤其是洞口和管道井的安

全维护与封闭，外维护及安全网是否封闭严密、连接牢固，现场水电源及其线路的检查。

4.2.2 组织机构

为保证结构安全越冬，现场材料得到妥善的安放，项目部成立越冬维护实施领导小组，使越冬措施得到具体落实，使材料供应、机械设备准备到位，同时人员培训、工作安排等均落实到人。越冬维护实施小组的组成人员有组长、副组长、组员（项目部各部门人员）。越冬期间，项目部留专人看守。成立越冬期间管理小组。负责现场的安全保卫、消防工作。越冬期间管理小组组成人员有组长、组员。

4.2.3 越冬维护的组织管理

（1）越冬维护的安全管理

① 加强越冬维护实施期间的安全工作，建立健全安全岗位责任制，做好防火、防滑、防冻、防煤气中毒工作。脚手架、人行马道采取防滑措施，霜雪天气后，及时清扫，严防高空坠落。保证越冬维护施工安全措施的贯彻实施。

② 加强冬季施工消防管理，可燃、易燃材料存放地点必须远离火源。

③ 加强工人生活区的取暖，给工人带来舒适的生活条件。工人生活用水、排水采取保温措施。

（2）越冬维护的人员组织

越冬维护方案的实施由项目工程部统一指挥，各施工队负责实施。越冬维护期间，项目部组织人进行现场的维护和日常检查，24h 值班。

冬季温度较低、天气寒冷，冬期值班期间，每人发放防寒用品一套，统一发放棉衣、棉鞋、手套、防寒帽。春节、元旦等节假日期间，应给予一定的经济补助。

（3）越冬维护工作的技术管理

越冬维护方案由项目工程技术部编制，并负责结构封闭和保温的指导。

（4）越冬维护材料组织

为达到安全越冬的目的，根据保温的需要，材料部门组织材料进场。现场零星材料的收集由工程部负责，按照材料员的要求集中堆放。

（5）越冬维护的防火

越冬期间的物品（如挤塑板、稻壳等）均属于易燃品，必须加大防火力度，指派专人进行看护，并在现场设置专用灭火器，以备事故中使用。

（6）越冬期间的测温记录

现场进入冬季维护之后，项目部必须指派专人每天对现场的维护进行必要的测温并形成记录，以便按照实际情况对现场维护进行调整，测温时，要按照单体进行，而且选点必须包括构筑物温度最低点，如构筑物底板外边缘和构筑物的阴面等。

4.2.4 工程越冬安全技术措施

① 加强季节性劳动保护工作，及时发放劳动保护用品；

② 留守人员必须及时清扫场内道路积雪，采取防滑措施；

③ 施工现场除配电室、门卫室供电外，切断所有机械设备的电源，防止在冰雪中断线，造成触电事故；

④ 配电室由持证电工负责维护管理，严禁非电工人员随意拆改；

⑤ 乙炔瓶、氧气瓶单独存放在现场安全库房内，并加强维护，专人负责上锁，并标志安全管理；

⑥ 留守人员每天锁好大门，巡回检查，及时排除安全隐患；

⑦ 未回填好的基坑壁必须经常检查，发现问题后，及时汇报上级，并及时研究处理；

⑧ 用铁栏杆围护整个施工现场，专人看管，防止无关人员进入；

⑨ 妥善维护和保养现场的机械设备，保证明年复工能正常运转；

⑩ 留守人员室内取暖，例如，用煤炉必须通风良好，严防一氧化碳中毒；

⑪ 配电室由专业电工负责维护管理，非电工人员不得随意拆改线路；

⑫ 现场留守人员须奉公执法，坚决与盗窃国家集体财物的违法行为作斗争，发现问题后，及时向上级汇报。

4.2.5 工程越冬消防技术措施

① 现场内严禁明火，不准燃放烟花礼炮；

② 定人管理炉灰，倒在指定的地点，待完全熄火后，方可离开；

③ 配电室保证干燥通风，配电室严禁明火取暖，室内不准存放无关物品，留守值班室与配电室分开，室外5m内严禁存放易燃物品；

④ 模板、脚手等全部存放，堆放整齐，易燃物品设防火标志，加强管理；

⑤ 消防领导小组必须定期检查各种消防器材设施，使其灵敏、有效；

⑥ 消防设施要保温防冻，消防灭火器放在室内；

⑦ 消防通道必须保证畅通，雪后及时清扫，并撒沙防滑；

⑧ 消防人员定期检查各种消防器材设施，确保使用效果；

⑨ 现场由留守人员日夜轮值，巡回检查，及时排除隐患，作好值班记录。

4.3 临时用电施工技术

4.3.1 技术内容

为保证施工现场用电安全，现场供配电采用“TN－S”系统（三相五线制）进行供电，临时用电设计从现场实际出发，尽量满足相间负荷平衡，并使供电系统尽量接近负荷中心，各用电区域施工用电分布均匀。临时用电由专业队伍组织施工，保证供电质量，满足施工用电及安全要求。

4.3.1.1 现场临时用电按工业与民用供电系统设计规范设计并组织施工。

4.3.1.2 现场供配电供电系统按照“三级配电二级保护”和“一机一闸一漏电一箱保护”的原则进行设计施工，PE线和N线严格分开使用，接地电阻不大于4Ω。

4.3.1.3 用于临时用电设施的材料及元器件必须为合格品，出厂合格证齐全，并经过国家劳动检测部门检测；必须有三C认证证书。

4.3.1.4　配电柜（箱）要求

① 现场内配电总柜、配电分箱、照明箱均为标准铁制配电柜（箱）（配电箱可按要求购置或按标准自制）。柜（箱）内熔断器式隔离开关、漏电断路开关、漏电断路器及熔断器式开关要于负荷功率、容量相匹配，使用专用保险。

② 分配电箱和开关箱内设置熔断器式和漏电断路器（漏电断路器额定漏电动作电流为30mA，额定漏电时间不大于0.1s，上一级保护动作值较下一级动作值略大一些，设定为100mA）。

③ 柜（箱）内开关间距100A以下不小于3cm，150A及以上不小于5cm

④ 分配电箱设在负荷中心区域，回路数量按设备开关箱数量而定，一个用电区一般一台总箱和分配电箱，对于大中型设备要求设独立开关箱（开关箱距设备在3米以内）。

⑤ 移动式配电箱底距地应在500mm以上，端子距地面应不小于600mm。

⑥ 配电柜（箱）箱体颜色和标志必须符合中建CI形象要求达到统一。

4.3.1.5　现场主干电缆采用铜芯塑料绝缘电缆，根据现场实际情况采用放射式配电方式，按要求进行敷设。

4.3.1.6　配电箱应用铁制箱，箱门、锁齐全，严禁缺门或开门用电，闸刀开关护盖要齐全，严禁用铜丝代替保险丝，所有动力电设备必须用单独开关控制，不准一闸多用，箱内必须装设漏电保护器，箱内不得有杂物，箱要防雨，外壳要有可靠接地，配电箱接地应设专用螺栓，接地与相线匹配要符合规范要求，不许采用串接形式，工作零线与中性点接地线分别敷设，工作零线宜采用绝缘导线。

4.3.2　施工现场用电计算

4.3.2.1　现场总用电量计算：

总用电量可按以下公式计算：

$$P = (1.05 \sim 1.10)\left(K_1 \frac{\sum P_1}{\cos\varphi} + K_2 \sum P_2 + K_3 \sum P_3 + K_4 \sum P_4\right)$$

式中　P——供电设备总需要容量（kVA）；

P_1——电动机额定功率（kW）；

P_2——电焊机额定容量（kVA）；

P_3——室内照明容量（kW）；

P_4——室外照明容量（kW）；

$\cos\varphi$——电动机的平均功率因数（在施工现场最高为0.75～0.78，一般为0.65～0.75）；

K_1，K_2，K_3，K_4——需要系数，如表4.5所示。

表 4.5 需要系数（*K* 值）

用电名称	数量	需要系数		备注
		K	数值	
电动机	3~10 台	K_1	0.7	如施工中需要电热时，应将其用电量计算在内。为使计算结果接近实际，式中各项动力和照明用电，应根据不同工作性质分类计算
	11~30 台		0.6	
	30 台以上		0.5	
加工厂动力设备			0.5	
电焊机	3~10 台	K_2	0.6	
	10 台以上		0.5	
室内照明		K_3	0.8	
室外照明		K_4	1.0	

注：单班施工时，用电量计算可不考虑照明用电。

4.3.2.2 配电导线的选择：

导线截面的选择要满足以下基本要求。

① 按机械强度选择：导线必须保证不致因一般机械损伤折断。采用铜芯绝缘导线架设，导线按机械强度所允许的最小截面为 $4mm^2$。

② 按允许电流选择：导线必须能承受负载电流长时间通过所引起的温升。

根据本工程施工现场平面布置情况，临时用电线路主要分为南北两路，以南边的临时用电线路为最大负荷用电线路，根据现场用电情况确定该部位的用电量，由按下式计算线路上的电流（选用三相四线制线路的计算公式）：

$$I_{线} = \frac{K \times P}{\sqrt{3} \times U_{线} \times \cos\varphi}$$

4.3.3 临时用电安全技术措施

临时用电安全技术措施有以下几点。

① 施工现场临时用电工程必须采用 TN－S 系统，设置专用的保护零线，使用五芯电缆配电系统，采用“三级配电两极保护”。由总箱至分配箱及分配箱至开关箱保护接地线（PE）与工作接地线（N）严格分开使用，从而保证按“三相五线制”“TN－S”系统供配电。

② 开关箱（末级）必须设漏电保护器（30mA 或 15mA，0.1 s）。

③ 实行“一机、一闸、一漏电保护、一箱”每台设备有各自的专用的开关箱。

④ 配电箱要内有隔离开关，外有门、有锁、有防雨措施；要做到“人走拉闸、上锁”，并有专人负责。

⑤ 要定期检查，发现问题及时整改，并做好记录。

⑥ 不允许带电操作；若必须带电操作，必须有两人以上。

⑦ 潮湿作业必须采用安全电压用电。

⑧ 场照明专用回路应有漏电保护，灯具外壳要做接零保护。

⑨ 室内线路及灯具安装高度若低于 2.4m，应采用安全电压用电。若电压高于安全

电压应有防护措施。

⑩ 闸具、熔断器参数应与设备容量匹配，安装应符合要求。严禁用其他金属丝代替熔丝。

⑪ 严禁挪动任何电气、电缆标志牌和警告牌。

⑫ 有计划地有组织地培训各类电工、电气操作人员、电焊工和经常与电气接触的人员，学习安全用电知识和用电管理规程，严禁无证人员从事电气作业。不允许随意开动他人的机械电气设备。

⑬ 用电设备在5台以上或总容量在50kW以上的工地，要单独编制临时用电施工组织设计。

⑭ 用电档案包括专项用电施工组织设计；地极阻值遥测记录；电工巡视维修记录等。档案应规整、内容齐全、有专人管理。

5 总包质量安全管理技术

5.1 质量保证措施

5.1.1 施工质量管理体系

施工质量管理体系是整个施工质量能加以控制的关键，而工程质量的优劣是对项目班子质量管理能力最直接的反映，同样质量管理体系设置的科学性，对质量管理工作的开展也起决定性的作用。

5.1.2 施工质量管理组织

施工质量的管理组织是确保工程质量的保证，其设置得合理、完善与否将直接关系到整个质量保证体系能否顺利进行。本章将以图 5.1 所示的组织机构来全面探讨质量的管理和控制。

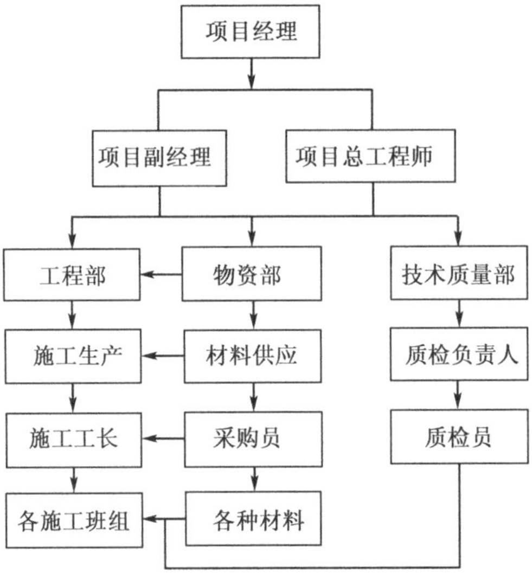

图 5.1 施工质量管理组织机构图

5.1.3 施工质量保证体系

施工质量保证体系如图 5.2 所示。

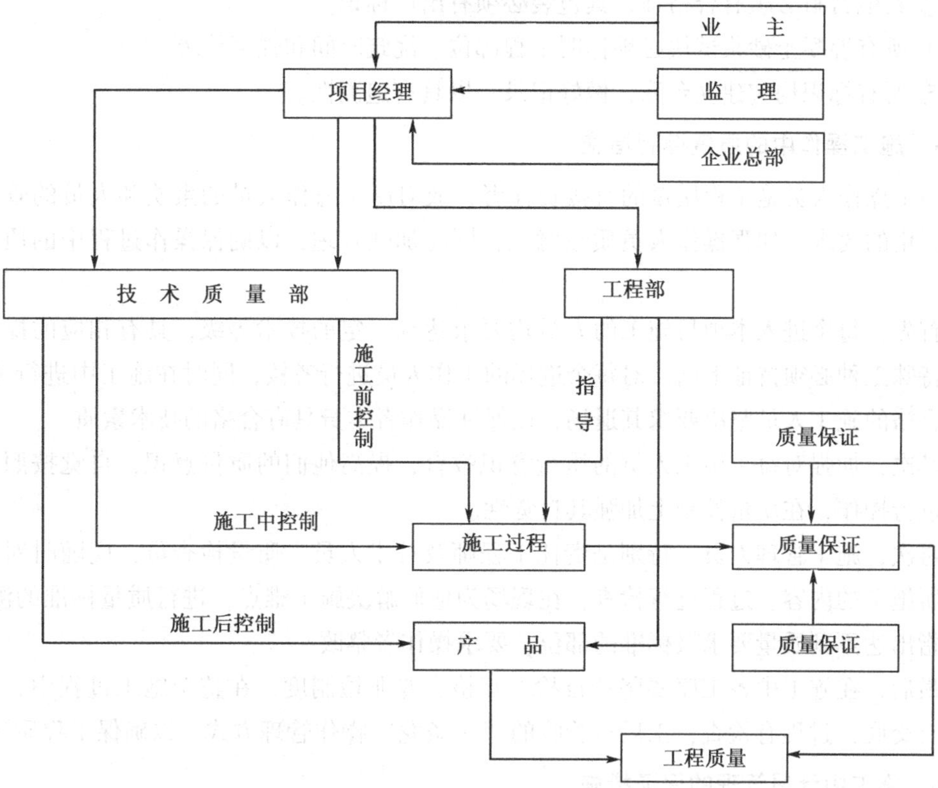

图 5.2 施工质量保证体系图

5.1.4 施工材料的质量控制措施

(1) 物资采购

施工材料的质量，尤其用于结构施工的材料质量，将直接影响整个工程的结构安全，因此，材料的质量保证是工程质量保证的前提条件。

为确保工程质量，施工现场所需要的材料均由材料部门统一采购，如所需材料在合格的材料供应商范围内不能满足，就要进行其他厂家的评审，合格后，再采购。物质采购遵循在诸多厂家中优中选优，执行首选名牌产品的采购原则。

将所采购的物资分为 A 类、B 类。A 类材料必须提供材料质量证明和《准用证》，并在规定的期限内进行进场复试，合格后，方可入场；B 类材料必须有合格证。一些材料还要有《准用证》及使用说明书。

(2) 产品标志和可追溯性

为了保证本工程使用的物资设备、原材料、半成品、成品的质量，防止使用不合格产品，必须以适当的手段进行标识，以便追溯和更换。

① 钢筋。必须有材质证明、准用证、复试合格报告，原材必须有规格、钢号等标识，成型钢筋进场按照规格、型号，使用部位挂牌标识。

② 防水材料。必须有出场合格证、认证书、工艺标准、复试合格报告，按照包装标志分类存放。

③ 其他材料必须有合格证，其包装必须有出厂标识。

④ 所有混凝土砂浆试块必须标明工程部位、浇筑时间和强度等级。

⑤ 所有标识均应建立台账，做好记录，以具有追溯性。

5.1.5 施工操作中的质量控制措施

施工操作人员是工程质量的直接责任者，故对施工操作人员的素质和人员的管理均要有严格的要求，加强操作人员质量意识，同时加强管理，以确保操作过程中的质量要求。

首先，每个进入本项目施工的人员均要求达到一定的技术等级，具有相应的操作技能，特殊工种必须持证上岗。对每个进场的工作人员进行考核，同时在施工中进行考察，对不合格的施工人员坚决要求其退场，以保证操作者本身具有合格的技术素质。

其次，加强对每个施工人员的质量意识教育，提高他们的质量意识，自觉按照操作规程进行操作，在质量控制上加强其自觉性。

再次，施工管理人员，特别是责任工程师及技术人员、质量检查员，应随时对操作人员所施工的内容、过程进行检查，在现场为他们解决施工难点，进行质量标准的测试，随时指出达不到质量要求级标准的部位，要求操作者整改。

最后，在施工中各工序要坚持自检、互检、专业检制度，在整个施工过程中，做到工前有交底，过程有检查，工后有验收的“一条龙”操作管理方式，以确保工程质量。

5.1.6 施工中计量管理的保证措施

计量工作在整个质量控制中是一个重要的措施，在计量工作中，要加强各种计量设备的监测工作，并在指定的权威的计量检测机构，按照计量管理文件进行周检管理，整个计量工作符合国家计量规定的要求，使整个计量工作完全受控，从而确保工程的施工质量。

5.1.7 加强重点工序质量控制

（1）钢筋工程质量程序控制

钢筋工程质量程序控制如图 5.3 所示。

图 5.3 钢筋工程质量程序控制图

（2）模板工程质量程序控制

模板工程质量控制程序如图5.4所示。

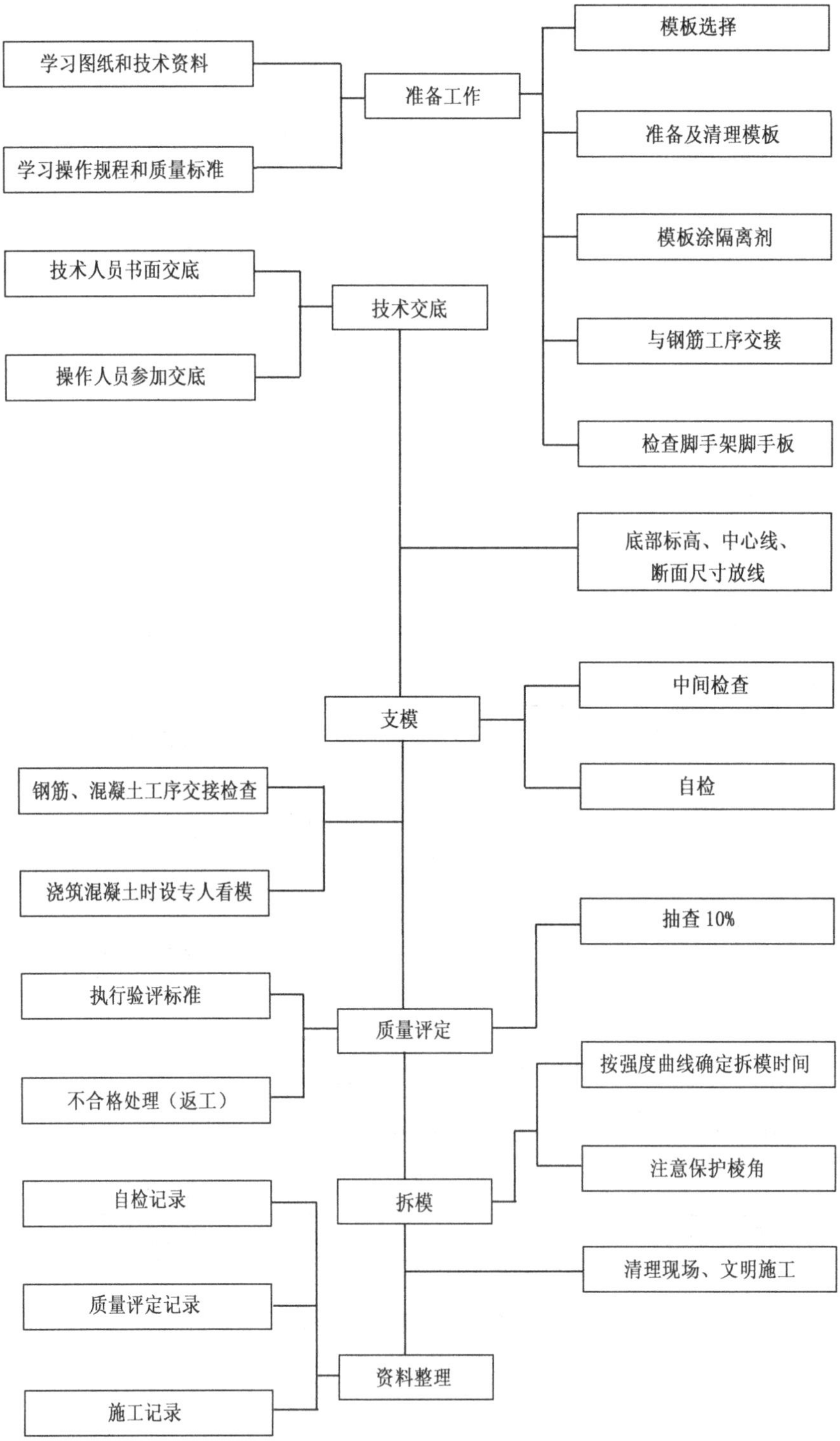

图5.4　模板工程质量控制程序图

（3）混凝土工程质量程序控制

混凝土工程质量程序控制如图 5.5 所示。

图 5.5　混凝土工程质量程序控制

5.2 安全保证措施

5.2.1 安全生产管理目标

安全生产的管理目标为死亡率为0，重伤率为0，轻伤率低于5‰，安全教育率为100%。

① 在施工中，始终贯彻“安全第一，预防为主”的安全生产工作方针，认真执行国务院、建设部、某市关于建筑施工企业安全生产管理的各项规定，把安全生产工作纳入施工组织设计和施工管理计划，使安全生产工作与生产任务紧密结合，保证施工人员在生产过程中的安全与健康，严防发生各类事故。

② 强化安全生产管理，通过组织落实、责任到人、定期检查、认真整改，杜绝死亡事故，确保无重大工伤事故，将轻伤率严格控制在6‰以内。现场管理严格按照《建筑施工安全检查标准》执行。

③ 成立以项目经理部安全生产负责人为首，各施工单位安全生产负责人参加的安全生产管理委员会，组织领导施工现场的安全生产管理工作。

④ 项目经理部主要负责人与各施工单位负责人签订安全生产责任状，使安全生产工作做到“责任到人，层层负责”。

5.2.2 安全生产管理制度

① 每半个月召开一次“安全生产管理委员会”工作例会，总结安全生产情况，布置下一阶段的安全生产工作。

② 各分包施工单位在组织施工中，保证有本单位施工人员施工作业就必须有本单位领导在现场值班，不得空岗、失控。

③ 严格执行施工现场安全生产管理的技术方案和措施，在执行中发现问题，应及时向有关部门汇报。更改方案和措施时，应经原设计方案的技术部门领导审批签字后实施，否则任何人不得擅自更改方案和措施。

④ 建立并执行安全生产技术交底制度。要求各施工项目必须有书面安全技术交底，安全技术交底必须具有针对性，并有交底人与被交底人签字。

⑤ 建立并执行班前安全生产奖罚制度。

⑥ 建立并执行安全生产检查制度。由项目经理部每个半月组织一次由各施工单位安全生产负责人参加的联合检查，针对检查中发现的事故隐患问题和违章现象，开出“隐患问题通知单”，各施工单位在收到“隐患问题通知单”后，应根据具体情况，定时间、定人员、定措施予以解决，项目经理部及有关部门应监督落实问题的解决情况。若发现重大不安全隐患问题，检查组有权下达停工指令，待隐患问题排除，并经检查组批准后，方可施工。

⑦ 建立机械设备、临电设施和各类脚手架工程设置完成后的验收制度。未经过验收和验收不合格的严禁使用。

5.2.3 安全生产保证机构体系

安全生产保证机构体系如图5.6所示。

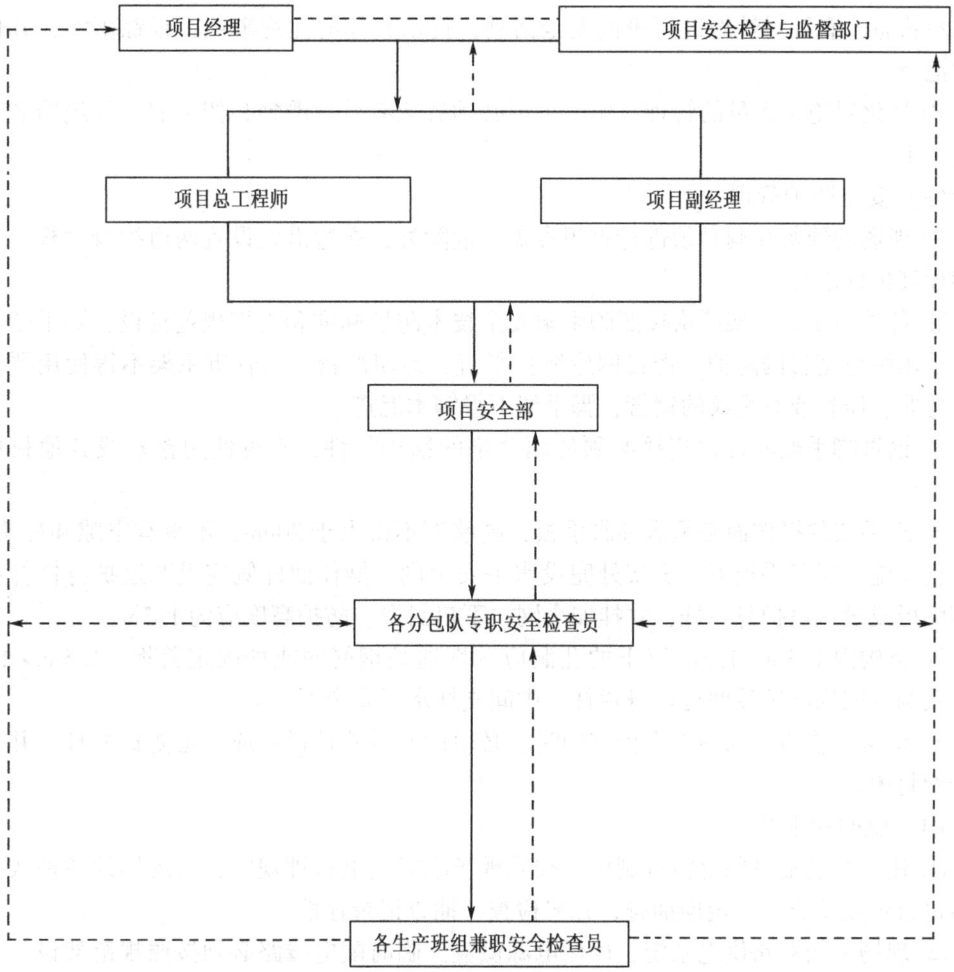

注：实线表示工作关系，虚线表示信息反馈。

图 5.6　安全保证机构体系图

5.2.4　安全生产保证措施

（1）行为控制

① 进入施工现场的人员必须按照规定戴安全帽，并系下颌带。戴安全帽不系下颌带的，视同违章。

② 从事 2m 以上无法采用可靠防护设施的高处作业人员必须系安全带。安全带应“高挂低用”，不得“低挂高用”，操作中应防止摆动碰撞，避免发生意外事故。

③ 参加现场施工的所有特殊工种人员必须持证上岗，并将证件复印件报项目经理部备案。

（2）劳务用工管理

① 各施工人员必须接受建筑施工安全生产教育，经考试合格后，方可上岗作业；未经建筑施工安全生产教育或考试不合格者，严禁上岗作业。

② 每日上班前，班组负责人必须召集所辖全体人员，针对当天任务，结合安全技术

交底内容和作业环境、设施、设备状况、本队人员技术素质、安全意识、自我保护意识和思想状态，有针对性地进行班前安全活动，提出具体的注意事项，跟踪落实，并做好活动记录。

③ 强化对施工人员的管理。用工手续必须齐全有效，严禁私招乱雇，杜绝跨省、市违法用工。

（3）安全防护管理

① 现场的预留孔洞必须进行封闭覆盖，危险处、在边沿处设置两道护身栏杆，并于夜间设红色标志灯。

② 各类施工脚手架严格按照脚手架安全技术防护标准和支搭规范搭设，脚手架立网统一采用绿色密目网防护，密目网应绷拉平直，封闭严密。钢管脚手架不得使用严重锈蚀、弯曲、压扁或有裂纹的钢管，脚手架不得钢木混搭。

③ 钢管脚手架的杆件连接必须使用合格的锰钢扣件，不得使用铅丝或其他材料绑扎。

④ 脚手架的操作面必须满铺脚手板，高墙面不得大于 20cm，不得有空隙和探头板、飞跳板。施工层脚手板下一步架处兜设水平安全网。操作面外侧应设两道护身栏杆和一道挡脚板或设一道护身栏杆，立挂安全网，下口封严，防护高度应为 1.5m。

⑤ 结构内 1.5m×1.5m 以下的孔洞应预埋通长钢筋网或加固定盖板。1.5m×1.5m 以上孔洞的四周必须设两道护身栏杆，中间支挂水平安全网。

⑥ 构筑物临边的四周无围护结构时，必须设两道防护栏杆或一道防护栏杆，并立挂安全网封闭。

（4）临时用电管理

① 建立现场临时用电检查制度，按照现场临时用电管理规定，对现场的各种线路和设施进行定期检查和不定期抽查，并将检查、抽查记录存档。

② 现场采用双路供电系统，确保电源供应。临时配电线路必须按照规范架设，架空线必须采用绝缘导线，不得采用塑胶软线，不得成束架空敷设，也严禁沿地面明敷设。

③ 施工机具、车辆及人员应与内、外电线路保持安全距离。达不到规范规定的最小距离时，必须采用可靠的防护措施。

④ 配电系统必须实行分级配电。现场内所有电闸箱的内部设置必须符合有关规定，箱内电器必须可靠、完好，其选型、定值要符合有关规定，开关电器应标明用途。流动箱与上一级电闸箱的连接采用外插连接方式。

⑤ 独立的配电系统必须按照标准，采用三相五线制的接零保护系统，非独立系统可以根据现场的实际情况，采取相应的接零或接地保护方式。各种电气设备和电力施工机械的金属外壳、金属支架和底座必须按照规定，采取可靠的接零或接地保护。

⑥ 在采用接地或接零保护方式的同时，必须设两级漏电保护装置，实行分级保护，形成完整的保护系统。漏电保护装置的选择应符合规定。

⑦ 各种高大设施必须按照规定装设避雷装置。

⑧ 电动工具的使用应符合国家标准的有关规定。工具的电源线、插头和插座应完好，电源线不得任意接长和调换，工具的外绝缘应完好无损，维修和保管应由专人负责。

⑨ 施工现场的临时照明一般采用 220V 电源，临时照明和动力电源应穿管布线，必